Stefan Kerzel

Eingesperrt im Job

Stefan Kerzel

Eingesperrt im Job

Ausbruch aus dem Arbeitsknast

Frankfurter Allgemeine Buch

Bibliografische Information der Deutschen Nationalbibliothek
Die Deutsche Nationalbibliothek verzeichnet diese Publikation in der Deutschen Nationalbibliografie; detaillierte bibliografische Daten sind im Internet über http://dnb.d-nb.de abrufbar.

Stefan Kerzel
Eingesperrt im Job
Ausbruch aus dem Arbeitsknast

Frankfurter Societäts-Medien GmbH
Frankenallee 71–81
60327 Frankfurt am Main
Geschäftsführung: Oliver Rohloff

Erste Auflage
Frankfurt am Main 2017

ISBN 978-3-95601-205-1

Frankfurter Allgemeine Buch

Umschlag Julia Desch, Frankfurt am Main
Satz Wolfgang Barus, Frankfurt am Main
Titelbild © schinsilord – Fotolia.com
Druck CPI books GmbH, Leck

Printed in Germany

Für Antonia, Marian und Sebastian
Es gibt immer einen Weg. Freiheit ist das, was wir aus ihr entwickeln.

Inhalt

Vorwort

Eingesperrt und gefangen, so fühlen sich Millionen Menschen in ihrem Job und Leben. Blockiert in einem Knast der Umstände und Belegschaften scheinen Entwicklung und Weiterkommen unmöglich. Wie Inhaftierte in ihren Zellen sehnen wir uns einen fernen Entlassungstag herbei. Ob der jemals kommt, ist fraglich. Lebenslanges Tütenkleben, Stumpfsinn bei und während der Arbeit: Beides sind keine Perspektive. Im falschen Knast, im falschen Job mit den falschen Chefs, im falschen Leben voller Zwänge – es wird erlitten, ertragen, erduldet.

Wer baut die Mauern, die uns bremsen? Was ist zu tun, um sie zu überwinden? Darüber berichtet dieses Buch. Nötig sind Mut, Ausdauer und die Bereitschaft, neue Wege zu gehen – auszubrechen eben! Unsere Gestaltungskraft ist größer als wir denken. Wer deren Hemmnisse kennt, kann sich ihnen entgegenstellen. Die bittere Wahrheit: Oft sind wir die Baumeister der eigenen Zwickmühlen, führen wir die Umstände unserer Gefangenschaft herbei. Durch unsere eigenen Hände mauern wir uns unseren Arbeitsknast. Höchste Zeit, dies zu ändern – durch Erkenntnis, klare Ziele und Tatkraft.

Anekdoten, Dramen und Einblicke in die Welt der Häftlinge, Arbeitnehmer, Unternehmer, Wärter, Direktoren und Chefs ziehen sich wie ein roter Faden durch die folgenden Seiten. Das Buch zeigt, wie sehr Glaubenssätze, Biographie und Erziehung als feste Schienen einmal eingeschlagener Wege unsere Entwicklung einsperren können. Ich spiele ab und an mit meiner Gitarre im Knast für die dort Eingesperrten (www.jailhouserocker.com). Auf diesem Weg konnte ich einzigartige Erfahrungen sammeln. Ob dies- oder jenseits der Gefängnismauern; das Gefühl, gefangen zu sein, ist eines der Themen unserer Zeit.

Entwicklungsfreiheit versus Arbeitsknast, das ist der Showdown unserer Zeit. Davon erzählt dieses Buch.

1 Eingesperrt im Job

1.1 Lebenslanges Tütenkleben

Hinter verschlossenen Türen – eingesperrt im Knast, gefangen im Job

Wir sind Gefangene. Die einen sitzen im Knast, die anderen stecken im Erfahrungsgefängnis ihres Lebens, und manche sehen in ihrem Job wenig mehr als lebenslanges Tütenkleben. In diesem Kapitel lesen Sie die Zusammenhänge, aus denen diese Situationen immer wieder entstehen. Das Kuriose: Wir lassen das mehr oder weniger freiwillig zu. Die gute Nachricht: Das lässt sich ändern.

Wer im Kittchen sitzt, kann sein Eingesperrtsein täglich spüren – das ist bedrückend. Aber nicht nur Knastinsassen geht es so. Millionen Menschen empfinden ihre Arbeit und ihre Lebensverhältnisse ähnlich wie Eingesperrtsein und Gefangenschaft: eingepfercht in Umstände und bei Kollegen, die Entwicklung und Weiterkommen behindern. Gefangen im Knast, gefangen im Job – die Parallelen springen ins Auge. Wie Inhaftierte in ihren Zellen sehnen sie sich den fernen Tag einer Entlassung herbei. Ob der jemals kommt, hängt von vielen Details ab. Automatismen, Stumpfsinn bei und während der Arbeit: Beides sind keine erstrebenswerte

Perspektive. Die Frage ist: Was ist zu tun, um diesen Teufelskreis zu durchbrechen?

Im falschen Knast mit den falschen Aufsehern, im falschen Job mit den falschen Chefs, im falschen Leben voller Zwänge – ein paar Mal gestolpert, schon ist vieles Schall und Rauch. Das Bedrückende: Der Gedanke „Bloß raus hier!" wird fast nie ausgesprochen. Gelitten, ertragen, erduldet werden die Umstände im Stillen. Revolten sind selten. Wie es in einem aussieht, geht niemanden etwas an. Dynamisch und gut gebräunt stürmt der Manager morgens zur Arbeit – um sich zur Mittagspause vor den Zug zu werfen. Mit optimistischem Tatendrang lässt der Knacki nach Jahren die Gefängnismauern hinter sich. Doch die Atemzüge in Freiheit beklemmen die Brust. Der „Wind of Change" schlägt um in lähmende Angst vor dem Kommenden. Sein letzter Schritt lässt ihn vom Dach eines Hochhauses springen. Die gute Nachricht ist, es gibt einen Ausweg. Gute Führung, Resozialisierung auf der einen Seite, Struktur, Planung und persönliche Entwicklung auf der anderen Seite können aus den jeweiligen Zwängen befreien. Aushalten kann der Gefangene die Zeit hinter Gittern umso besser, je stärker ihn ein Ziel für die Zeit draußen oder eine Vorstellung von Freiheit trägt. Dadurch erhöht sich die Wahrscheinlichkeit seiner erfolgreichen Wiedereingliederung ins normale Leben. Diesem Augenblick fiebert er entgegen. Die Garantie für ein Gelingen ist das nicht! Vieles hängt vom Glück der jeweiligen Umstände ab.

Ganz ähnlich geht es dem Arbeitnehmer, der sich in einem ungeliebten Job gefangen sieht und dem Paar, das sich in einer schal gewordenen Partnerschaft aneinander gefesselt fühlt. Der Unterschied ist, dass sie kein Ende aus ihrer Gefangenschaft finden, zumindest den entscheidenden Schritt nicht wagen. Und doch gibt es Möglichkeiten und Wege, in selbst scheinbar ausweglosen Situationen Perspektiven der Entwicklung zu entdecken. Wie immer die Dinge liegen, es ist an uns, was wir daraus machen. Die einen bauen Dämme und Wellenbrecher, um sich vor dem feindlichen Meer zu schützen, die anderen entwickeln Kraftwerke, um seine Wellenenergie zu nutzen.

Nelson Mandela schaffte es, durch zähes Verhandeln die Haftbedingungen im gefürchteten Apartheid-Knast Robben Island Schritt für Schritt zu verbessern.[1] Viele Insassen konnten schließlich legal studieren. Am Tag wurde im Steinbruch geschuftet, abends studiert. Wer unter solchen Umständen zum Buch greift und paukt, braucht einen verdammt zähen Willen, um etwas zu verändern. Ausdauer, Hartnäckigkeit und Vorstellungskraft sind die entscheidenden Zutaten für Neues. Allerdings: Erzwingen lässt sich nichts, Entwicklung und Veränderung brauchen ihre Zeit. Die Chinesen sagen: Es nützt nichts, an einem Grashalm zu ziehen, er wächst dadurch nicht schneller. Mandela selbst legte hinter Gittern sein zweites juristisches Staatsexamen ab.[2] Er kommentierte es so: „Dich selbst klein zu halten, dient nicht der Welt."[3]

Um sich zu verzwergen, muss niemand kriminell werden und im Gefängnis landen. Das schaffen wir täglich selbst in unserer ureigenen Umgebung. Es geht darum, die hemmenden Bedingungen dingfest zu machen und Kraft und die richtigen Mittel zu finden, sich selbst und die Bedingungen zu ändern, statt sich über die Katastrophen der Welt aufzuregen und die eigene Machtlosigkeit zu bejammern. Sonst sind wir Zuschauer des Lebens und gestalten es nicht. Der Satz: „Da kann man nichts tun", legt sich wie Nebel über unser Gemüt als Gefangene im Knast unserer Passivität, unserer Gewohnheiten, Zwänge und Ängste.

„Bloß raus hier!" zu schreien, reicht nicht. Es gilt, die Umstände zu erkennen und Verantwortung zu übernehmen: für das eigene Leben, die eigene Entwicklung und das Leben unserer Mitmenschen und unserer Umwelt in ihrer Gesamtheit. Das ist dann das wirkliche Leben. Je besser wir es kennenlernen, desto weniger macht es uns Angst, desto mehr Freude haben wir daran und fühlen unsere Selbstwirksamkeit wachsen. Doch: Wir können etwas tun, sogar ziemlich viel. Leider liegen bei vielen von uns Kopf und Bauch im Dauerzwist. Bewusstsein und Unterbewusstsein kreuzen täglich die Streitäxte. Auf diesem Wege bleiben Erfolge und Entwicklung überschaubar. Der Segen liegt in der Zusammenarbeit von Verstand und Intuition. Wie das gelingen kann, davon handelt dieses Buch.

Viele Knast-Ausbrecher werden schnell wieder eingefangen, weil ihnen die Netzwerke und die Unterstützung für die Welt außerhalb der Gefängnisgitter fehlen. Wer raus will, braucht tragfähige Antworten auf das Wohin und Wofür. Sie helfen, den täglichen inneren Schrei „Bloß raus hier!" als Ausholbewegung für Zukunftsfähigkeit und Perspektiven zu nutzen. Sonst übernehmen Frust und Zorn das Kommando. Das zu schaffen, ist ungeheuer schwer, weshalb so viele Menschen daran scheitern. Wer ist schon so souverän wie Nelson Mandela, der nach achtundzwanzig Jahren in der Zelle als Präsident seinen Aufseher zum Tee einlädt?[4] Und doch: Es ist möglich. Eine „Spezialität" des Gefängnispersonals auf Robben Island war, Häftlinge bis zum Hals einzugraben und sie von der Crew anpinkeln zu lassen.[5] Da ist es verständlich, wenn Insassen sich ohne jede Überlebenschance in die kalten Fluten des Atlantiks stürzten. „Gefangen in ihren Umständen" heißt in diesem Fall: Lieber in Freiheit ertrinken als weiter Wärterurin im Gesicht.

Auf dem Gebiet der Folter und Unterdrückung sind wir Menschen schon immer besonders kreativ gewesen. Was unsere Vorstellungskraft an Perversitäten auszudenken in der Lage war und ist, zeigt ein Blick in die Geschichte, vor allem in die der Gefängnisse. „Der Mensch ist des Menschen Wolf"[6] brachte der Römer Titus Maccius Plautus diese Veranlagung vor mehr als zweitausend Jahren auf den Punkt, was einer Beleidigung der Wölfe gleichkommt. Wölfe sind untereinander fürsorgliche und soziale Wesen. Wenn sie andere Tiere angreifen, dann nur, um ihren Hunger zu stillen, niemals um die Beutetiere sinnlos zu quälen. Machtspielchen, Rachegelüste und Perversionen kennen Tiere grundsätzlich nicht. Aber hinter menschlichen Gefängnisgittern werden solche Impulse brutal ausgelebt. Hier werden Menschen zusammengezwungen, die zusammenleben müssen, aber nicht wollen. An Orten wie diesen zeigt sich die dunkle Seite der Menschen – das Diabolische, Perfide, Brutale und Gemeine. In der entsprechenden Umgebung fletscht das menschliche Untier seine Zähne.

Wir leben in der westlichen Welt, insbesondere in Europa schon fast auf einer Insel der Seligen. Warum? Weil wir in leidvoller Erfahrung eines vergangenen Militarismus und daraus resultierender Weltkriege und der schrecklichen Diktatur Hitlers gelernt haben, dass nicht Kaltherzigkeit, Brutalität, Fanatismus und Gewalt eine Gesellschaft und damit jeden Einzelnen ethisch, kulturell und wirtschaftlich voranbringen, sondern der Respekt vor dem anderen, die Einhaltung der Menschenwürde, die Gleichheit aller Menschen vor dem Gesetz, die Mitsprache in der Politik, die Offenheit, die Solidarität oder Nächstenliebe, die Selbstbestimmung, die Demokratie, die Freiheit der eigenen Meinung. Hier in der alten Welt haben wir gelernt zu verhandeln, statt zu den Waffen zu greifen. Dieses Lehrstück hat uns 70 Jahre Frieden, Stabilität, wachsenden Wohlstand und wachsende Bedeutung in der Welt beschert, hat aber auch zweitausend Jahre gedauert und Millionen Tote gefordert. Wenn wir nicht achtsam sind, uns nach fest vereinbarten Regeln der Humanität und der Toleranz richten und zu denen jeder sich verpflichtet, sie auch einzuhalten, kann trotz allem jederzeit der alte Zustand der gegenseitigen Abschottung und Bedrohung wieder aufbrechen und alle gegen alle kämpfen. Wer heute in die Ostukraine, auf die Krim oder ins ehemalige Jugoslawien und nach Russland schaut, muss erkennen, dass Frieden häufig nur ein fragwürdiger Waffenstillstand ist.

Auch Europa hat jahrhundertelang aufeinander eingeschlagen, sich im Dreißigjährigen Krieg zerrieben, Barbarei und wüstes Land hinterlassen. Von Napoleon ganz zu schweigen. In der Zeit des Kolonialismus haben die europäischen Staaten den Nahen Osten, Asien, Afrika ausgebeutet und die dortigen Einwohner brutal ausgepresst, eingeborene Völker niedergemacht, ihnen die Bodenschätze genommen und sie in Elend und Armut zurückgelassen, nachdem es nichts mehr auszubeuten gab. Deutschland hat zwei Weltkriege vom Zaun gebrochen, bevor es zerstört und erschöpft genug war, einen anderen, den Weg des Friedens und der Völkerverständigung einzuschlagen, nicht ganz freiwillig, sondern unter der Überwachung der Alliierten.

Weder die Probleme der Welt noch die der Gesellschaft lassen sich ausgrenzen. Keine noch so hohe Mauer oder Grenze hält uns dauerhaft Krieg, Flucht und Kriminalität in ihren unterschiedlichen Erscheinungsformen vom Hals. Auch wenn bei uns die „Law-and-order"-Fraktionen der Parteien die Straffälligen schnell mit Sprüchen wie „Wegschließen, und zwar für immer!" am liebsten endgültig los sein würden, unser Justizsystem zielt nicht auf Rache. Sein Ziel ist die Resozialisierung. Wer hinter Gittern sitzt, soll diese Zeit nutzen, um über seine Tat nachzudenken. Gleichzeitig steht der Staat in der Verantwortung, alles Denkbare zu tun, um einem Knacki nach dem Ende seiner Haft eine wirkungsvolle Brücke in ein dauerhaftes Leben in Freiheit zu bauen. Lebenslanges Tütenkleben hinter Gittern kann nicht das Ziel der Gesellschaft sein.

Höchste Zeit, das Gefangensein in Staatshaft in neuem Licht zu betrachten. Das gilt nicht nur für das Dasein hinter meterhohen Gefängnismauern. Machen wir uns bewusst, dass in Deutschland knapp zweiundsechzigtausend Menschen[7] hinter Gittern aus Stahl sitzen. Gleichzeitig müssen wir akzeptieren, dass eine große Zahl von uns draußen in vermeintlicher Freiheit in Knästen geistiger Natur eingekerkert sind. Deren Zahl lässt sich nicht abschätzen. Sicher ist nur eins – es sind Millionen. Die einen sitzen hinter Gittern, die anderen haben einen Job – beide sind Gefangene.

Für die Gefängnisinsassen scheint draußen die Sonne der Entwicklungsmöglichkeit jeden Tag in unerreichbarer Ferne. Den Wert vieler Dinge, die wie selbstverständlich zum Leben gehören, erkennen wir erst, wenn sie uns fehlen. Die Freiheit gehört dazu. „Warum habe ich nur?", „Wie konnte ich?" „Gott, war ich blöde, es zu tun!" sind drei typische Sätze, die ich immer wieder von Knackis höre. Vor während und nach einem Auftritt hinter Gittern gibt es immer wieder Gelegenheit, mit Gefängnisinsassen, wenn auch kurz, zu sprechen. Für einen Moment öffnen sich die Tore von Schicksalen und Lebensgeschichten. Rückwirkend fassen sich viele Gefangene an den Kopf über die Folgen ihres Tuns. Der Glaube „Mich kriegen sie nicht. Ich bin zu schlau", ermutigt unüberlegt und gewissenlos zur Tat. Leider erweist er sich regelmäßig als Trugschluss. Das ganz große Ding ist fast immer ein fulminanter Schuss in den Ofen, an dessen dickem Ende das Klicken der Handschellen und das Zuschnappen der Zellentür stehen.

Spät, meist zu spät, geht uns auf, welchen einzigartigen Wert Freiheit und individuelle Entwicklungsmöglichkeit für uns haben. Daraus etwas Sinnvolles zu schaffen, gelingt am besten, wenn wir uns dieser Chancen und Potentiale bewusst sind. Fähigkeiten und Talente zu erkennen sind das Eine. Aber daraus die Konsequenzen zu ziehen und Pflöcke für Zukünftiges einzuschlagen, ist etwas vollkommen anderes. Hier setzt das Prinzip der Resozialisierung an; hier liegt aber auch die Keimzelle für die geistig und seelisch Gefangenen draußen, sich Gedanken über ihre zukünftige Entwicklung zu machen.

Ein Blick hinter die Gefängnismauern zeigt Bedrückendes. Doch viel schlimmer ist, dass der Großteil von uns außerhalb der Gefängnismauern mit reichhaltigen Entfaltungsmöglichkeiten und in vermeintlicher Freiheit umherläuft, aber gleichermaßen gefangen ist, blind für die Ketten der eigenen Begrenzung. Dies erscheint umso beklemmender, als es uns in Deutschland in unseren Lebensumständen nie besser ging. Nach einer Studie der Boston Consulting Group BSG jammern die Deutschen auf Weltklasseniveau.[8] Danach erreicht Deutschland bezüglich seines wirtschaftlichen Wohlergehens sein bisher bestes Ergebnis.[9] Hinter Norwegen, den Niederlanden und Finnland belegt das Land der Dichter und Denker 2016 einen hervorragenden vierten Platz, ein Jahr zuvor war es noch Platz elf. Kein anderes westeuropäisches Land habe so stark aufgeholt wie Deutschland.[10] Wie passt das zum Klischee des verzagten Deutschen Michels? Jener Jammergestalt, der nachgesagt wird, den Tunnel verlängern zu wollen, falls ein Licht an dessen Ende aufzuscheinen droht. „Wir sehnen uns nach Hause/ Und wissen nicht, wohin" dichtete Josef von Eichendorff. Ein Satz, der sich in unsere Köpfe und Herzen eingebrannt hat; von Gelassenheit keine Spur.[11]

„German Angst" hat sich als internationale Bezeichnung für die Gefühlslage unserer Nation etabliert – sie gilt mittlerweile als Gegenstück zur deutschen Überheblichkeit.[12] „Was habt ihr bloß?" scheint die Welt über uns zu denken. Ein Volk, das vor wirtschaftlicher Kraft kaum laufen kann, zittert und zagt sich durch die globalisierte Welt. Der Soziologe Heinz Bude sieht in seinem Werk „Gesellschaft der Angst"[13] die unsere im Zustand wachsender Verunsicherung und auf Messers Schneide.[14] Angst davor, täglich auf dünnerem Eis zu gehen, während die Scholle unter den Füßen knackt und knirscht. In einem Meer endlos erscheinender Möglichkeiten gerate der „seelische Kreiselkompass innerer Gleichgewichtsbildung"[15] mehr und mehr außer Funktion. Wir sind erschlagen von dem, was wir könnten, am Ende tun wir gar nichts. Aus dem Füllhorn der Chancen wird für manchen ein Gefängnis der Untätigkeit, um das sich immer dickere Mauern eines wachsenden schlechten Gewissens auftürmen. Was hätte ich alles tun können, wenn ich mich getraut hätte?

1.1.1 Sicherheitsorientiertes Unglücklichsein

Im Hamsterrad unserer täglichen Zwickmühlen rasen wir dahin und merken, wie uns langsam die Kraft ausgeht. Mehr und mehr leert sich der Tank unserer Fähigkeiten. Mit einem Mal merken wir, wie die Quelle unserer Lebenskraft schwächer sprudelt und langsam versiegt. Mächtige

Kräfte sind am Werk, deren Existenz wir nicht erahnen, weil sie sich im Unbewussten abspielen, über deren Stärke, Wirkungskraft und Ausdauer wir kaum eine Vorstellung haben. Wir können sie spüren, wenn in unserem Inneren der verzweifelte Schrei eines „Bloß raus hier!" aufgellt, oder wenn sie sich einfach schüchtern leise in Form eines unguten Gefühls, schlechter Laune, Überdruss melden. Ohnmächtig lechzten Körper, Geist und Seele nach Kraft und Energie, um die gewohnte Schlagzahl aufrechterhalten zu können. Doch mehr und mehr erlahmt das Schwungrad, während wir die letzten Reserven zusammenkratzen, um doch noch über die fatalen Runden, die uns krank machen, zu kommen, denn einen Ausweg erkennen wir nicht. Die Zahl der seelisch bedingten Krankheiten steigt weltweit rasant[16], als würde die Angst des „Ich schaffe es nicht!" wie schleichendes Gift den Globus ergreifen. „Raus, nur raus", scheint der Gedanke viele Menschen umzutreiben.

Doch auszubrechen allein reicht nicht. Tragfähig wird dieser Schritt erst, wenn wir zum Bestehenden überzeugende Alternativen finden, die einen Aufenthalt in diesem Neuland dauerhaft möglich und aushaltbar machen. Ein neuer Weg, eine neue Perspektive müssen so attraktiv sein wie ein Magnet, dessen Anziehungskraft unsichtbar, doch anhaltend wirkt. Diesen Weg zu gehen, erfordert Weitsicht, Kraft und Mut. Viel Mut.

Erfahrungskerker, also das, was uns abhält, uns weiter zu entwickeln, neue Wege zu gehen, ist der Rucksack, den wir in unserer Kindheit und Jugend Stück für Stück gepackt bekommen als Zurechtweisungen, eherne Regeln, als geheime Überzeugungen, und den wir lebenslang mit uns schleppen. Als geistige Bremsen in unserer Gedankenwelt gaukeln sie uns Grenzen vor, die unüberwindbar scheinen. Wir könnten, doch wir glauben, nicht zu können. Noch schlimmer: Wir könnten, doch wir glauben, nicht zu dürfen! Ob das stimmt, wagen wir nicht zu prüfen, denn das könnte gefährlich sein. Freiheit bedeutet auch Unsicherheit. Ich habe Angst. Was käme auf mich zu, wenn ich mich darauf einließe? Hätte ich die Kraft, die Herausforderung zu meistern? Kann, darf ich überhaupt meine ungeliebte Sicherheit verlassen? Will ich sie verlassen? Ist das nicht das Gleichgewicht, das mich zwar unglücklich macht, mir aber meine alten Gewohnheiten lässt? Was ist, wenn ich Fehler mache? Ich trage Verantwortung, habe einen Kredit abzuzahlen. Kann ich den Schritt meiner Familie zumuten? Und so weiter und so weiter. Die Einwände sind so zahllos wie der Sand am Meer – und sie sperren ein.

Am Gitter eines Kerkers aus Mauern lässt sich's rütteln. Mächtig poltern die Gefangenen gegen Türen, wenn die ihnen den Weg in die Freiheit verwehren. Sie wollen raus, der Weg ist klar. Diabolisch jedoch ist ein Gefängnis, von dem wir nichts wissen. Geistige Fesseln binden unsichtbar. Zwar tragen wir den Rucksack unserer Erziehung und der Umstände, in denen wir leben, dennoch sind wir selbst die Baumeister unserer Kerker. Wir könnten frei sein, dennoch verhalten wir uns wie Gefangene. Wer hat uns das eingetrichtert? Warum tun wir das? Im materiellen Gefängnis gibt es Häftlinge, die schmoren im eigenen Frust. Sie müssen noch Jahre bis zur Freilassung absitzen. Da ist es leicht, die Schuld dem Vater Staat, den Umständen oder schlicht dem Pech in die Schuhe zu schieben: „Ich bin halt geschnappt worden. Beim nächsten Mal klappt's besser, dann drehe ich das ganz große Ding." Mit diesem Denken sind sie doppelt gefangen: Gefangen hinter den Knastmauern und gefesselt an eine selbst gewählte Opferrolle und ihre alte Erfahrungswelt.

Welche geistigen Krebsgeschwüre in den Köpfen des Managements wuchern können, erzählte mir ein leitender Krankenkassenmanager. Er wollte mich für verschiedene Mitarbeiter-Seminare verpflichten. Teaming und Gruppenbildung sollten die Themen sein. Allerdings dachte er mehr an Beschäftigungstherapie als an inhaltliche Entwicklung. Er begann das Gespräch mit folgender Strategieanweisung: „Machen sie bloß nicht die Pferde scheu!" Seicht und nett sollten die Schulungen und Seminare sein, frei von belastender Schwere und eventuell drohender Erkenntnistiefe. Was immer ihm vorschwebte, gewünscht war stets von allem nur „ein bisschen". Sicher seien Teambildung und ein gestärktes Gemeinschaftsgefühl wünschens- und lobenswert, aber eben immer nur „ein bisschen". Dann wurde er deutlich: „Wir praktizieren sicherheitsorientiertes Unglücklichsein. Bei uns bekommen wir nicht ein Gehalt, wir erhalten Schmerzensgeld." Wer da noch Fragen hat, möge vortreten. Heute noch jagt mir dieser Begriff einen Schauer über den Rücken: sicherheitsorientiertes Unglücklichsein! Diese Wortkonstruktion könnte sich kein Kreativer ausdenken. Nur der nackte Wahnsinn einer täglichen Knastrallye in den Unternehmen kann eine derart negative Kommunikation entwickeln. Sicherheitsorientiertes Unglücklichsein ist der Begriff für Ohnmacht und Vergeblichkeit. Diese Atmosphäre legt sich wie Mehltau auf Rosen im Frühling drückend schwer auf die Belegschaft und ist Nährboden für Depression und Burnout, aber keinesfalls für ein produktives Arbeitsklima. In solch hoffnungsloser Umgebung wird die Arbeit zur täglichen Qual. Arbeitnehmer können so nur wenig Produktives schaffen, haben aber die besten Voraussetzungen, krank zu werden oder in die innere Emigration zu gehen. Willkommen in der Knastrallye der täglichen Arbeit.

Damit erfüllt sich ein Alptraum für Ergebnisse und Sinnhaftigkeit. Die Belegschaft arbeitet nicht, jeder ist beschäftigt. Gelebt wird die kreative Flucht vor der Arbeit, um die soziale Spannung und Frustration überhaupt aushalten zu können. Dem Beobachter zeigt sich ein Bild höchster Geschäftigkeit, das Team scheint unter Volllast zu rotieren. Zufrieden und selbstgefällig schreitet der Geschäftsführer durch die Reihen seiner Crew.

Er sieht: Das Team scheint zu Höchstform aufzulaufen. Was er nicht sieht: Die Szenerie ist ein gigantisches Kulissenschieben, rasende Bewegung bei nicht vorhandenem Vortrieb. Frau Meier steigert bei eBay mit, doch es sieht nach Arbeit aus. Herr Müller surft hinter seinem nächsten Date her, doch es sieht nach Arbeit aus. Dann ist da noch Herr Klörbusch, der den einen oder anderen Deal über das Internet abwickelt, doch es sieht nach Arbeit aus. Hobbys werden mit Präzision in der Arbeitszeit geplant und umgesetzt und dabei erhebliche private Produktivkräfte entwickelt, die dem Unternehmen fehlen. Warum? Es fehlt an Visionen und Ideen, die über den Alltag hinaus Sogwirkung entwickeln. Alle treibt die Frustration. Keiner darf tun, was seiner Leistungskraft und Verantwortungsbereitschaft entspräche. Keiner fühlt sich gesehen und anerkannt. Keiner darf selbstwirksam und kreativ werden. Da liegt ein Schatz brach, den zu heben, die Aufgabe der Geschäftsleitung wäre. Für die Belegschaft erscheint meist die Arbeitszeit von Montag bis Freitag als dunkler Tunnel, an dessen Ende das Licht des rettenden Wochenendes schimmert. Und das als Perspektive für ein ganzes (Arbeits-)Leben bis zur Rente! Da mag in manchem der heiße Wunsch aufkommen: „Bloß raus hier, wenn ich nur könnte!“ Meistens verhallt dann dieser Impuls und wird zum stummen Schrei der Resignation, was als Realitätssinn begriffen wird. Der Rückzug in die private Beschäftigung und die Welt des schönen Scheins liegt dann nahe.

Resignation ist die Einsicht in die Unentrinnbarkeit aus den Umständen, gleich Lava, die – explosiv aus einem Vulkan ausgestoßen, weil der Druck im Inneren zu hoch wurde – nun den Hang hinunterfließt und dabei langsam zäher wird, bis sie schließlich erkaltet und erstarrt. Wenn brillante Ideen vom Chef mit dem Kommentar „Toll, machen wir aber nicht!“ abgebügelt worden sind, erlischt die Flamme der Motivation und Begeisterung auch bei den loyalsten Mitarbeitern. Wenn ich als Unternehmensentwickler Einblick von außen in eine derartige Belegschaft bekomme, fühlt sich das an, als würde ich auf ein Feld erkalteter Lava treten. Meist sind die Reihen des Teams so fest geschlossen, dass ein zumindest hypothetisches Eindringen mit frischen Gedanken und Ideen von vornherein sarkastisch abgeschmettert wird. „Das haben schon viele von uns versucht. Damit brauchen Sie dem Chef nicht zu kommen. Sie wollen was verändern? Sie haben hier doch nur Alibifunktion.“ Nur eine kleine Auswahl an Antworten. Die Arbeit läuft Gefahr, streckenweise ins Sinnfreie abzusinken. Die Unternehmensmaschine rattert unter Volllast, verschwendet Energie in jeder Hinsicht bei minimalen Ergebnissen; Zahnräder greifen nicht ineinander, der Informationsfluss stockt, Dienst nach Vorschrift und Interesselosigkeit beherrschen die Szenerie. Folge: Stagnation. Verlorene Zeit: maximal. Produktinnovationen: kaum. Leistung für die Kunden: gerade so viel, dass sie nicht abspringen. Gewinnentwicklung: unterdurchschnittlich. Volkswirtschaftlicher Schaden: Milliarden.

1.1.2 Sisyphos im Hamsterrad

Das ist die traurige Wahrheit in vielen deutschen Unternehmen. Die Gallup-Studie zum Mitarbeiterengagement aus dem Jahr 2015 bestätigt die Diagnose: Lediglich 15 Prozent der Belegschaft fühlt sich an das Unternehmen gebunden und ist leidenschaftlich bei der Sache. 70 Prozent, also mehr als zwei Drittel der Mitarbeiter, machen Dienst nach Vorschrift, der Rest hat innerlich gekündigt.[17] Die Ursache dafür scheint viele Klischees zu erfüllen: Es sind die unfähigen Führungspersönlichkeiten, „die in Deutschland nach den Kriterien Kompetenz im alten Job ohne Führungstätigkeit und Erfahrung befördert werden. Ohne zu prüfen, ob sie überhaupt Führungstalent haben."[18] Wer in einem derartigen Unternehmen tätig ist, dessen Arbeit ist zur klassischen Knastrallye geworden. „Bloß raus hier!" ist die Erkennungsmelodie der Belegschaft geworden, doch ohne echte Konsequenzen. Hier schafft Sisyphos im Hamsterrad.

Wie Sisyphos in der griechischen Mythologie müssen die Mitarbeiter jeden Tag einen schweren Felsbrocken den Berg hochrollen. Doch sobald sie mit dem Stein am Gipfel angekommen sind, entgleitet er ihnen und rollt wieder zu Tal; die Mühe beginnt von vorn, und das für alle Zeit. Zu einer solchermaßen frustrierenden Beschäftigung verdammt, legt sich drückende Schwere auf die Brust. In der Sage wird die Geschichte nachvollziehbar. Sisyphos war König von Korinth und von den Göttern mit außergewöhnlicher Schlauheit gesegnet. Leider nutzte er seine Gabe mehrfach zum Betrug an der Götterwelt, wurde arrogant und herrschsüchtig. Seinem Tod entging der Tückenbold, indem er den Totengott Thanatos betrog und gegen das Verbot zu seiner Frau zurückkehrte. Diese Anmaßung ließen die Götter nicht ungesühnt. Sisyphos wurde verurteilt, sich in Zeit und Ewigkeit in der Unterwelt an einem schweren Felsbrocken abzuarbeiten.[19] Aber die Mitarbeiter eines Unternehmens? Was in der antiken Sage als Strafe für schwere Verfehlungen gedacht war, kann natürlich so nicht auf heutige Geschäftspolitik übertragen werden. Es sei denn, der Unternehmenslenker hat die Strafe seiner eigenen Ignoranz zu tragen, indem er seine Mitarbeiter klein hält, statt ihnen Eigenverantwortung zu geben, und damit verhindert, dass sie leidenschaftlich für das Unternehmen einstehen. Seine Strafe ist dann, dass die Arbeit in seinem Unternehmen nicht von der Stelle kommt und er damit nicht wettbewerbsfähig ist.

Behörden sind dafür ein gutes Beobachtungsfeld. Wie schnell und gründlich auch gearbeitet wird, der nächste Vorgang kommt bestimmt. Am andern Tag liegt der Stein wieder unten. Monotonie, Gleichförmigkeit und hohes Arbeitsaufkommen können im Teufelskreis der Wiederkehr zermürben und krank machen. Trotzdem können dieser Routine zahlreiche Zeitgenossen durchaus Positives abgewinnen. Das Leben ist geregelt, Gehalt und Pensionsanspruch gesichert, Zukunftsängste sind unnötig. Alles ist schön übersichtlich. Albert Camus hat dieses Aufgehen in der Wiederholung mit seinem legendären Roman „Der Mythos des Sisyphos" zu inhaltlicher Größe erhoben: „Der Kampf gegen Gipfel vermag ein Menschenherz auszufüllen. Wir müssen uns Sisyphos als einen glücklichen Menschen vorstellen."[20]

Auf den Punkt gebracht, lässt sich das so zusammenfassen: „Nachdem wir unser Ziel endgültig aus den Augen verloren hatten, verdoppelten wir unsere Anstrengungen". Höhepunkt dieses Treibens: Der Chef oder Vorstandsvorsitzende ruft eine Vision oder eine neue Firmenstrategie aus. Fortan wird Monate, wenn nicht noch länger, diskutiert, formuliert, geändert, kritisiert, neu formuliert, wie sich Firma und Belegschaft ab sofort zu verhalten haben. Fast immer ist dieser Plan als strategische Kopfgeburt zum Scheitern verurteilt. Wie die Chefs es gerne hätten, das ist die eine Sache. Wie sie damit umgehen, weil es meistens anders kommt als geplant, die andere. Das stört aber nicht. Die Crew ist solange damit beschäftigt, den neuen Strategieweg des Unternehmens umzusetzen, wie der Vertrag des Chefs läuft. Diese Laufzeit ist manchmal recht kurz. Längst wissen die alten Hasen unter den Mitarbeitern: Machen wir uns zur Teflonpfanne, werden wir unangreifbar. Dann zieht eher früher als später auch dieser Kelch an uns vorüber.

In der Tat, an dem Tag, an dem der Chef das Unternehmen verlässt, sind Way und Vision nicht mehr das Papier wert, auf dem sie stehen. Dann kommt ein neuer dynamischer Manager, der seine Pflöcke einschlägt. Dann wird erst mal ausgemistet, das Unterste nach oben gedreht, Verunsicherung erzeugt. Ich kenne ein Unternehmen, da bekam ein neuer Geschäftsführer den Spitznamen „Duri", angelehnt an den Namen des Hasen aus der Duracell-Batterie-Werbung. Auf Bitten des Unternehmenslenkers war er an Bord gekommen. Gemeinsam habe man in anderen Konzernen schon so manche Schlacht geschlagen. „Gut der Mann, Powertyp, Marathonmann" und ähnlich wurde das neue Gesicht mit Vorschusslorbeeren bedacht. Zwei Monate machte der Mann mächtig Dampf unter der Belegschaft, trieb seine Leute zum Wahnsinn – dann kündigte er. Die Firma und seine Denkweise hätte er als nicht kompatibel empfunden, hieß es im Nachhinein. Der Marathonmann hatte sich als verhinderter Sprinter mächtig verstolpert. Kritische Fragen an den Unternehmensinhaber blieben natürlich aus. Keiner wollte sich den Mund verbrennen. Das wächst sich in vielen Unternehmen zur Königsdisziplin aus. Es herrscht das Prinzip Teflonpfanne – Hauptsache, nichts bleibt an mir hängen. So dreht sich das Hamsterrad bei der Arbeit weiter und weiter, das Gefühl, gefangen zu sein, zementiert sich. Während eines jeden Meetings lässt sich das beobachten.

Chefbefriedigung im PowerPoint-Nirwana

Im Wahnsinn der alltäglichen Arbeitsrallye gibt es seit Jahren eine Variante der inhaltsfreien Informationsvermittlung, die es besonders in sich hat – PowerPoint. Dieses Präsentationsprogramm konnte sich wie schleichendes Gift in Meetings, Tagungen und Seminaren festsetzen und zur allein selig machenden Technik aufschwingen. Ohne PowerPoint scheint nichts mehr zu gehen. Wer glaubt, etwas zu sagen zu haben, greift darauf zurück. Pompös der vermittelte Eindruck, scheinbar bestechend die Wirkung. Breitseiten der Animation werden auf das Publikum abgefeuert, unterschiedliche Schrifttypen regnen auf die Anwesenden nieder. Von optischen Gimmicks bedröhnt, entschweben die Zuschauer auf einem Trip der Farben, Formen und des schönen Scheins.

Tagelang haben ganze Stäbe von Mitarbeitern die Folien feingeschliffen bis schließlich ein Maximum an Informationen auf größtmöglichem Raum an die Wand geworfen werden kann. Doch oft liegt der Focus nicht auf den Inhalten, sondern auf dem Eindruck, den man damit machen kann. Wie weiland bei den alten Römern. Ist der Imperator gnädig gestimmt, freut sich das Volk. Niemand weiß, wie viele Präsentationen täglich auf weiße Wände geworfen werden; die Zahl wird in die Millionen gehen. Wer sich täglich durch Meetings quälen muss, zuckt innerlich schon zusammen, wenn der Beamer hoch- und eine Leinwand runtergefahren werden. Von bleibender, gar dauerhafter Wissensvermittlung ist nicht die Rede. In den Vereinigten Staaten von Amerika erscheint PowerPoint als „Chefbefriedigungsprogramm". Solange der Chef nickt, geht es allen gut.

Vom Präsentieren über das Vermitteln Verstehen generieren zu wollen, ist ein langer Weg, auf dem PowerPoint allerdings vorzeitig die Luft ausgeht. Denn über Erfolg oder Nichterfolg der Informationsvermittlung entscheidet die Vortragsqualität des Menschen mit dem Zeigestab. Lediglich sieben Prozent der Kommunikation bei einer Präsentation hat etwas mit den Inhalten zu tun, der Rest sind Tonfall, Mimik und Körpersprache.[21] Dies fand der amerikanische Psychologieprofessor Albert Mehrabian heraus.[22] Sieben Prozent Inhalt, 38 Prozent Tonfall, 55 Prozent Körpersprache – das ist die Mischung, mit der wir auf andere Menschen wirken. Mehr als 90 Prozent unserer Kommunikation hat nichts mit den Inhalten zu tun. „Was hat PowerPoint mit guter Rhetorik zu tun? Genau so viel wie ein Kuhfladen mit einer Sachertorte", so sagt es Matthias Pöhm, einer der besten Rhetoriktrainer Deutschlands.[23]

PowerPoint liefert die Kulisse, die genau dann von störender Tiefe und emotionalen Unwägbarkeiten ablenkt. Statt mit einem packenden Vortrag und Feuerwerk der Rhetorik werden die Anwesenden mit 100 Folien in 45 Minuten zugeduscht. So lange, bis auch der Letzte nicht mehr weiß, worum es geht. Es bewahrheitet sich die alte Verwaltungsweisheit „Sind sie gestresst? Gehen sie in eine Präsentation. Dort finden sie Ruhe und Entspannung bei minimaler geistiger Präsenz." Meist besitzt ein PowerPoint-Vortrag genau das, was eine Trance-Induktion zur Hypnose braucht:

Phase 1
Das Publikum macht es sich in den Sesseln bequem, instinktiv wird tief ein- und ausgeatmet. Langsam verstummen die Gespräche im Saal, der Blick geht nach innen. Derweil kämpfen meinst vorne die Techniker mit den üblichen technischen Verbindungsfehlern – der Klassiker: No Signal. Langsam sinkt der Adrenalinpegel im Publikum ab, Entspannung breitet sich aus.

Phase 2
Dann wird das Licht gelöscht, die Trance, pardon, der Vortrag beginnt. Gleichmäßig weht ein monotones Gemurmel von vorn ins Publikum, derweil die Folien ihre einschläfernde Wirkung entfalten. Viel zu kleine Schriften auf einer fernen Leinwand zeigen auch den Interessierten die Grenzen dieses Systems auf. Ablesen oder zuhören? Das ist hier die Frage – beides ist unserem Gehirn kaum möglich. Es ist etwas faul im Staate PowerPoint! Wer etwas zu sagen hat, der sucht die Nähe zu den Anwesenden, sieht sie an, geht in ihre Reihen, kann an ihrer Körpersprache und Mimik erkennen, ob und wie groß die Aufmerksamkeit ist. Genau das verhindert dieses Programm und torpediert die Gesetze der Rhetorik, die seit 2.500 Jahren einen guten Vortrag vom vermittlungsfreien Wortgeklingel unterscheiden. Wo nichts zu sagen ist, wendet der Vortragende dem Publikum den Rücken zu und beginnt, Folienzeile um Folienzeile abzulesen. Spätestens dann sind die Zuhörer ins PowerPoint-Nirwana entschwebt, Tiefenentspannung stellt sich ein.

Phase 3
Vielleicht rutscht der eine oder andere Zeitgenosse doch unruhig auf dem Stuhl hin und her, da ihm ein überquellender Schreibtisch auf die Seele drückt. Typische Gedanken während einer PowerPoint-Präsentation: „Jetzt sitze ich hier seit zwei Stunden und komme mit meiner Arbeit nicht weiter. Welche Zeitverschwendung!" Leider ist ein vorzeitiges Gehen nicht möglich, das würde der Chef bemerken und als Missachtung bewerten. Lieber wähnt der seine Schäfchen in der gleichförmigen Anwesenheit, auch

wenn er dabei übersieht, dass es sich um einen gleichförmigen Tiefschlaf handelt. So bleiben den Ungeduldigen nur die Duldungsstarre und der stumme innere Wunsch „Raus, bloß raus!"

Phase 4

Leider hat auch der schönste Traum ein Ende. Grell flammt das Licht auf und reißt die Entspannten im Saal aus ihrer Vortragstrance. Das Publikum streckt und reckt die Glieder, um langsam wieder im Hier und Jetzt anzukommen. Ängstlich interpretiert der Vortragende das Minenspiel des Chefs, in der Hoffnung Wohlwollendes in dessen Gesichtszügen erkennen zu können. „Die Folien gibt es als Handout oder ich maile sie ihnen zu. Gibt es noch Fragen?" Damit schließt die Präsentation, denn das Publikum ist restlos bedient. Im Grunde genommen hat jeder nur Bahnhof verstanden. Doch, wer will das zugeben? Ein derartiger Gedanke ist selten erwünscht.

Phase 5

Die Hardcore-Variante für die zähen Kämpfer im Publikum. Nach einer rettenden Kaffeepause geht der Vortragsreigen weiter. Eine Foliendusche reiht sich an die nächste. Am Abend sind alle seelisch weichgekocht und reif für die Anstalt. Mein Tipp: Gehen sie erst gar nicht hin.

Präsentationen wie diese sorgen dafür, dass wertvolle Zeit wirkungslos verrinnt. Zielführende Kommunikation findet kaum statt. Kaum jemand hinterfragt diesen Wahnsinn, der Teufelskreis dreht sich weiter.

1.1.3 Bedröhnt, berieselt, abgelenkt – der Turbo in Tablettenform

Besser aushalten lassen sich Stress- und Überdruss durch „Schmerzensgeld" (Lohn, Gehalt) und Substanzen, die ein kurzfristiges Überleben ermöglichen. Mehr und mehr Menschen halten sich mit Pillen und chemischen Helferlein fit für die Ochsentour im Unternehmen.[24] Leider kommt nach dem chemisch unterstützten Hilfeschrei „Bloß raus hier!" der Moment der Ernüchterung. Die bittere Erkenntnis lautet: „Ich bin immer noch hier und obendrein süchtig!" Der Teufelskreis des Pillenwerfens. Natürlich will jeder Arbeitnehmer dem Arbeitsdruck standhalten, einen guten Job machen, der Übermüdung Herr werden und geistig zu Höchstform auflaufen, aber die natürlichen Ressourcen reichen nicht mehr aus. Angst, Nervosität und Unruhe müssen gebändigt werden.[25] Psychische Erkrankungen am Arbeitsplatz nehmen mittlerweile bedrohlich zu. Leistungssteigerer, Antidepressiva, Amphetamine, Sedativa, Herzmedikamente, Alkohol versprechen je nach Bedarf Entlastung, Beruhigung, Entspannung, Wachheit, Konzentrationssteigerung. Dementsprechend wächst die Zahl der Anwender in einer stetigen Kurve nach oben.[26] Auf knapp drei

Millionen wird die Zahl der Pilleneinwerfer in Deutschland geschätzt.[27] Die Angst, mit den gestellten Anforderungen nicht mehr klar zu kommen, blendet die Gefahr von kurz- und langfristigen Gesundheitsrisiken aus. Es zählen die momentane Performance, der äußere Glanz eines „Alles ist möglich!". Im Sport nennt man das Doping und es wird geächtet, im normalen Leben nennt man das Selbstdesign und es gilt als hipp und notwendig. Ein ganz neuer Trend nennt sich Hirndoping. Mit einer Pille sollen die müden grauen Zellen auf Trab gebracht werden. Ob Student, Leistungsträger oder schlichter Geist – das Volk der Dichter und Denker feuert seine Geistesblitze mehr und mehr mit chemischer Unterstützung ab. Niemand kann die Dunkelziffer der Anwender abschätzen. Einst kannte man Drogenfreaks nur als abenteuerliche Figuren auf der Bühne, die mit ihren Instrumenten jede Menge wilde Musik produzierten. Was haben sich die damaligen Eltern über die im Volk gehassten Gammler, Hippies und Verrückten aufgeregt. „White Punks On Dope" heißt ein Rockklassiker der Band The Tubes. Damals waren die Fronten klar abgesteckt. Heute fragen wir uns, ob der dynamische Versicherungsvertreter bei Meier oder Müller im Wohnzimmer nicht ebenso auf Drogen schwebt wie die Rock'n'Roller im vergangenen Jahrtausend.

Zu den besonders populären chemischen Antreibern zählen sechs Stimulanzien, die in mehr und mehr Branchen mittlerweile zur Grundausstattung gehören. „Auf Pille" zu sein, ist diabolisch. Wie schnell aus Anwendung Abhängigkeit entsteht, hängt vom jeweiligen Einzelfall und der persönlichen Veranlagung ab. Das Endergebnis ist stets gleich und nur eine Frage der Zeit: Sucht. Wer dann schreit „Bloß raus hier!" muss die Karten auf den Tisch legen und braucht professionelle Hilfe. Ein solches Eingeständnis verlangt Mut, der vielen fehlt, bis es zu spät ist.

Damit wir uns richtig verstehen: In der Hand des verantwortungsvollen Arztes können die nachfolgenden Substanzen bei eindeutiger Diagnose und guter Überwachung sehr segensreich wirken und viel Leid verhindern. Es geht nicht um die Verteufelung der Medikamente, sondern um deren Missbrauch. Dies sind die gefürchteten Sechs:

Methylphenidat:
Unter dem Namen Ritalin im Handel, dient es der Behebung des Aufmerksamkeitsdefizits und der Hyperaktivität, die unter den Begriffen ADS und ADHS bekannt sind.[28] Ritalin unterdrückt unter anderem das Bedürfnis nach Nahrung und Schlaf und steigert die Konzentration. Bereits Kindern im Alter von sechs Jahren wird Ritalin verschrieben, damit sie in der Schule dem Unterricht folgen können und nicht durchdrehen. Die legendären Romanfiguren von Mark Twain, Tom Sawyer und Huckleberry Finn wären nach gängiger Meinung auch zwei Kandidaten für Ritalin.[29]

Vielleicht ist es schlicht überschüssige Energie, die sich bei den Kids einen Weg ins Freie sucht.

Modafinil:
Ein klassischer Wachmacher zur Steigerung der Konzentration ist Modafinil. Es wird medizinisch ausschließlich bei schwerer Narkolepsie verordnet und kann abhängig machen. Wie Methylphenidat gilt es als Turbo für Klausuren, erhöhte Leistungsfähigkeit oder wenn ein Jetlag gerade nicht ins Konzept passt.[30] In den Vereinigten Staaten von Amerika hat sich der Umsatz des Muntermachers unter dem Namen Provigil von 2002 bis 2008 verfünffacht.[31] Das US-Militär empfiehlt seinen Soldaten die Einnahme vor langen Einsätzen mit hoher Stressbelastung.[32] Im Sport steht Modafinil auf der Liste der verbotenen Dopingmittel.[33]

Betablocker:
Betablocker sind klassische Beruhigungs-Präparate gegen hohen Blutdruck.[34] Sie senken zuverlässig zu hohen Puls und Herzrasen und dürfen ebenfalls nur vom Arzt verschrieben werden. Sie hemmen die Ausschüttung des Aktivierungshormons Adrenalin. Diese entspannende Wirkung wird mehr und mehr geschätzt, um Prüfungsangst zu lindern.[35]

Antidepressiva:
Düstere Gedanken, anhaltende Traurigkeit und Panikattacken werden mit Antidepressiva weggewischt. Die Stimmung hellt sich auf, seelische Gewitterwolken weichen einer Sonne der chemischen Aufheiterung.[36] Eigentlich als Begleitung einer Psychotherapie gedacht, versetzen sie Menschen ohne Depression in den Zustand einer nirwanagleichen Glückseligkeit. Nichts scheint das Seelengefüge erschüttern zu können. Hier lauert die Gefahr. Psychische Abhängigkeit droht.

Antidementiva:
Ihre Entwicklung ist noch relativ jung, und die Wirkzusammenhänge sind noch nicht bis ins Letzte erforscht. Sie wurden gegen Demenz- und Alzheimer-Erkrankungen entwickelt und haben teilweise gravierende Nebenwirkungen wie Übelkeit, Erbrechen, Herzrhythmusstörungen und Erregungszustände. Antidementiva gelten als chemischer Nachbrenner, um die Gedächtnisleistung zu pushen.[37] Dies wird unter Wissenschaftlern kontrovers diskutiert.[38]

Amphetamine:
Amphetamine sind die Saturn V-Rakete unter den chemischen Antreibern. In der Party- und Drogenszene werden die Stimulanzien Speed genannt.[39] Zu ihnen gehören illegale Drogen wie Kokain, Crystal Meth oder Ecstasy.[40] Sie sind hochgradig suchterzeugend und zerstören sehr schnell die Gesundheit. Radsportler Jan Ulrich meinte, seine Trainingsphase durch Amphetamine optimieren zu müssen und handelte sich im Jahr 2002 eine sechsmonatige Wettkampfsperre ein.[41]

Alle diese Präparate dienen dem schnellen Effekt, der bei einigen dieser Medikamente gar nicht erzielt werden kann, bei anderen aber umso gefährlicher ist. Die schnelle Wirkung wird mit massiven Nebenwirkungen und Sucht erkauft. Ihre Folgen für Seele und Gesundheit lassen sich kaum abschätzen. Eingesperrt in seinen Süchten wird aus dem beschleunigten Erfolg nur ein neues Gefängnis seelischer und körperlicher Abhängigkeiten. An seinen Mauern verhallt dann der Schrei „Ich will hier raus!" – oft genug ungehört und deshalb tödlich.

1.2 Typologie der Knastbrüder dies- und jenseits der Mauern

Es gibt Menschentypen, die tauchen auf beiden Seiten der Gefängnismauern auf, je nachdem, ob sie „nur" unerträglich oder kriminell gefasst oder auch nicht gefasst worden sind. Anzutreffen sind sie in leitenden Positionen, Gefängniszellen, Chefsesseln, unter Kollegen, Vorständen, im Alltag einer Justizvollzugsanstalt oder eines Unternehmens. Ohne jeden Anspruch auf Vollständigkeit und nach eigener Wahrnehmung möchte ich einige davon vorstellen. Ich bin sicher, dass sie Ihnen bekannt vorkommen – wir haben oft mit ihnen zu tun:

- Geiselnehmer
- Betrüger und Kulissenschieber
- Größenwahnsinnige
- Gewalttäter
- Erpresser
- Bestecher und Bestechliche
- Bankrotteure
- Egomanen
- geklonte Mitläufer

Häufig bringen sich diese Zeitgenossen selbst in ausweglose Situationen; mag es durch Größenwahn, Hass, Realitätsverlust oder überspielte Unsicherheit sein. Wer ihnen begegnet, dem kann es eiskalt über den Rücken laufen. Dies zeigt, wie sehr wir derartige Situationen als Momente des Gefangenseins empfinden; wir fühlen uns ausgeliefert.

1.2.1 Geiselnehmer: Das Stockholm-Syndrom

Was zunächst wie ein üblicher Banküberfall aussah, entwickelte sich vom 23. bis zum 28. August 1973 zu einem Geiseldrama, das einem bis dahin unbekannten Phänomen den Namen geben sollte – Stockholm-Syndrom.[42] Nachdem eine Bank im Zentrum der schwedischen Hauptstadt überfallen worden war, zogen sich die Verhandlungen zwischen Bankräubern und Sicherheitskräften hin. Die Medien berichteten live und ausführlich über das Spektakel. Es sollte knapp sechs Tage dauern, bis die Polizei die Geiselnahme unblutig beenden konnte. Dann allerdings gab es eine faustdicke Überraschung: Allen Erfahrungen zum Trotz solidarisierten sich die Geiseln mit ihren Geiselnehmern, zeigten Verständnis für diese. Zwar hatte die Polizei das Drama beendet, doch die Sympathien der Geiseln lagen aufseiten der Bankräuber. Waren die Menschen nach sechs Tagen übergeschnappt? Die Welt stand vor einem Rätsel, das die Wissenschaft erst Schritt für Schritt lösen konnte.[43]

Der U.S.-Psychiater Frank Ochberg erklärt dieses Verhalten als Rückfall solcher Menschen in den Zustand eines hilflosen Kindes. Es ist auf Gedeih und Verderb auf die Mutter angewiesen, liebt sie, muss sie lieben. Ochberg interpretierte dieses Phänomen als Überlebensstrategie.[44] Eine Geisel aktiviere so unbewusst Bindungssysteme zum Kidnapper wie zu einer Mutter. Dieser seelische Ausnahmezustand scheint unsere Wahrnehmung so auf den Kopf zu stellen, dass Opfer beginnen, Sympathien für ihre Peiniger zu entwickeln. Ein ähnliches Phänomen erzeugt unser Unterbewusstsein bei einem grenzwertigen Vorgesetzen, der seine Crew mit systematischer Erpressung auf Linie zwingt, oder bei einem Strippenzieher im Knast, der dort die Fäden von Macht, Hass und Erpressung in den Händen hält. Ein typischer Gedanke über solche Menschen: „Aber im Grunde ist er doch ein guter Mensch.“ Unser Bauch biegt sich die Situation schön, damit unser Verstand nicht durchdreht. Körperlich ist das Überleben kurzfristig gesichert. Der Preis sind dauerhafte seelische Schäden.

1.2.2 Betrüger und Kulissenschieber: Arrogante und faule Hochstapler

Meist dringen intime Details aus verschwiegenen Zirkeln erst an die Öffentlichkeit, wenn die Karten auf dem Paarungsmarkt neu gemischt werden. Verlassene Partner wollen es dem oder der Ex heimzahlen und gehen an die Öffentlichkeit. Irgendwann verlieren die Hochstapler Bodenhaftung sowie Realitätsbezug und verraten sich durch ihr Verhalten. Plötzlich bröckelt die Fassade des schönen Scheins. Selbst Gewerkschafter sind davor nicht gefeit. Mitte 2005 erschütterte die VW-Affäre um Lustreisen, Schmiergelder und geheime Boni samt Bordellorgien auf Firmenkosten Europas größten Autobauer, das VW-Land Niedersachsen und die Kanzlerschaft von Gerhard Schröder.[45] „Gebauer, wo bleiben die Weiber?“ war eine Frage, die VW-Personalmanager Klaus-Joachim Gebauer in den erlauchten Kreisen der Wolfsburger oft zu hören bekam; allen voran von dem damaligen VW-Betriebsratschef Klaus Volkert.[46] Der gelernte Schmied hatte schon längst den Hammer auf den Amboss gelegt und kümmerte sich systematisch um die Reize des prallen Lebens. Als gefühlter „Co-Manager“ genoss er 15 Jahre lang sein Ansehen an der Seite des Vorstands.[47] Der wiederum wusste um Volkerts Macht bei den Wolfsburger Arbeitnehmern. Folglich wurde der Gewerkschafter geschickt in ein Netz von Betrug und Kulissenschieberei eingesponnen. So lange, bis er sich darin rettungslos verstrickt hatte. Personalvorstand Peter Hartz gab offen zu, Volkerts „gekauft“ zu haben.[48]

Im Interview mit dem „Stern“ bekannte Klaus-Joachim Gebauer, eine Reise ohne Prostituierte sei kaum mehr denkbar gewesen. „Einige haben genommen, so viel sie kriegen konnten – Frauen und Geld. Die hatten nichts anderes im Kopf.“[49] An alles war gedacht, nichts wurde dem Zufall überlassen. Die Kunst der Kulissenschieberei schien bestens zu klappen: „Unser System war perfekt, alles war großartig verschleiert.“[50] Sogar Viagra war ausreichend vorhanden, um dem Stehvermögen der reiferen Buben auf die Sprünge zu helfen[51] – wie Helden müssen sich die Beteiligten gefühlt haben. Der VW-Personalmanager: „Arbeitnehmerinteressen kümmerten dabei niemanden.“ Die Welt, das was jener Planet, der nach ihrer Pfeife zu tanzen hatte.

So ergötzlich diese wilden Jahre für die Begierden der VW-Vorstände, so zwangsläufig war ihr jähes Ende. Für viele Beteiligte endete die Affäre vor Gericht, für einige hinter Gittern. Peter Hartz konnte seinen Kopf noch mit zwei Jahren Haft auf Bewährung und einer Geldstrafe von 576.000 Euro aus der Schlinge ziehen. Klaus-Joachim Gebauer, der Luxushotels, Partys und Nachtclubs organisierte, bekam wie Hartz Bewährung. Für zwei Jahre und neun Monate Haft wechselte Klaus Volkert hinter schwedische

Gardinen. Wegen guter Führung wurde er ein Jahr vor Ablauf seiner Strafe entlassen.

Nutten, Party, Freudenhäuser – wer braucht da noch Hollywood? Die besten Geschichten schreibt das Leben – vom Sex-Skandal der Ergo-Versicherung bis in die niedersächsische Provinz. Drehbuchschreiber müssen nur die Ohren und Augen aufsperren. Ob horizontale Exzesse oder Dieselskandal; dort finden sie immer ein Thema.

1.2.3 Größenwahnsinnige: Ich gegen den Rest der Welt

Die äußere Erscheinung ist der Kompass unserer Zeit. Es siegt der Glanz über die Substanz. Das Strohfeuer im Jetzt wird zum Maß aller Dinge. Wen kümmert die Welt in fünf oder zehn Jahren?[52] Ein Beispiel gefällig? In dem späten 1980er Jahren des vergangenen Jahrhunderts ergriff das Prinzip Größenwahn den damaligen Vorstandsvorsitzenden der Daimler-Benz AG. Die besten Autos der Welt zu bauen, genügte mit einem Mal nicht mehr. Aus den Erfindern des Automobils sollte ein integrierter Technologiekonzern entstehen. Luft- und Raumfahrt wurden zum Geschäftsfeld erklärt. Befeuert von einer schillernden Vision begann ein wilder Zukauf von Firmen, die mit dem Bau von Automobilien nur wenig zu tun hatten. „Wir verbreitern unser Portfolio" nennt sich das im Managerslang.[53] Allerdings erwies sich dies bald als gewaltiger Schuss in den Ofen.

Diese verbreiterte Performance war nichts als eine Fata Morgana einer überhitzten Phantasie. Tiefrote Zahlen zwangen die lange verblendeten Vorstände letztendlich zum Rückzug. Der Vorstandschef musste gehen und ward damit aus seiner Verantwortung entlassen. Das Ergebnis: eine gewaltige Vernichtung von Aktionärskapital und Werten – wir sprechen von 36 Milliarden DM. Damals wurde sie als „größte Kapitalvernichtung, die es jemals in Deutschland zu Friedenszeiten gegeben hat" bezeichnet.[54] Als 1995 der Vorstandsvorsitzende Edzard Reuter den Konzernvorsitz abgab, warfen ihm Aktionäre vor, dass der Konzern vor dem „High-Tech-Trümmerhaufen des Traumtänzers Reuter" stehe. Das Expansionsabenteuer kostete Daimler-Benz in jenem Jahr ein Rekorddefizit von unfassbaren 5,7 Milliarden Mark.[55] Klein erscheint im Vergleich dazu der Wahnsinn um das dreieckige Rathaus ohne Fenster bei den Schildbürgern. Die Erkenntnis über ein derartig hirnloses Treiben brachte Betriebsrat Manfred Lehmeier auf den Punkt, indem er fragte: „Was Daimler eigentlich mit Waschmaschinen will?"[56]

Damit war das Kapitel Größenwahn bei den Schwaben noch lange nicht abgeschlossen. Reuters Nachfolger Jürgen Schrempp setzte noch einen drauf. Im Bemühen, es seinem Mentor zu zeigen, wagte er den nächsten Quantensprung. Aus Daimler-Benz sollte per Fusion mit Chrysler die

Welt-AG Daimler-Chrysler entstehen. Als „Hochzeit im Himmel" wurde der Zusammenschluss verklärt. Die Fahrzeuge aus dem Hause Chrysler erwiesen sich als zweitklassig. Chrysler-Chef Bob Eaton hatte die Fusion als Rettungsanker im allerletzten Moment genutzt, um sein Haus vor dem Abstieg in die dritte Liga zu bewahren. Dieses kleine, aber wichtige Detail hatten die Schwaben in ihrer Übernahmebegeisterung übersehen. Das Ergebnis der „Welt-AG" war ein noch größerer Kapitalverlust als beim integrierten Technologiekonzern. Von 1998 bis 2010 verlor die Aktie des Unternehmens 40 Milliarden Euro an Wert.[57] Persönliche Konsequenzen für den verantwortlichen Vorstandschef? – Keine!

Gefangen in der Zwickmühle der Quartals- und Monatsberichte fühlen sich Manager immer wieder zu Erfolgsmeldungen ihren Aktionären gegenüber gezwungen. Das kann aber nur eine Momentaufnahme des jeweils gegenwärtigen Unternehmenszustands sein und wird in der Regel mithilfe geschönter Bilanzen erreicht, damit die Aktionäre dem Unternehmen weiterhin ihr Geld anvertrauen. Alles andere wäre verheerend. Gedankliche Alternativen und längerfristige Planungen erscheinen in diesem Licht sowohl unnötig als auch störend. Der schöne Schein des kurzfristigen Erfolgs vermag im Allgemeinen mehr zu überzeugen als die Unwägbarkeiten nachhaltiger Planungen mit all ihren Unsicherheiten. Weil solche kurzfristigen Scheinerfolge aber im Allgemeinen auf Dauer nicht durchzuhalten sind, fürchtet der Vorstand den Tag der Wahrheit. Doch dieser kommt. Das ist sicher. Bis dahin wird gefeiert. Der aktuell tolle Lauf soll durch nichts gestoppt werden.

Hier zeigt sich die Achillesferse des Wirtschaftens, die immer wieder übersehen wird: Manche Manager sind wie der Hausmeister ein angestellter Verwalter, der sich von diesem höchstens durch eine bessere Ausbildung und ein exorbitantes Gehalt unterscheidet. Selten werden Manager für ihre Handlungen persönlich und finanziell zur Rechenschaft gezogen. Die Regel ist eher ein goldener Handschlag, damit der Unfähige weicht und keinen Ärger mehr macht. Dafür darf er dann im nächsten Konzern sein Treiben fortsetzen. Wie anders ist da die Welt des Familienunternehmers, der in Zeitspannen von zehn und mehr Jahren, ja, in Generationen denkt, wenn er sein Unternehmen auf zukünftige Märkte ausrichtet. Gleichzeitig haftet er oft mit Haus, Hof und eigenem Besitz. Das heißt, er ist auf Gedeih und Verderb auf erfolgreiches Wirtschaften in seinem Unternehmen angewiesen. Fährt er die Firma vor die Wand, ist das eigene Häuschen schnell verloren und gehört den Gläubigern.

Es fragt sich, bei wem die Angst größer ist: beim Kulissenschieber im Maßanzug oder beim Knacki, der nach langer Haft die Reste seines früheren Selbstvertrauens außerhalb der Gefängnismauern zu finden hofft? Beide sind voll düsterer Ahnungen vor der kommenden Wahrheit und einer Zukunft, die es in sich hat: Wie werden sich die Dinge entwickeln? Kann die Wirklichkeit überhaupt mit meinen Vorstellungen mithalten? Die Pläne ähneln einer Gleichung mit einer wachsenden Zahl von Unbekannten. Unsere Welt ist kompliziert, viel zu kompliziert, als dass sie sich mit einfachen Sprüchen erklären ließe. Kaum ist ein Problem gelöst, tauchen zwei neue auf. Auf die Politik bezogen, hat es Gregor Gysi mir einmal so erklärt: „Ich gehe in eine Sitzung, um ein Problem zu lösen, an deren Ende ich dadurch mehrere neue aus der Taufe gehoben habe."[58]

1.2.4 Gewalttäter: Survival of the fittest – up or out!

„Wer jammert, hat noch Reserven." Mit solchen Sprüchen treiben verantwortungslose Vorgesetzte ihre Crew systematisch in die totale Erschöpfung. Wenn die ersten Mitarbeiter umkippen, setzen diese Rüpel im Maßanzug noch eins drauf: „Wer ausbrennt, muss mal für etwas gebrannt haben", und disqualifizieren damit nicht nur ihre Mitarbeiter, sondern sich selbst. Das Prinzip „Führen durch Vorbild" kennen sie nicht. Sie praktizieren Management by Terror. Die Crew verdient insofern nicht Gehalt oder Lohn, sondern ihren Verdienst bezeichnet man besser, wie bereits erwähnt, als Schmerzensgeld. Die Belegschaft wird zum Kanonenfutter gemacht, das in den täglichen Stahlgewittern um Umsatz und Profit verheizt wird. Menschen, die in dieser Knochenmühle vorzeitig erkranken, zusammenbrechen, ausscheiden müssen, am Herzinfarkt sterben, einen Unfall erleiden, werden als Kollateralschäden eingepreist.

Ferdinand Piëch, einst mächtiger Volkswagenchef, schockierte während eines Interviews mit Aussprüchen wie „Unternehmertum ist Krieg!" und meinte seine Auseinandersetzung mit General Motors um den Spanier José Ignacio Lopez, dem massive Industriespionage in den USA zugunsten von VW vorgeworfen wurde. Piëch hatte den Iberer dort abgeworben und zu seinem Vize gemacht.

Ein markantes Beispiel sind auch die großen Unternehmensberatungen wie McKinsey, Roland Berger und Co. und ihre Kaderschmieden, wo den Studierenden von Anfang an systematisches Funktionieren eingehämmert wird.[59] Wer nicht durchhält, war eben nicht fit genug. Up or out, lautet das tägliche Credo. Du steigst auf oder du bist raus. Die Begrifflichkeiten der Branche lassen erahnen, wie rhetorisch waffenstarrend man sich gibt. Ein abendliches Meeting für die Aufgaben des nächsten Tages heißt martialisch „Battle Call".[60] Hier ziehen Krieger in die Schlacht, die siegen wollen. Um jeden Preis.

„Du bist ‚beschäftigt', wenn du unter der Woche jeden Tag mindestens 16 Stunden arbeitest und nochmal mindestens 16 Stunden am Wochenende. Damit ist die reine Arbeitszeit gemeint – nicht Reisen, Gequatsche, oder Essenspausen. Sollten deine Bürozeiten geringer sein, hast du noch Kapazität, mehr Aufgaben zu übernehmen." Diese Zeilen stammen aus einer internen E-Mail an das Personal der Investmentbank Donaldson, Lufkin & Jenrette aus dem Jahr 1994.[61]

Wer dies länger durchhält, ist für Führungsaufgaben nicht geeignet. Diese Knochenmühle bevorzugt die Angepassten, weil die Querdenker, Originale und Unikate längst von Bord gegangen sind. Es kommen die durch, die das machen „was gemacht werden muss", ohne das eigenen Tun groß zu reflektieren. Die internationale Finanzkrise 2008 und 2009 hat gezeigt, welche Auswirkungen dieser Karriereweg hat. Irgendwann sind den Analysten und Managern die letzten Skrupel und der letzte Funke Verstand abhandengekommen; sie beginnen, ihren eigenen Prognosen zu glauben. Aus dem Höhenflug der Göttergleichen wird schnell ein saftiger Absturz, dessen finanzielle Folgen die Gesellschaft zu tragen hat. Aus den angeblich Fittesten von gestern werden plötzlich gerupften Hähne von heute. „Banken müssen nicht das Gemeinwohl fördern", tönte 2010 der äußerst umstrittene Deutschland-Chef von Goldman Sachs, Alexander Dibelius.[62] Das Perverse: Ohne staatliche Hilfe durch die USA wäre Goldman Sachs in der Bankenkrise selbst untergegangen.

Möglich werden solche Exzesse, weil alle Beteiligten dafür systematisch zu gierigen „Absolventen ohne moralischen Kompass"[63] ausgebildet worden sind, so der U.S.-Ökonom Michael Czinkota. „Das Ökonomie-Studium heute gleicht einer Gehirnwäsche.[64] Thomas Sattelberger, ehemaliger Personalvorstand der Deutschen Telekom findet noch deutlichere Worte: „Die Theorie, die heute vermittelt wird, hat substantiell versagt und ist moralisch verrottet."[65] Sein Fazit: „Ideologisch gesehen, sind die großen Business Schools doch fast alle lebendige Leichen."[66] Was zählt, ist die innere Einstellung. „Gier und kriminelle Energie sind Fragen der Geisteshaltung".[67] Typen wie diesen werden gerne Aufgaben übertragen, an denen sich sonst keiner die Hände schmutzig machen will. So kam im Sommer 2016 ans Licht, dass die Bundesregierung externe Berater von McKinsey engagiert, um herauszufinden, wie Asylbewerber schneller abgeschoben werden können.[68] Nach dem kosmopolitischen „Wir schaffen das!" der Bundeskanzlerin aus dem Jahr 2015 veränderte sich die Stimmung im Land zwölf Monate später in den ängstlichen Tenor „Wir schaffen das nicht!". Für die Umsetzung einer solchen Kehrtwende scheinen Leute fürs Grobe gebraucht zu werden. Die eigenen Hände sollen weiterhin in Unschuld gewaschen werden können.

1.2.5 Erpresser: Und willst du nicht mein Bruder sein ...

Sich auf Erpresser einzulassen, suggeriert einen scheinbaren Ausweg aus einem Dilemma. Wer jemanden zwingt, etwas gegen dessen Willen zu tun – in den meisten Fällen geht es um Geld –, fühlt sich am längeren Hebel. Was in der Welt der Verbrechen gilt, ist in Wirtschaft und Politik nicht anders. Wer sich arglos umsieht, stellt verwundert fest, wie alltäglich Erpressung in den unterschiedlichsten Schattierungen verbreitet ist – und offensichtlich funktioniert. Dinge delikater Art, Unkorrektheiten, Gesetzesübertretungen, Schwächen, persönliche Defizite und Fehler, die keiner wissen darf, könnten durch Erpressung ans Licht kommen. Das verursacht massive Angst. Was sollen die anderen denken? Der Job ist in Gefahr. Polizeiliche Ermittlungen drohen. Doch wer auf die Bedingungen des oder der Erpresser eingeht, kann sich in den allerwenigsten Fällen seiner Zukunft sicher sein. Die Erfahrung aus diesem Verbrechenskapitel lehrt, wer einmal zahlt, muss meist noch mehr auf den Tisch legen. Ausgerechnet Quandt-Erbin Susanne Klatten, eine der reichsten Frauen Deutschlands, fiel auf eine Gruppe von Betrügern herein, die sich auf die Eroberung einsamer, aber reicher Frauen spezialisiert hatte.[69] Mit geschliffenen Umgangsformen und wohlgesetzten Worten wurden die Damen an der Hotelbar angesprochen, Vertrauen aufgebaut und zum horizontalen Finale im Hotelzimmer animiert. Was klingt wie ein schlechtes Theaterstück, funktionierte tatsächlich. Wo eine Sehnsucht ist, findet sich auch ein Hotelzimmer. Dort zeichneten versteckte Kameras jedes Detail des Schäferstündchens auf; die Erpressung begann. Nachdem Susanne Klatten, dem Wortgeklingel ihres Herzensbrechers erlegen, zunächst 7 Millionen Euro gezahlt hatte, witterte der die Chance seines Lebens und erpresste weiter.[70] Allerdings hatte er die Rechnung ohne die couragierte Münchenerin gemacht. Die ging zum Schein auf die zweite Runde der Erpressung ein und schien bereit, 14 Millionen zahlen zu wollen. Glücklicherweise sah der Erpresser davon keinen Cent. Am Ort der Übergabe klickten die Handschellen der Polizei. Statt Party, Schampus, Jetset wartete auf ihn eine Gefängniszelle in München Stadelheim. Natürlich kamen hochnotpeinliche Details ans Tageslicht. Trotzdem zeigte Susanne Klatten Rückgrat; ein Musterbeispiel, wie mit solch kriminellen Vögeln umzuspringen ist.

Ebenso bösartig ist das erpresserische Treiben in Politik und Wirtschaft. Firmen mit Geld für den Standort auf eigenem Gemeindeboden ködern zu wollen, zeugt von extrem kurzsichtigen Denkhorizonten. Im Wahlkampf macht sich das Anwerben eines mächtigen Investors oder Unternehmens natürlich gut. Doch bleibt die bittere Erfahrung: Wer wegen des Geldes kommt, geht aus dem gleichen Grund. Dies erlebte die Landesregierung von Nordrhein-Westfalen mit dem finnischen Nokia-Konzern in Bochum.

Durch viele Fördermillionen waren die Handybauer ins mittlere Ruhrgebiet gelockt worden. 88 Millionen Euro öffentlicher Förderung hatten bei den Finnen den Ausschlag gegeben.[71] Lokal- und Landespolitiker klopften sich auf die Schulter, sie glaubten, den ganz großen Deal an Land gezogen zu haben, dachten an die vielen neuen Arbeitsplätze und zeigten sich generös. 15 Millionen Gewerbesteuer erließen sie großzügig den Finnen ebenfalls.[72] Wenn Politik und Verwaltung etwas wollen, können sie Berge versetzen. Allerdings war der Segen neuer Arbeitsplätze nur von mittelfristiger Dauer. Nachdem der Belegschaft zur Weihnachtsfeier 2007 noch von einem guten Geschäftsverlauf berichtet worden war, hieß es wenige Tage später im Januar: „Alles zu teuer, Bochum ist nicht wettbewerbsfähig.[73] Mehr als 2000 Arbeitsplätze fielen auf einen Streich weg.[74] Doch die Unverfrorenheit hatte Methode. Für den Aufbau eines neuen Standorts in Rumänien zapften die Finnen ganz selbstverständlich wieder die öffentlichen Fördertöpfe aus Brüssel an. Wie naiv muss Politik sein, um dieses Treiben zuzulassen?

Im Gegensatz dazu sind inhabergeführte Unternehmen ihrem Standort treu. Sie stellen die Arbeitsplätze, sie bilden aus, sie zahlen die Steuern – meist seit Generationen. „Mittelständler sind diejenigen, die bleiben."[75]

Von einem ähnlich abstoßenden Kaliber ist der erpresserische Umgang mit den Mitarbeitern in vielen Unternehmen. Unter dem Vorwand „Wir stehen im Wettbewerb" heiligt der Zweck die Arbeitsmittel. „Head down and deliver" – „Schnauze halten und liefern, was verlangt wird"[76], so lautet ein zentraler Slogan der Beraterbranche. Wer noch nicht oben ist, der muss sich abstrampeln auf dem Weg ins gelobte Land eines Vorstands oder einer Partnerschaft im Unternehmen. Dies bedeutet endlose Schichten, die einer Jagd im Hamsterrad gleichen. Da vielen Beratern ein Alleinstellungsmerkmal fehlt (Was können wir, das die anderen nicht können?), sind ihre Dienstleistungen austauschbar, entsprechend brutal ist der Wettbewerb. Muss ein Beratungspartner bei einem Kunden aussteigen, steht die Konkurrenz sofort bereit, den Job zu übernehmen. „Die Angst vor dem Wettbewerb macht Berater zu Prostituierten der Management-Etagen."[77] „Wir geben großen Konzernen neunzig Prozent Rabatt, damit wir sie auf der Liste unserer Klienten führen können", sagte mir ein Berater der großen Vier im Jahre 2010 einst hinter vorgehaltener Hand. Namen dürfen natürlich nicht genannt werden. Profitabel kann dieses Treiben nicht sein. Die Zeche zahlen die kleineren Unternehmen, die davon nichts wissen, aber auch nicht die Finanzkraft für solche Manipulationen haben.

1.2.6 Bestecher und Bestechliche: Im schwarzen Loch der Korruption

Zur den Tätigkeitsfeldern der Knastbrüder zählt die Korruption. Dabei ist sie eine Erscheinung, die es eigentlich nicht geben dürfte. „Üb' immer Treu und Redlichkeit, bis an dein kühles Grab. Und weiche keinen Finger breit von Gottes Wegen ab." Was der Texter Ludwig Heinrich Christoph Hölty zur Melodie von Wolfgang Amadeus Mozart dichtete, zählt zu den gefühlten Grundfesten unseres Lebens. Dem Ehrenmann ist der Glanz seiner weißen Weste ein Grundbedürfnis. Dem steht allerdings eine vollkommen andere Redensart entgegen: „Wer gut schmiert, der gut fährt." Ursprünglich den reibungslosen Lauf von Rädern meinend, hat sich die Bedeutung „Schmieren" drastisch gewandelt. Die Rede ist von Korruption und Bestechung in Politik, Wirtschaft, Verwaltung und im öffentlichem Leben. Wer glaubt, dass Filz und Betrügerei in unseren aufgeklärten, rechtsstaatlich verfassten Wirtschaftsnationen Europas und den USA bedeutungslos sei, irrt. Sie gehören zu unserer Gesellschaft wie der Schatten zur strahlenden Sonne.

Immer wieder leuchten Journalisten hinter die Kulissen von Politik und Wirtschaft, wenn alte parlamentarische Praxis plötzlich neu bewertet wird und Pressemeldungen als Aufreger öffentlich die Runde machen. Immer schon hat die Öffentlichkeit kritisiert, dass Interessenvertreter von Firmen, Konzernen, Verbänden ungehinderten Zugang zu allen Ministerien und Parlamentariern über Dauerhausausweise bekamen, die von den Fraktionen großzügig, diskret und ohne Kontrolle ausgestellt wurden. Der Bundesanzeiger vom 16. Mai 2016 führt 2231 Verbände und deren Vertreter auf.[78] Ihr stehen aktuell 630 Abgeordnete gegenüber – noch Fragen? Kolportiert wurde immer wieder, dass Gesetzvorlagen nicht von den Ausschüssen, sondern von den Interessenvertretern zum eigenen Vorteil formuliert und im Bundestag durchgewunken wurden.

Mauscheleien, Filz, Seilschaften und Bevorzugungen, wenn nicht offene Korruption sind eine ständige Gefahr, und mancher Abgeordneter erliegt ihr wohl auch. Das untergräbt natürlich das Vertrauen der Bevölkerung in die Integrität der Volksvertreter, besonders, seit solche Verfehlungen in Wikileaks und abgeordnetenwatch.de nachzulesen sind, seit es also immer schwieriger wird, Korruption und Bestechlichkeit unter der Decke zu halten. Pegida und AFD nutzen solche Informationen mit Freude als Kampfmittel und machen breite Front gegen unser demokratisches System im Ganzen, indem sie genüsslich und selbst völlig frei von Wahrheitstreue in regelmäßig wiederkehrenden Hetzreden Salz in diese Wunden streuen und die Politiker pauschal zu einer Verbrecherbande stilisieren.

Das hat bei der großen Mehrheit der Parlamentarier einen Aufschrei ausgelöst, und Bundestagspräsident Norbert Lammert hat nach heftigen Parlamentsdebatten dem Rechnung getragen und den Ausweg gewiesen.

Nicht mehr die Fraktionen stellen Dauerhausausweise aus, sondern die Parlamentsverwaltung, der der Bundestagspräsident vorsitzt. Vertreter von Wirtschaftsunternehmen, PR-Beratern, parteinahen Stiftungen und andere Einzelinteressenvertreter bekommen gar keine Dauerhausausweise mehr, sondern müssen für jeden Parlamentskontakt einen neuen Antrag stellen. Nur noch Vertreter von Berufs- und Standesverbänden aus dem offiziellen Verbändeverzeichnis und NGOs erhalten einen Dauerhausausweis und werden in einem offiziellen und öffentlichen Transparenzverzeichnis eingetragen. Folge: Die Zahl der Lobbyisten ist inzwischen drastisch zurückgegangen und ihr Einfluss wurde durch diese Maßnahmen beschnitten.[79] Eine breite Mehrheit im Bundestag stimmte dem zu, lediglich die CDU/CSU wehrt sich weiter dagegen. Abgeordnetenwatch.de-Geschäftsführer Gregor Hackmack geht noch einen Schritt weiter. Er will die Lobbyisten ganz aus dem Bundestag verbannen: „Dass Bundestagsverwaltung und Union sich schützend vor Lobbyisten stellen und nun in Berufung gehen, ist angesichts des Vertrauensverlustes vieler Menschen in die Politik verheerend."[80] Diese Ansicht ist nun ihrerseits überzogen, denn die Politik braucht den Kontakt zu den Anliegen der Wirtschaft, Forschung, Bevölkerung und ihrer Sprecher. Schließlich vertreten die Abgeordneten das ganze Volk und müssen im wohlverstandenen Interesse aller Gruppierungen entscheiden.

Für manchen scheint der „weiche Fall" aus dem Parlament auf einen Versorgungsposten in der Wirtschaft zur willkommenen Konsequenz zu werden, die er jahrelang heimlich vorbereitet hat. Plötzlich hat er Geldeinnahmen, die die Vergütung für die Arbeit im Parlament bei weitem übersteigen. Der CSU-Politiker Peter Gauweiler kam in den ersten neun Monaten der aktuellen Legislaturperiode auf Einnahmen von knapp einer Million Euro – nebenbei![81] Passend dazu zeigte er ein „brutales Desinteresse am parlamentarischen Geschehen"[82], von fünfundvierzig namentlichen Abstimmungen war der CSU-Politiker gerade mal bei zehn anwesend.[83] Das könnte auch als Arbeitsverweigerung ausgelegt werden. Bei der Neigung zur Verallgemeinerung bei einem Teil der Bevölkerung hat solches Handeln einiger Parlamentarier eine verheerende Außenwirkung und wird von Pegida und AFD mit Begeisterung als allgemeine „Wahrheit" aufgegriffen, populistisch ausgeschlachtet und wider besseren Wissens der Eindruck erweckt, das ganze Parlament sei nichts als ein Haufen geldgieriger Egoisten und wirtschafte nur in die eigene Tasche.

Schlechte Beispiele gibt es in allen Lebensbereichen. Man muss nur ordentlich graben, dann wird man zwangsläufig fündig. Ärzte und Angehörige anderer Heilberufe beispielsweise werden geschmiert, indem sie für die Verschreibung von Medikamenten eines bestimmten Pharmaunternehmens oder die Benutzung eines bestimmen Gerätes oder den Einbau einer bestimmten Prothese zum Wohl einer bestimmten Firma, aber zum Schaden von Patienten und zum Schaden der Finanzen des Gesundheitswesens bezahlt werden oder nutzlose Anwendungsverlaufsbeobachtungen vornehmen. Geld und Güter nehmen die Bevorteilten gern, ungern möchten sie darüber in der Zeitung lesen. Wie groß war der Schock, als Ende Juni 2016 vierundfünfzig Pharmakonzerne erstmals ihren Geldsegen an Ärzte in Deutschland offenlegten.[84] Fünfhundertfünfundsiebzig Millionen Euro sind demnach 2015 an mehr als einundsiebzigtausend Ärzte und Fachkreisangehörige wie Apotheker sowie sechstausendzweihundert medizinische Einrichtungen geflossen. Mehr als zwei Drittel dieser Ärzte lehnen ab, dass die an sie geleisteten Zahlungen veröffentlicht werden dürfen.[85]

Diese Form von Korruption ist inzwischen ebenfalls mit einem Gesetz bewehrt, das solche Praktiken mit bis zu drei Jahren, in besonders schweren Fällen bis zu fünf Jahren Freiheitsstrafe ahndet. Bundesgerichtshof, Bundestagspräsident und Justiz- und Umweltministerium wachen langsam auf. Allerdings – sobald eine entsprechende Gesetzesvorlage ins Parlament zur Abstimmung gelangt, wird sie verwässert und manchmal bis zur Unkenntlichkeit verändert. Der ursprüngliche und gut gemeinte Gesetzentwurf von Heiko Maas wurde –mithilfe der CDU/CSU-Fraktion und des Einflusses der entsprechenden Lobby – entschärft und die Apotheken weitgehend ausgenommen. Kann man also sagen, unsere Republik wird ehrlicher? Partiell sicherlich. Aber der Fortschritt ist eine Schnecke und braucht sehr viel Überzeugungskraft.

Natürlich haben Politik, Wirtschaft und Verbände die Zeichen der Zeit erkannt. Compliance, auf gut Deutsch Regeltreue, ist das Schlagwort unserer Zeit. Ganze Stäbe mühen sich ab, versuchen Licht, ins Dunkel zu bringen, der Bestechung einen Riegel vorzuschieben. Vor lauter Compliance darf heute streng genommen niemand mehr einen Kugelschreiber annehmen oder sich auf einen Kaffee einladen lassen. Der Eindruck nach außen: Die Politik erscheint naiv. Wer das Loch der Korruption zuzuschütten versucht, vergrößert es in den meisten Fällen nur noch. Wird das System nicht radikal geändert, ist es wie beim Wettlauf zwischen dem Hasen und dem Igel. So schnell das Langohr laufen mag, stets ist der Igel schon da. Es fehlt der Mut zur Konsequenz. Bei VW beispielsweise müssten Köpfe rollen, Verantwortliche in den Knast wandern. Es ist schwer zu glauben, dass bei VW niemand außer einer Handvoll böser Buben von der Betrugssoftware im Diesel-Skandal gewusst haben soll. Das genau herauszufinden, ist Aufgabe der Strafjustiz.

1.2.7 Bankrotteure: Take the money and run – überfallen, plündern, weiterziehen

Der Drang zur Allmacht ist eine tief im Menschen schlummernde Versuchung. Sie vernebelt uns den klaren Blick auf die Wirklichkeit. Wir leben stets in der Gefahr, uns von ihr gefangen nehmen zu lassen. War Kokain früher im Rock'n'Roll der Treibstoff für Tourneen, befeuert das weiße Pulver heute ganz andere Branchen und hält sie gefangen, wie zum Beispiel die Wall Street. Sie gilt nicht nur unter Insidern als der vielleicht größte Umschlagplatz für Koks und all jene Aufputschmittel, durch die eine Stadt wie New York City nie zu schlafen scheint.[86] Ob es in der City of London anders zugeht? Der Ablauf der Dinge scheint sich global anzugleichen. Das Leben wird zu einem Drahtseilakt zwischen Größenwahn, Verantwortungslosigkeit, Dauerdelirium und nahendem Drogentod. Irgendwann beginnen die Analysten, ihren eigenen Prognosen zu glauben. Das war's dann mit der Bodenhaftung. Wenn mal wieder eine Börsenblase platzt, vollzieht sich ein bekanntes Szenario: Längst wurden Gewinne privatisiert, doch für die Verluste soll bitte der Staat in die Bresche springen. Plötzlich stehen Heerscharen von Mitarbeitern auf der Straße. Selbst wenn die Börsenkurse wieder anziehen, bleibt für die Belegschaften eine dunkle Ahnung – nach dem Crash ist vor dem Crash.

Ab und an brechen die Kulissen der glitzernden Finanzwelt auf und präsentieren Momente der Wahrheit. Die Banken- und Brokerbranche scheint im Drogen- und Partyrausch zu rocken, dass die Nähte krachen. Martin S. Scorsese hat das in seinem Film „The Wolf of Wall Street"[87] mit Leonardo DiCaprio herrlich abstoßend verfilmt. Am Ende des Films taucht sogar der echte Wolf of Wall Street, Jordan Belfort, in einer kleinen Szene auf; von Einsicht und Selbstkritik keine Spur. Die Grenzen zwischen Fiktion und Wirklichkeit verschwimmen – damit endet der Film. Wie sehr alles einem Gefängnis gleicht, zeigt die Tatsache, dass es niemandem der Beteiligten im Film gelingt, diesem Teufelskreis von Größenwahn und Allmachtsphantasie zu entkommen. Schritt für Schritt zeigt der Film wie die Droge Gier das Leben der Menschen durchsetzt und es schließlich zerstört. „Einsteigen ist leicht, aussteigen nicht." So sagt es der Finanzguru Gordon Gecko in Oliver Stones Film „Wall Street: Geld schläft nicht".[88] Gecko, der im ersten Wall Street-Film die Parole „Gier ist gut" propagierte, gibt sich im zweiten Teil geläutert. Nach seinem Höhenflug kam der harte Sturz in die Wirklichkeit mit einem mehrjährigen Knastaufenthalt. Doch die Zeit hinter Gittern scheint ihn geläutert zu haben. Nach Jahren im Kittchen sieht er das Treiben an der Wall Street mit kritischem Blick: „Vielleicht war ich zu lange im Gefängnis. Aber manchmal ist das der beste Ort, um bei

Verstand zu bleiben, durch die Gitterstäbe zu sehen und sich zu fragen, sind denn da draußen alle verrückt?"[89]

Wie schleichendes Gift kerkert die Wall Street ihre Beteiligten durch Geld und Drogen ein. Der Gedanke „Ich will hier raus!" ist ein frommer Wunsch, der hinter immer längeren Kokslinien weggerüsselt wird. Mit einem Mal sind alle roten Linien überschritten, der Pakt mit dem Teufel ist geschlossen. Ist erst die eigene Seele an das System verkauft, gibt es kein Zurück mehr. Es bleibt die fromme Hoffnung einer Flucht nach vorn: Bestimmt wird sich irgendwas irgendwie ändern – aber bitte jetzt keine kritischen Fragen stellen, erst muss noch der Deal XY abgeschlossen werden. An der Wall Street ist der Leistungs- und Performancedruck dermaßen hoch, dass die Arbeit ohne chemische Hilfe kaum zu bewältigen ist. Hier schaffen Menschen, die sich als Masters of the Universe bezeichnen, die bar jeder Bodenhaftung eine wirtschaftliche Seifenblase nach der anderen produzieren.[90] Wer das fünf oder zehn Jahre durchhält, ist ein körperliches Wrack oder reif für die Anstalt. Meist ist beides der Fall. Bevor die Welt von diesen Freaks gerettet wird, müssten sie erst vor sich selbst gerettet werden.[91] Wie im Knast wachsen hinter den Mauern der Verschwiegenheit Parallelwelten, deren Eigenleben sich erst offenbart, wenn mal wieder eine Bombe hochgeht. So geschah es im Sommer und Herbst 2008. Was mit der Pleite der Lehman Brothers-Bank begann, breitete sich wie ein Lauffeuer rasend schnell um den Globus aus. Verzockt ein paar Milliarden. Dumm nur für die Vielzahl derjenigen, die ihre Arbeit verlieren, deren Firmen den Bach runtergehen, deren Lebensperspektiven sich in Luft auflösen. Wer an Bord bleiben darf, klammert sich umso fester an seinen Job, obwohl dieser vielleicht mehr und mehr unglücklich macht.

1.2.8 Egomanen: Präsidiale Gemächtekrümmung und Frauenstrecken

Das Thema Macht besaß schon immer eine dunkle Seite. Sie verleitet und verleitete viel Mächtige, ihr Schaffen als sexuellen Selbstbedienungsladen zu definieren. US-Präsident Donald Trump hat im zurückliegenden Wahlkampf deutlich gezeigt, wie bei ihm in Sachen Frauen die Uhren ticken. Frauen sind hübsches Beiwerk und ansonsten Freiwild, auf das je nach Hormonpegel zurückgegriffen werden darf. Das Bizarre: Dieses Denken nimmt in den Köpfen vieler Männer breiten Raum ein. Sexuelle Belästigung ist eines der Themen unserer Zeit.[92] Auch nach Jahrzehnten emanzipatorischer Stahlgewitter ist der Macho nicht totzukriegen.[93] Abgehoben, im Glanz der Medien, wächst die Sucht nach Allmacht seit Jahrzehnten gerade in der Weltpolitik. Die Gefahr: Irgendwann kommt der Tag des Größenwahns, basierend auf dem unerschütterlichen Glauben „Ich bin unangreifbar!" Wir erinnern uns an eine bizarre Szene Mitte der 1990er

Jahre aus dem Weißen Haus in Washington. Im Rosengarten wartet ein ausländischer Staatsgast auf eine Audienz bei U.S.-Präsident Bill Clinton. Während der Gast ungeduldig eine Kuhle in den Rasen läuft, genießt Billy Boy in der Bücherei mit seiner Praktikantin Monica Lewinsky Oralsex.[94] Die New York Post titulierte, als die Affäre öffentlich wurde, die Praktikantin als die „berühmtesten Lippen der Nation".[95] Tiefenentspannt und relaxed konferiert der mächtigste Mann der Welt später mit seinen Kollegen Staatsoberhäuptern. Ein Präsident wie die Rolling Stones auf Tour: Auf der Bühne gibt's Rock'n'Roll, backstage geht die Party weiter, da kracht es richtig. Könnten wir uns ein derartiges Szenario im deutschen Kanzleramt vorstellen? O.K., ich ziehe die Frage sofort zurück. Wie schlicht und gesittet ist doch das politische Treiben in Berlin. Welche Auswirkungen der Sex mit seiner Praktikantin auf die Weltpolitik haben kann, stellte Präsident Clinton anschließend unter Beweis. Nach monatelangem Wegducken gestand er am 17. August 1998 seiner Nation und der Welt: „Es ist alles wahr! Ja, ich hatte ein Verhältnis mit Monica Lewinsky." Aus dem Spektakel wurde ein Albtraum. Trotz des Meineids blieb der Präsident im Amt. Ob zufällig oder forciert, das Schicksal meinte es gut mit Clinton, er konnte das Interesse der Öffentlichkeit mit einer militärischen Offensive von der Schmuddelsex-Affäre ablenken. Kurz nach seiner Beichte ließ er fünfundsiebzig Marschflugkörper auf Terroristenstützpunkte im Sudan und Afghanistan abfeuern.

Welche Magnetwirkung Macht entwickeln kann, zeigt die Präsidentschaft John F. Kennedys. Dessen Frauenverschleiß war von ganz anderem Kaliber als später bei seinem Nachfolger Bill Clinton. Kennedy vernaschte in seinen besten Zeiten praktisch täglich attraktive junge Damen; und die ließen es gerne geschehen.[96] Die Wirkung, die Kennedy auf weibliche Wähler habe, sei „geradezu unanständig" schrieb die New York Times.[97] „Die Frauen wollen ihn entweder bemuttern oder heiraten."[98] Kennedy agiert wie ein Rock'n'Roller – er hatte keineswegs die Absicht, sowohl das Eine als auch das Andere mit sich machen zu lassen. Er sammelte Liebschaften und Frauenröcke wie die Westernhelden Kerben im Colt. Kennedys Frauenstrecke präsentiert alles, was damals in Hollywood Rang und Namen hat:[99] Unter ihnen: Marlene Dietrich, Zsa Zsa Gabor, Joan Crawford, Audrey Hepburn, Sophia Loren[100] – und natürlich Marilyn Monroe. Die teilt er sich sogar mit seinem Bruder Robert. Ein Schelm, der Böses dabei denkt. Über die Frage, wie und ob er bei derartigen Aktivitäten überhaupt zum Regieren kam, decken wir den Mantel des Schweigens.

Das nach außen vermittelte Kennedy-Bild ist eine Mischung aus Seifenoper und perfekter Welt. Kein Wunder, unter Kennedys Regentschaft wird das Weiße Haus mit der legendären Artus-Burg Camelot verglichen. Aus der Rückschau betrachtet, ist Kennedys Bilanz erschreckend übersichtlich.

Politisch hat er herzlich wenig auf die Reihe bekommen.[101] So lange Kennedy ein Berliner bleibt, ist alles in Ordnung und wir können beruhig weiterschlafen.

1.2.9 Geklonte Mitläufer: Das Wort des Chefs ist uns Befehl

Der Begriff des vorauseilenden Gehorsams gehört zu den metaphorischen Schätzen unserer Sprache. Wir handeln im Voraus, weil wir glauben, dass irgendeine Autorität dies oder etwas Ähnliches von uns erwarten könnte. Lange, bevor ein Vorgesetzter eine Aktion verlangt, schlägt der vorauseilende Gehorsam schon Pflöcke ein. Grundlage dafür ist der Glaube, die Dinge im Voraus richtig einschätzen zu können, oder der Wunsch, sich dem Vorgesetzten besonders unentbehrlich zu machen. Wünsche, vorgegebene oder mögliche Ideen von Vorgesetzten oder Kunden werden beflissen bestätigt. „Hypothesengetriebenes Arbeiten"[102] wird dieser Arbeitsstil in Fachkreisen genannt. Wie in Heinrich Manns Roman „Der Untertan" gleicht sich der Untergebene vollkommen einer höherrangigen Person an.[103] Er wird ein Teil von ihr um den Preis der völligen Selbstaufgabe. Menschen, die so handeln, passen sich stromlinienförmig allen Gegebenheiten an, im Irrglauben, aus eigenem Antrieb heraus aktiv geworden zu sein. Wer von diesen Menschen umgeben ist, läuft Gefahr, früher oder später die Bodenhaftung zu verlieren. Jede Diktatur, ganz gleich welcher Art, ist ein Beispiel dafür.

Ob Hitler, Stalin, Idi Amin, Saddam Hussein oder die King Jong Ils und Uns aus Nordkorea, sie alle lebten oder leben in einer Seifenblase, in der Wahrheit und Wirklichkeit nicht mehr erkannt werden; in ihrem eigenen verzerrten Weltbild fernab der Realität und fühlen sie sich umstellt von Feinden, bestätigt von denen, die ihnen im vorauseilenden Gehorsam zustimmen. Nicht ganz so drastisch, aber tendenziell kann es auch in Unternehmen so zugehen. Bestsellerautor Peter Kreuz formuliert es so. „Noch nie haben die Angepassten die Welt verändert. Ja-Sager bewegen gar nichts."[104] Im süßen Gruppengesang eines Ja-Sager-Chors dringen schlechte Nachrichten oder konstruktiv kritische Ideen nicht mehr durch. „Damit brauchen sie unserem Chef nicht zu kommen!". Sätze wie dieser stoßen auch das beste Argument in die Bedeutungslosigkeit.

Ein guter Vorgesetzter oder Unternehmenslenker stellt Fachleute ein, die auf ihrem Gebiet besser sind als er. Sehr gute Chefs umgeben sich mit erstklassigem Personal. Diese Spitzenklasse und Expertise gilt es auszuhalten. Das bedeutet, auch Leute einzustellen, die scheinbar nicht ins Team passen; Nervensägen, Funkenschläger, Ideenproduzenten. Diese gleichen und füllen weiße und blinde Flecken aus, die sich auf der strategischen Landkarte bei allzu großem Konsens früher oder später ausbreiten. Die

Führungsperson hält die taktischen Fäden zusammen. Sie oder er setzt die Schachfiguren entsprechend den strategischen Vorgaben und Zielen. Das dreht die Spirale der Entwicklung nach oben. Das Team lernt, ist offen für Neues, Fehler und Probleme werden zu Meilensteinen auf dem Weg zum Ziel. Natürlich fliegen ab und an die Fetzen. Das zeigt nur, dass selbst unter der erkalteten Kruste das Magma der Firma noch flüssig ist und glüht.

Wie anders läuft das bei selbstunsicheren Führungspersönlichkeiten ab. Sie stellen Leute ein, deren Fähigkeiten nur fast so gut sind wie die eigenen. Der Chef wähnt sich sicher, niemand kann ihm und seiner Position gefährlich werden. Die Folge: Alle schauen auf zum Chef, der vorauseilende Gehorsam nimmt seinen Lauf. Allerdings dreht sich in diesem Fall die Spirale der Entwicklung langsam aber sicher abwärts. Am Ende ist es wie im Märchen „Des Kaisers neue Kleider". Der Monarch läuft in Unterhosen durch die Welt und niemand traut sich, es ihm zu sagen. Fehler und Probleme werden ausgeblendet, da sie bei der Performance des Lenkers stören. Die muss in hellstem Licht erstrahlen – auch wenn sie mit der Wirklichkeit wenig zu tun hat. Typische Antwort auf die Frage des Chefs: „Ist das am Himmel der Mond oder die Sonne?" „Chef, sie haben ja so recht."

1.2.10 Führen bedeutet: Verstehen, Durchschauen, Steuern

Führung ist gerade in Situationen des vorauseilenden Gehorsams ein Gebot der Stunde. Je mehr Ja-Sager an Bord herumspringen, desto wichtiger sind souveräne Fahrensleute auf der Brücke und am Steuer, die bleiben. Führen bedeutet: Verstehen, Durchschauen, Steuern. Eine Vorbildfunktion der Führungskultur kann sich nur entfalten, wenn diese vorhanden sind. Geführt wird von vorne, Führende haben Folgende. Fehlt an der Spitze die Führung, darf es nicht verwundern, wenn die Crew sich verwirrt und ratlos durchwurstelt und sich auf Dienst nach Vorschrift zurückzieht. Der ist zwar erwiesenermaßen sinnfrei, doch in der Stunde drohender Kritik kann jeder ehrlichen Herzens rufen: „Ich war's nicht!"

Verständlich wird dieses Denken durch einen geweiteten Blick auf die Zusammenhänge des Marktes. Im Falle der besagten Krankenkasse aus dem Kapitel „Sicherheitsorientiertes Unglücklichsein" war nach elf (!) Fusionen dem Unternehmen eine Verschnaufpause von achtzehn Monaten gegönnt, dann stand der nächste Zusammenschluss an. Das sorgte für Schockstarre bei der Belegschaft. Niemand muss Hellseher sein, um zu wissen, dass Fusionen und Firmenübernahmen für die Unternehmensmitarbeiter mit vielen Unsicherheiten verbunden sind. Oft werden strategische Kopfgeburten aus der Taufe gehoben, die in der Theorie überaus bestechend klingen, sich aber leider in der Mehrzahl nicht in die Praxis umsetzen lassen. Soll der Zusammenschluss zweier Unternehmen gelingen, müssen die Mitarbeiter über alle Schritte kommender Entscheidungen informiert werden. Wie ist der aktuelle Status quo? Welche neuen Ziele und Wege gibt es? Wie soll mit Kritik umgegangen werden? Wie offen soll die Fusion für Verbesserungsvorschläge sein? Wer diese Dinge beachtet, kann einen Zusammenschluss kreativ und positiv gestalten. Dazu gilt es, die Teams psychologisch klug einzusetzen, so wie sie zusammenpassen. Je mehr das der Fall ist, desto höher ist die Chance des Gelingens. Allerdings spüren wir bereits beim Lesen dieser Zeilen: Bei Fusionen wird leider nie so gehandelt wie eben beschrieben.

Die Größe und Komplexität dieser Aufgabe wird immer wieder unterschätzt. Aus ehemaligen Konkurrenten, die sich bisher im harten Wettbewerb bis aufs Messer bekämpften, lässt sich selten per Federstrich ein effektiv zusammenarbeitendes Team schweißen. „Die Erfolgsaussichten bei Fusionen und Übernahmen sind schlechter als die Überlebenschancen beim russischen Roulette", warnt Johannes Gerds, Partner der Prüfungs- und Beratungsgesellschaft Deloitte und Experte für die Integration übernommener Unternehmen.[105] „Ob der Übernahmekandidat zum Unternehmen passt und wie die Integration im Detail über die Bühne gehen soll, darüber wird meist erst nach Vertragsunterzeichnung nachgedacht."[106] Folglich werden Teams zusammengequirlt, die miteinander müssen, aber nicht können. Alte Seilschaften bleiben auch dann bestehen, wenn plötzlich alle das gleiche Trikot tragen. Ebenso ist es illusorisch, einen „Zusammenschluss unter Gleichen", einen „Merger of Equals" zu propagieren. „Das Etikett Merger of Equals wird doch oft als Feigenblatt benutzt. Tatsächlich ist immer ein Teil stärker als der andere", sagt Mergerexperte Clemens Hasenauer.[107] Meine subjektive Erfahrung aus der Praxis: Es gibt bei einer Fusion Gewinner, aber auch Verlierer. Vom Nektar des Profits haben nur einige etwas – Aktionäre, Vorstände, Aufsichtsräte, Analysten, Investoren. Zu den Verlierern zählen meistens die Mitarbeiterinnen und Mitarbeiter. Letztere schleichen mit hängenden Schultern durch die Firmenräume und müssen Kollegen ertragen, die ihnen im Unternehmen offen den Krieg erklären.

Jetzt müsste geführt, nicht verwaltet werden. Die eigene Arbeit konsequent am Kunden auszurichten, das Geschäftsmodell von ihm her zu denken, das wäre ein erfolgversprechender Weg. Denk- und vorstellbar mag er sein, doch wer wagt, ihn zu gehen? Abläufe, Denkweisen, Organisationsstrukturen müssten neu justiert werden. Hier geht es ans Eingemachte. denn dann, an dieser Stelle, müsste den alten, ausgetretenen Wegen und gewohnten Verhaltensweisen eine neue Richtung gegeben werden. Das strengt an, schmerzt, ähnlich wie Muskelkater nach ungewohnter Bewegung und Belastung. „Der Kunde und die Zukunft stehen bei uns im Mittelpunkt" – dieser Satz kommt schnell über die Lippen. Aber bei näherer

Betrachtung entwickelt sich zwangsläufig noch eine Erkenntnis: Befinden sich beide im Zentrum des Geschehens, stehen sie leider dauernd einem geregelten Ablauf im Weg. Machen wir uns nichts vor: Der Kunde stört. Wenn er im Mittelpunkt steht, steht er ständig im Weg. Er stellt Fragen, vergleicht uns mit dem Wettbewerb, er ist kritisch und bestens über Preise informiert. Wer sein Geschäft konsequent auf die Bedürfnisse des Kunden ausrichtet, muss wissen: Dies bedeutet dauernde Unruhe. Das gilt es, auszuhalten. Ohne Vorbereitung werden wir diesen Prozess nicht gestalten können. Er muss eingeübt werden, wenn er gelingen soll.

Ebenso geht es dem frisch entlassenen Knacki. Ist dieser nicht für die Freiheit trainiert, die vor ihm liegt, kann er mit seiner Zukunft meist wenig anfangen. Die Ungewissheit des Kommenden gilt es auszuhalten. Das nervt, alte Gewohnheiten melden sich schnell zur Stelle. Offenheit für Neues, Dienstleistung und Flexibilität scheinen uns Deutschen abzugehen, stellte schon Kurt Tucholsky fest: „Das deutsche Schicksal: vor einem Schalter zu stehen. Das deutsche Ideal: hinter einem Schalter zu sitzen.“[108]

Geistig beweglich zu sein und zu bleiben, ist die Kunst unserer Zeit. Sie ist eine innere Einstellung, die immer wieder auf den Prüfstand gehört. Vielleicht zählt sie zu den größten Herausforderungen unserer Zeit. Wer jahrelang im Knast gesessen hat oder beruflich Jahrzehnte vor sich hin beschäftigt war, dem können die kleinen grauen Zellen schon mal einrosten. Dann reicht der Ruf des Neuen aus, um Angst und Panik vor dem Unbekannten zu entwickeln. Das ist menschlich. Menschlich ist auch, dies zu kritisieren. Wir sind strukturkonservativ, wollen, dass die Dinge so bleiben, wie sie sind, wissen insgeheim aber doch, wie sehr dies eine Illusion ist.

Wer Jahrzehnte erfolgreich war, hat sich unmerklich immer wieder gewandelt und den wechselnden Bedingungen des Lebens angepasst. Zwar ist das keine Garantie für zukünftiges Gelingen. Selbst der beste Heizer auf einer Dampflok hat heute keine Chance auf Beschäftigung; es gibt diese kohlenbefeuerten Dampflokomotiven einfach nicht mehr. Natürlich tut das weh, aber die Alternative wäre Stillstand. Selbst die vermeintlich gute alte Zeit war eine Phase ständiger Weiterentwicklungen – es gibt kein Ende. Das war so, das ist so, das wird in Zukunft so sein. Doch erfolgreich agierende Unternehmen müssen sich selbst, ihre Produkte und Dienstleistungen ständig hinterfragen und auf den Prüfstand stellen: Was hat sich bewährt, was müssen wir verändern und verbessern? Womit werden wir erfolgreich sein, auch wenn wir uns dies noch nicht vorstellen können? Diese Fragen gelten für jeden von uns – dies- und jenseits der Gefängnismauern.

1.3 Unschuldig verurteilt? Tätersuche und Opferfrage – manchmal sind wir selber schuld

Es ist leicht, Schuld und Ursachen bei anderen zu suchen. Wer mit Gefängnisinsassen zusammen zu Mittag isst, erlebt früher oder später eine Reise zu denen, denen der Grund für ein Leben im Knast in die Schuhe geschoben wird: Eltern, Verwandte, Lehrer, Ausbilder, Dealer, Zuhälter, zwielichtige Gestalten und natürlich die Riege der Ex-Partner, Ex-Chefs, Ex-Kollegen, Ex-Beste-Freunde. Tenor: Wären die nicht gewesen, säße ich jetzt nicht hier. Natürlich geben viele Sträflinge bei längeren Gesprächen zu, dass sie mit dieser Einstellung einer Illusion nachjagen: „Ja, schon richtig: Ich und meine Taten sind der Grund, dass ich hier einsitze." Doch es ist einfacher, sich etwas vorzumachen. Anderen die Schuld zu geben, lenkt von der eigenen Verantwortung ab, hilft, das Leben hinter Gittern zu ertragen.

Die Konsequenzen für eigenes Verhalten zu tragen, sind extrem unbeliebt. Zwar wünschen wir uns – natürlich – von allen anderen dieses Verantwortungsbewusstsein, vor allem in Politik, Wirtschaft und Gesellschaft sollen die Dinge in unserem Sinne gerichtet werden. Aber geht es an uns, dann drücken wir uns am liebsten davor.

„Was würden sie tun, wenn Sie Chef im Unternehmen wären?" lautet meine Lieblingsfrage im Zuge einer Unternehmensentwicklung an jeden in der Belegschaft. Gerade noch wurden Chefin und Chef beschimpft; doch mit dieser Frage ändert sich die Bewusstseinslage. „Ich, als Chef…? Mit aller Konsequenz? Das eigene Haus der Bank überschreiben, damit Löhne und Gehälter gezahlt werden können? Tja, also… so habe ich das noch nie gesehen." Mit einem Mal verändert der Wütende vor mir seine Körpersprache und bekennt nachdenklich: „Ich, als Chef? Das ginge gar nicht. Ich kann nicht mit Geld umgehen. Dann wäre die Firma relativ schnell pleite. Bei dem Gedanken bricht mir schon der Schweiß aus." Er schaltet geistig um: „So gesehen macht unser Chef einen Superjob. Wir bekommen unseren Lohn sogar einen Tag eher als die Kollegen bei der Konkurrenz."

Umgekehrt sind viele Inhaberinnen und Inhaber sehr verwundert, wenn ich ihnen die Auswertungen und Ergebnisse der Befragungen von allen in der Belegschaft vorlege. Die einzelnen Fragebögen bekommt niemand außer mir zu sehen. So kann nicht nachvollzogen werden, wer was gesagt oder kritisiert hat. Ich bin weder die Inquisition noch ein Spion, noch sammle ich belastendes Material. Aber so ist zu erkennen, welche brillanten Ideen für neue Produkte, Dienstleistungen oder Verbesserungsvorschläge in den Köpfen der Belegschaft schlummern, die sich allerdings niemand traut, der Geschäftsleitung vorzuschlagen, weil er immer wieder den Kommentar „Toll, machen wir aber nicht!" gehört hat. Er hält sich dann zurück und lässt die Chefin eine gute Frau oder den Chef einen guten

Mann sein. „Diese Ideen haben meine Leute geäußert?“ Fassungslos sind die Minen der Unternehmenslenker, wenn sie erkennen, welche Potentiale in den Köpfen und Herzen ihrer Crew schlummern, die sie ungenutzt gelassen haben. Meine Lieblingsfrage ist dann: „Stellen sie sich vor, ihre Belegschaft trägt Geschäftsideen in sich, die mehrere 10 Millionen Euro wert sind – und sie wissen nichts davon.“ Dann rutschen die Chefs unruhig im Sessel umher und erkennen, wie wichtig der persönliche Austausch mit den eigenen Leuten ist. Um angstfrei vortragen zu können, ist eben eine Atmosphäre nötig, die Vertrauen schafft.

Cover your ass – ich war es nicht!

In der Welt der vermeintlichen Opferlämmer sitzen viele Anzugträger in der ersten Reihe, die auf den flüchtigen Blick das Steuer eines Unternehmens in den Händen zu halten scheinen – Manager. Mächtig wollen sie wirken, souverän, zupackend und dynamisch. Hinter der Fassade sieht die Welt jedoch vollkommen anders aus. Ein Unternehmer in seiner Firma trifft unternehmerische Entscheidungen. Ein Manager eher nicht. Im Management werden Dinge revisionssicher gemacht, damit sie von „oben“ abgesegnet werden können. Revisionssicher bedeutet, im Fall eines Problems sagen zu können: „Ich war es nicht!“ Angetrieben wird dieses Verhalten durch tiefes Misstrauen gegenüber jeder Unwägbarkeit und davor, für sie verantwortlich gemacht zu werden. Das klingt verrückt, denn globalisiertes Business ist eine Gleichung mit einer wachsenden Zahl von Unbekannten. Wer ehrlich ist, muss zugeben, Planung und Voraussehbarkeit versinken mehr und mehr in den Fluten wachsender Komplexität.[109] Vor dieser Wahrheit empfinden viele Manager blankes Entsetzen. Mut für Neues? Fehlanzeige! Zwar werden ständig Innovation kreiert, doch meist überdröhnt ihr Geklapper den Routinegesang des immer Gleichen. „Seht her, wir brechen zu neuen Ufern auf!“ lautet die Botschaft, doch wirklich ändern soll sich besser nichts. Schiff und Mannschaft bleiben im Hafen. Eine Fahrt auf die offene See des Unbekannten? Dieser Gedanke würde Angst und Schrecken verbreiten. Lieber auf Sicht segeln, das haben schon die alten Griechen praktiziert. In der Folge werden an alten Mustern und Verhaltensweisen festgehalten. Neues kann da nicht entstehen. Die Innovatoren entpuppen sich als Bewahrer des Bestehenden. Viele selbsternannte „Change Agents“ sind tatsächlich sehr phantasievoll beim Entwickeln neuer Ideen.[110] Sie wollen querdenken, die Welt aus den Angeln heben, doch wenn sie die Idee in die Tat umsetzen sollen, scheuen sie die Folgen wie der Teufel das Weihwasser.

Im Gefüge der Hierarchien und Sachzwänge besteht das Bedürfnis, unangreifbar zu bleiben. Das Motto lautet: Cover your ass – halte deinen Allerwertesten auf jeden Fall aus der Schusslinie! Das heißt: Immer in Bewegung bleiben und kein festes Ziel bieten. Es regiert das Prinzip der Teflonpfanne. Was auch passiert, nichts darf haften bleiben. Auf diese Weise nehmen Profis jede Krisenhürde. Das Management ist dem Vorstand verpflichtet, dieser dem Aufsichtsrat, dieser den Analysten und Aktionären. Niemand möchte für eine Fehlentscheidung seinen Kopf hinhalten und aus dem illustren Treiben namens Management vielleicht ausgeschlossen werden.

Damit das nicht eintrifft, wurde der Unternehmensberater erfunden. Er wird in Momenten knisternder Ungewissheit über den Erfolg als Trumpfkarte aus dem Ärmel des Maßanzugs gezogen und gilt in der Branche als gefühlte Vollkaskoversicherung für die eigene Management-Karriere. Allerdings: Ausbaden muss dieses Treiben am Ende die Belegschaft. Sie ahnt, dass eher viele Arbeitsplätze wegfallen, als dass sich am Führungsverhalten des Vorstandes etwas ändert.

Wenn ich in ein Unternehmen komme, bereitet es mir immer wieder Kopfschmerzen, zu sehen, wie sich in Windeseile die Panik in der Belegschaft verbreitet. „Unternehmensberater? Ist mein Job gefährdet?" Diese Frage steht jedem im Gesicht, sie muss nicht einmal ausgesprochen werden. Es ist leicht zu behaupten, die Zahl der Beschäftigten müsse um ein Fünftel reduziert werden. Wer will diese Auswahl treffen? Werden die Leistungsträger stillhalten oder das Unternehmen verlassen? Dann würde die Belegschaft zwar verkleinert, aber das Bestehen der Firma wäre vielleicht gefährdet. Ein Firmeninhaber wirft den Unternehmensberater spätestens beim Vorschlag, das Team zu reduzieren, raus; besser er lässt ihn gar nicht erst aufs Firmengelände, denn durch Unruhestifter wie diese verfällt das Team in eine geistige und körperliche Schockstarre. Gedanken und Handeln sind nur noch auf Abwehr eines möglichen Personalabbaus ausgerichtet.

An diesem Punkt setze ich an und erkläre den riesigen Unterschied zwischen Beratung und Entwicklung. Ich bin Unternehmensentwickler. Bei meiner Arbeit geht es fast nie um das Gewerk und die Branche. Wenn ein Dachdecker die Dachpfannen falsch montiert, ein Lagerlogistiker die Regale nicht zusammenschrauben kann oder ein Gärtner die Bäume verkehrt herum einsetzt, bläst der Wettbewerb das Unternehmen in Windeseile vom Markt. Gefragt werden muss vielmehr, warum in einer Firma die linke Hand nicht weiß, was die rechte macht und der Innendienst gegen den Außendienst kämpft. Das ist die Aufgabe des Unternehmensentwicklers. Sie bedeutet, dem Team zu zeigen, dass es alle nötigen Fähigkeiten längst besitzt und es dabei zu begleiten, diese wiederzufinden, falls sie verdrängt oder vergessen wurden. Wie kann eine Belegschaft Mut fassen, das zu tun, was sie längst kann und weiß, sich nur noch nicht oder nicht mehr traut, dies umzusetzen. Das Wissen ist praktisch immer vorhanden. Es fehlt die Bereitschaft, es anzuwenden und fest in den Abläufen des Unternehmens zu verankern. Die Kernfrage lautet: Was muss passieren, damit dies dauerhaft und nachhaltig umgesetzt wird?

Teufelskreise: Warum wir immer wieder rückfällig werden

Mit Grausen stehen wir vor den Mauern und Toren einer Justizvollzugsanstalt und sind froh, wenn wir weiterfahren können. Mir geht es jedes Mal so, wenn ich mit meinem Gitarrenkoffer auf einen Knast zugehe. Meine Nackenhaare stehen senkrecht, der Adrenalinpegel ist höher als später beim Konzert. Doch deswegen bin ich hier. Sich hinter diesen Mauern zu Hause zu fühlen, überstieg zu Beginn meine Vorstellungskraft. Heimat hinter Gittern? Das ist kein schlechtes Fernsehformat, sondern die bittere Wahrheit für viele der etwa 62.000 Knackis im Land.

Wir fühlen uns dort heimisch, wo in den prägenden Jahren des Lebens unsere Wurzeln gewachsen sind. Wenn diese Jahre durch Gewalt, zerrüttete Familien und Kriminalität bestimmt wurden, kann der Knast zu einem Ort von Struktur und Ordnung werden. Dann wandelt sich das Prinzip der Freiheit des Draußen im Drinnen auf merkwürdige Weise um. Während die meisten Eingeschlossenen in die Freiheit streben, kann dies vor allem langjährige Häftlinge so sehr überfordern, dass viele nach ihrer Entlassung schleunigst zurück in den sicheren Knast wollen. In den Jahren ihrer Haft sind die alten Kontakte nach draußen weitgehend abgebrochen. Aus dem geregelten Knastalltag werden sie draußen in ein geistiges und organisatorisches Nichts geworfen. Entlassungsloch nennt man das. Es zieht rund ein Drittel aller wieder zurück hinter Gitter. Ihre Zahl ist eher größer als kleiner. Deswegen ist es so wichtig, bereits während der Haft per Freigang die ersten vorsichtigen Schritte in die neue Welt zu wagen. Nur so wird das ferne Universum der normalen Welt jenseits der Gefängnismauern eine tragfähige Alternative zum Knast. Draußen in Freiheit müssen ständig Entscheidungen gefällt, Dinge ausgewählt und abgelehnt werden. Dies geschieht meist unbewusst nach unseren Werten, die unsere Geisteshaltung und unser Weltbild bestimmen.

Diese Uferlosigkeit der Auswahl erfordert Zielgerichtetheit, Übung und Gelassenheit. Wer die nicht hat, ist hochgradig gestresst. Dem entlassenen Strafgefangenen erscheint alles möglich, aber nichts mehr sicher, und so pendeln seine Gedanken ständig hin und her, ohne eine Entscheidung fällen zu können. Er ertrinkt buchstäblich in der Vielfalt. Früher gab es fünf Marmeladensorten im Tante Emma Laden. Heute erschlägt ihn ein 20 Meter-Regal mit seiner Angebotsvielfalt: Fruchtaufstriche, Konfitüre, Marmelade, kalt gerührt, aus England, vegan, laktosefrei, aus Fallobst oder nicht – so geht das Meter für Meter weiter. Für Honig, Käse, Schinken, für alle Lebensmittel gilt das Gleiche. Der Einkauf wird zum zähen und langwierigen Entscheidungskampf. Selbst normale Käufer reagieren oft verwirrt und orientierungslos und kaufen viel mehr ein als sie brauchen. Der Ex-Knacki allerdings ist restlos überfordert.

Ähnlich geht es Kurt. Er hatte Jahre im Knast verbracht. Leider klappte das bei ihm mit der Gewöhnung an die Zeit „draußen" nicht so wie vorgesehen. Nicht jeder Knast ist so organisiert, wie es sein sollte. Kurt konnte nur einen Bruchteil der sonst vorgesehenen Zeit der Resozialisierung damit verbringen, sich auf ein Leben in Freiheit vorzubereiten. Dem Ende seiner Haft hatte er jahrelang entgegengefiebert. Freude und Erwartung waren sein ständiger Begleiter bis zum Tag der Entlassung gewesen. Acht Jahre zählte er vierundzwanzig Stunden rückwärts. Aus vierstelligen Tageszahlen wurden dreistellige, dann zweistellige und schließlich lief der Countdown Richtung Null. Allerdings geschah etwas Seltsames, ganz allmählich. Kurt bemerkte, wie sich seine Vorfreude mehr und mehr verflüchtigte. Je näher der Augenblick der Freiheit rückte, desto größer wurden seine Sorgen und bedrückender die Beklemmungen. „Schon Tage vor der Entlassung konnte ich nicht schlafen. Mir stand der Angstschweiß auf der Stirn. Was um alles in der Welt sollte ich draußen? Kontakte hatte ich nur ins kriminelle Milieu gehabt. Mit denen wollte ich aber nichts mehr zu tun haben. Was fange ich an, wie und wofür? Das muss für dich schwachsinnig klingen, doch es ist so." Seine Stimme ist leise, tastend und unsicher. Hier spricht ein Mensch, der sich schämt und deswegen am liebsten im Boden versinken würde. Durch Zufall haben wir uns in der Gefängniskantine getroffen, und es ergab sich ein Gespräch. Kurt vermeidet jeden direkten Augenkontakt. Er wirkt verlegen und gleichzeitig erleichtert. Was er in den Stunden nach seiner Entlassung tat, ist für Außenstehende schwer nachvollziehbar.

Gefangen in der Freiheit

„Als ich vor das Gefängnis trat, wurde mir mein Herz schwer. Ich war außer Atem und wusste nicht, wieso. Dann fiel das Gefängnistor hinter mir zu. Ich war in Freiheit, doch gleichzeitig ratlos. Was sollte ich tun, wo sollte ich hin? Die Pläne und Ideen von drinnen schienen sich hier draußen in Luft aufzulösen. Ich kam mir vor, wie ein in Freiheit gefangener Mensch." Kurt, der lange als Bergmann gearbeitet hatte, empfand einen Sturz ins Bodenlose. Schon im Knast waren seine Schritte in Richtung Ausgang immer kleiner und zaghafter geworden. „Da draußen wartet die Freiheit – aber ich weiß nicht mehr, was das ist."

Von der Pforte der JVA geht er mit unsicheren Schritten zu einer großen Tankstelle. Auf dem Weg dorthin stellt er fest, dass es gar keine Telefonzellen mehr gibt. Acht Jahre war er im Knast. Die Welt der Freiheit ist für ihn ein unbekanntes Land, in dem er sich nicht auskennt. Das Gesicht der Welt hat sich geändert. Die Mode, die Autos – vieles sieht nicht mehr so aus wie zu der Zeit, als er hinter Gittern kam. Angst schnürt ihm die Brust zu. Das ist also die Freiheit, in der jeder nach seiner Fasson glücklich werden kann? Nur wie? Kurt spürt schnell, dass diese Welt nicht seine Welt ist. Im Knast, in seiner Zelle besaß alles Struktur, waren die Dinge eindeutig geregelt. Die Ordnung gab Orientierung, auch wenn sie oft frustrierte und demütigte. Jetzt steht Kurt vor einer Fülle von Möglichkeiten, doch seine Fundamente tragen nicht mehr. Sie fühlen sich an wie Seifenblasen, die gleich platzen werden. So anstrengend hatte sich Kurt das Leben in Freiheit nicht vorgestellt. Zwar kann er hingehen, wo er will. Doch wohin will er?

Antworten, positive Antworten auf diese Fragen zu erhalten, ist zumindest theoretisch bei uns gesetzlich geregelt. Resozialisierung ist seit dem 5. Juni 1973 ein Muss. An diesem Tag entschieden die Richter des Bundesverfassungsgerichts, dass ein Häftling die Chance haben muss, wieder in der Gesellschaft anzukommen.[111] Nach diesem sogenannten Lebach-Urteil muss sich der Strafvollzug seitdem richten. Im Strafvollzugsgesetz vom 1. Januar 1977 ist festgeschrieben, dass Ex-Straftäter grundsätzlich zu einem Leben ohne Strafe und Knast zu befähigen sind.[112] Das hat nach psychologischer Beurteilung mithilfe von geführtem und später ungeführtem Freigang und Urlaub zu geschehen. Überprüft wird die Einhaltung der Vorschrift nicht. Bei Personalmangel entfällt der Freigang dann schon mal. Er wird auch als Vergünstigung angesehen, die man streichen kann, wenn ein Häftling sich nicht benimmt. Menschen, denen die Einübung in die Freiheit verwehrt wurde, können dann beim entscheidenden Schritt wie Kurt in Panik ausbrechen. Wagen wir ein Gedankenexperiment und stellen uns drei Szenarien vor, wie Kurts erste Schritte in Freiheit ablaufen könnten. Zwei sind fiktiv, eines ist so, wie Kurt es wirklich erlebt hat.

Szenario 1

Kurt trifft mich auf der Straße vor dem Gefängnis. Gerade habe ich ein langes Gespräch mit einem Unternehmer geführt, der für die Expansion seiner Firma händeringend motivierte Mitarbeiter sucht. Die Möglichkeiten sich weiterzubilden, zu studieren oder eine Berufsausbildung abzuschließen, sind in unseren Gefängnissen gut. Kurt hatte lange Gelegenheit, seine beruflichen Fähigkeiten im Kittchen weiterzuentwickeln und ist gut vorbereitet. Nach Schätzungen der Unternehmensberatung McKinsey werden bis zum Jahr 2020 in Deutschland zwei Millionen Fachkräfte fehlen.[113] Diese Lücken zu füllen kann über Wohl und Wehe weiter Teile unserer Wirtschaft entscheiden. Bereits jetzt gibt es Gewerke und Branchen, die größte Schwierigkeiten haben, passende Kräfte zu finden. Teilweise müssen großzügige Geschenke verteilt werden, damit ein Lehrvertrag unterschrieben wird.[114] Das ist Kurts Chance. Nach langer Zeit im Knast ist er ungebunden und flexibel. In einer handfesten Branche wird auf die Arbeitsleistung gesehen, weniger auf stromlinienförmige Lebensläufe. Allerdings wird seine Angst dadurch nicht geringer. Möglich würde ein Vorstellungsgespräch über eine klassische Empfehlung auf kürzestem Dienstweg. Ein Anruf beim Unternehmer, Rückfrage: „Ist der was?“ und der Termin steht.

Szenario 2

Kurt hat noch ein paar alte Telefonnummern, die er aus der nächsten Kneipe anruft. Leider sind das Kontakte alter Zeiten aus zwielichtigen Branchen. Wen soll er sonst anrufen? Niemand holt ihn ab, als er vor dem Gefängnistor steht. Bald ist er wieder im Teufelskreis der Illusion „des einen totsicheren Dings“ gefangen. Ein Drittel aller Knackis wird in den ersten 36 Monaten nach ihrer Entlassung wieder straffällig.[115] Der Sog der alten Netzwerke und Verhaltensweisen ist gewaltig. Ihm zu entkommen, bedarf eines gewaltigen Willens und größter Ausdauer. Wer keinen Bewährungshelfer hat, fällt in das berühmte „Entlassungsloch“.[116] Der Zeitpunkt der Entlassung ist am gefährlichsten. Viele Entlassene haben

Schulden oder waren drogenabhängig, haben keinen Arbeitsplatz und Probleme auf dem Wohnungsmarkt. „Das sind Problemstellungen, die immer wiederkehren", sagt der Kriminologe Bernd Maelicke vom Deutschen Institut für Sozialwirtschaft.[117]

Szenario 3

Die dritte Möglichkeit zeigt die bedrückende Wirklichkeit. Kurt bleibt sich und seinem antrainierten Verhalten treu. In Freiheit ist er weiterhin Gefangener seiner Gewohnheiten. In der Tankstelle klaut er am hellllichten Tag zwei Flaschen Wodka. Die eine wirft er klirrend durch die Scheibe der Eingangstür, mit der anderen setzt er sich in die Splitter und Scherben und nimmt einen großen Schluck. Das Tankstellenpersonal glaubt, seinen Augen nicht trauen zu können: „Da klaut einer zwei Flaschen Schnaps, zertrümmert eine Scheibe und setzt sich in die Scherben." Kurt wartet in aller Seelenruhe ab. Längst ist die Polizei alarmiert. Als die Beamten vorfahren, stellt Kurt die Flasche ab, geht auf den Wagen zu und lässt sich festnehmen. Er hat alles getan, um wieder in die ihm vertraute Umgebung zu kommen. Kurt ist in bester Gesellschaft. So wie er handeln Viele, die lange hinter Gittern saßen. Dies ist keine Episode aus einem schlechten Theaterstück, sondern die brutale Wirklichkeit eines angesichts der Freiheit verzweifelnden Menschen. Für ihn ist das Leben draußen keine Erfüllung, sondern eine dauernde Überforderung. Ein typischer Gedanke: Freiheit? Bitte lasst mich wieder zurück in den Knast. Der Glaube an die eigene Unfähigkeit ist unerschütterlich geworden, eine Entwicklung, ein Aufbruch zu neuen unbekannten Ufern nicht vorstellbar.

Dieses Verhalten scheint für Viele unverständlich und kaum nachvollziehbar. Kurt ist das, was in der Branche als „Drehtürgefangener" bezeichnet wird: kaum draußen, schon wieder drin. Bei genauem Hinsehen hebt sich der Schleier. Kurt verhält sich wie Viele von uns. Lieber ein bekanntes Elend als eine unbekannte Freude. Vorsicht vor schnellen Urteilen! Wer ohne Sünde ist, der werfe den ersten Stein. Die gelernten und gewohnten Verhaltensmuster haben sich in unseren Gehirnen festgefressen. Die Hirnzellen haben durch jahrelanges Tun autobahnbreite Verbindungen aufgebaut. Diese feuern und wirken sich auf unser Verhalten aus. Der Kopf mag noch so wollen, das Unterbewusstsein hat den Taktstock in der Hand. Es geht um Angst, nackte, lähmende Angst, die sich den Betroffenen um Herz und Seele legt und ihre Existenz bedroht. Plötzlich wird sichtbar: Das beschriebene Verhalten ist weder exotisch noch durchgedreht. Mit einem Mal wird klar, wie automatisch und stereotyp wir in diesen Verhaltensschleifen, in den Bahnen des Vertrauten bleiben.

Späte Früchte früher Saaten:
Wie wir unsere eigenen materiellen und geistigen Kerker schaffen

Menschen sind Gewohnheitstiere. Das Beharren auf dem Gewohnten scheint uns seit Urzeiten in den Genen zu stecken. Einfache Versuche der Verhaltensforschung zeigen dies immer wieder:[118] Eine Gruppe von hundert Menschen bekommt eine rote Kaffeetasse. Vor die Wahl gestellt, diese Tasse mit einer gleichen, nur blauen, zu tauschen, wollen mehr als zwei Drittel die rote Tasse behalten. Wird ihnen von vornherein eine blaue gegeben, wollen wiederum zwei Drittel diese behalten. Quintessenz: Das Neue, ganz gleich, in welcher Form es vor uns tritt, hat gegen den Status quo schlechte Karten.

Was für einfache Tassen gilt, entfaltet eine umso größere Wirkung bei Dingen, die unsere Existenz betreffen. Wenn sich die Lebensumstände ändern, geht früher oder später die Angst um. Jeder fragt nach dem, was kommt, doch eine erschöpfende Antwort lässt sich nicht finden. Die Welt ist komplex geworden; in unserem Alltag und Beruf spüren wir das besonders intensiv. Egal ob Sie einen Knast nach langer Haft oder beliebte eingefahrene Bahnen des Gewohnten verlassen wollen – Sorgen oder innere Befindlichkeiten sitzen stets mit am Tisch: „Lieber ein bekanntes Elend als eine unbekannte Freude" – so sagt es der Volksmund. Wie schön wäre es, wenn wir wüssten, was uns die Zukunft bringt! Von diesem Denkansatz ist es nicht mehr weit zur sogenannten „Guten alten Zeit", die es bekanntermaßen nie gegeben hat.

Maslows berühmte Bedürfnispyramide zeigt, dass erst die existenziellen Rahmenbedingungen unseres Daseins gesichert sein müssen, wollen wir uns über tiefere geistige Dinge den Kopf zerbrechen. Wer kein Dach über dem Kopf hat und nicht weiß, ob er den nächsten Tag überstehen wird, dem bleibt kein Sinn für Selbstverwirklichung und spirituelle Vollendung. Dass wir uns über die Fragen den Kopf zerbrechen, ob wir uns vegan oder von Fallobst ernähren, welche Brillenform uns am besten steht oder welches Futter wir am besten für unsere Katze kaufen sollen, sind der Beweis, wie groß der Luxus in unserer Gesellschaft inzwischen ist. Was bei uns in Europa zum täglichen Leben gehört und als Errungenschaften von Menschenwürde und Humanität gilt, ist für weite Teile der Welt nichts als eine Fata Morgana am Horizont: Gleichberechtigung der Frau, gleichgeschlechtliche Partnerschaften, Empfängnisverhütung, das Recht auf Bildung, saubere Luft, sauberes Wasser, eine funktionierende Infrastruktur, ein geregeltes Gesundheitswesen, Frieden als Grundlage zur nachhaltigen Entwicklung. Wenn Homosexuelle weltweit mit dem Tode bedroht werden, stehe ich als glücklicher Hetero in der Demo für ihre Rechte in der ersten Reihe. Die „Gute alte Zeit" ist meist eine höchst zweifelhafte Verklärung, die mit zunehmendem zeitlichem Abstand immer rosaroter wird. Am Ende heißt es wie bei Loriot: „Früher war mehr Lametta!" Doch der Blick ins Fotoalbum beweist, dass viele Christbäume in Kriegszeiten alles andere als reichhaltig geschmückt waren. Kerzen waren Luxus, die Fenster verdunkelt; Bombenkrieg war der Alltag. Wenn die Männer und Väter überhaupt auf dem Bild waren, trugen sie Uniform und jede Menge Desillusion im Gesicht; wohl ahnend, dass vieles noch viel schlimmer kommen würde.

Gegenwart und Alltag waren in den vergangenen hundert Jahren und davor vor allem für das einfache Volk alles andere als ein Zuckerschlecken. Wählen dürfen Frauen in Deutschland erst seit 1918. Bis 1970 konnte ein Ehemann seiner Frau mit gesetzlicher Hilfe verbieten, einem Beruf nachzugehen. Homosexualität war auch bei uns ein Straftatbestand – so lange ist das alles gar nicht her. Ausbrechen aus diesem Korsett der Reglementierungen und Gebote wollten viele Menschen schon damals – allein es blieb ihnen verwehrt. Dem Können war per Gesetz ein Riegel vorgeschoben, es war verboten oder wurde mit einem „Das macht man nicht!" abgebürstet. Erinnern wir uns daran, dass die Vielfalt der gesellschaftlichen Entwicklungen erst mit dem Ende der 60er Jahre des 20. Jahrhunderts begann.

Die schlichte Möglichkeit ist die eine Seite der Medaille. Die andere Seite sind die Fähigkeiten, die uns in die Lage versetzen, Dinge anzuschieben und in Gang zu setzen. Es geht hier nicht um das Können, sondern um den Willen und freien Fluss der Gedanken, die uns zu Handelnden unseres Schicksals machen. Die Bremse und die Angst sitzen im Kopf. Sie werfen uns Knüppel zwischen die Beine, und ein Vorwärtskommen wird gleich bei den ersten Schritten verstolpert und blockiert. Wie schnell wird aus einem „Es ist verboten!" ein „Ich kann nicht" oder ein „Ich darf nicht!". Dabei sind es keine Gesetze oder Verordnungen, die uns bremsen. Diese Art der Blockade kommt von innen. Wir können es uns schlicht nicht vorstellen, wie es sein könnte, wenn die Dinge anders verlaufen als bisher, sich entwickeln oder geschehen. Die Ursachen für dieses Verhalten liegen in unserer Erziehung und unserer Biographie. Ihre Wurzeln stecken tief in den Glaubenssätzen und Lebensregeln, mit denen wir aufgewachsen sind. Sie sind das Hintergrundrauschen unserer Kindheit und Jugend. Bewusst ist das den wenigsten von uns, denn diese geistigen Grundhaltungen unserer Lebenswelt, die Psychologen nennen sie Mindsets, sind im Unterbewusstsein zu Hause. Hören wir sie, springen sie uns an wie von einer Sprungfeder geschnellt. Das sind einige Glaubenssätze unserer frühen Tage:

- Schuster, bleib' bei deinen Leisten.
- Was Hänschen nicht lernt, lernt Hans nimmermehr.
- Einen alten Baum soll man nicht mehr verpflanzen.
- Was ein Häkchen werden will, muss sich bei Zeiten krümmen.
- Ein Indianer kennt keinen Schmerz.
- Ab dem zweiten Platz fängt das Verlieren an.
- Kämpfen, kämpfen, kämpfen!
- Mädchen müssen lieb sein!
- Jungen weinen nicht!
- Was glaubst du eigentlich, wer du bist!
- Mach uns keine Schande!
- Was sollen nur die Leute sagen!
- Wie läufst du überhaupt herum!
- Solange du deine Füße unter meinen Tisch streckst …
- Das ist nichts für Jungs!
- Mädchen können so etwas nicht!
- Du kriegst gleich einen Schlag in den Nacken!

Sehnsuchtsvoll schauen wir den Chancen und Möglichkeiten nach, solange wir hinter den Gittern unserer Gewohnheiten hocken. Was könnten wir alles verwirklichen, lassen, entwickeln, ändern, wenn … ja, wenn! Dieses verdammte „Wenn" sorgt dafür, dass der Moment der Entscheidung und Entwicklung so oft ungenutzt an uns vorüberzieht. Groß mag die Chance sein, das Ersehnte zum Greifen nahe liegen, doch klein ist der Mut, im richtigen Augenblick beherzt zuzugreifen.

Es ist eine Sache, sein Zimmer mit Postern einer hübschen Frau zu tapezieren; nennen wir sie Angelina Jolie, aber eine ganz andere, sollte diese Dame plötzlich allein auf dem Bundespresseball an unserem Nebentisch sitzen. Ihre großen Augen lassen die Blicke schweifen, Konkurrenten sind in weiter Ferne. Das ist der Moment der ungeschminkten Wahrheit. Die Musik spielt, der Walzer ertönt … bitten Sie die Schöne um diesen Tanz? Das ist der Augenblick, der vielleicht niemals wieder kommt, den es zu ergreifen gilt, bevor er sich ins Nichts auflöst. Erfahrungsgemäß packen erschreckend wenig Mutige diese göttliche Gelegenheit beim Schopf. Hinterher weiß praktisch jeder, warum es nicht klappen konnte – nur getraut hat sich niemand. Wieder dominierte die alte Regel: Alle dachten, dass es nicht geht. Bis einer kam, der das nicht wusste und es tat.

2 Dauerhaft in Freiheit

2.1 Unternehmen statt unterlassen

Der Umgang mit den eigenen Entwicklungsmöglichkeiten will gelernt sein. Dauerhafte Freiheit ist eine Herausforderung zum anhaltenden Ergreifen von Chancen und Möglichkeiten, die findet selten in der Komfortzone statt. Kreativität keimt im Humus des Unfertigen. Es gilt Verantwortung für das eigene Leben und Entscheiden zu übernehmen – gerade in Zeiten, in denen sich alles ändert.

Chancen im Hier und Jetzt ergreifen

„The winner takes it all", heißt der berühmte amerikanische Slogan. Einmal ganz oben auf dem Treppchen stehen, geblendet von Scheinwerferlicht und dem Blitzlichtgewitter der Fotografen. Die Bühne, das Rampenlicht und die Aufmerksamkeit einmal ganz für sich allein zu haben, das ist der Traum, den viele träumen. Doch der Weg zu diesem anspruchsvollen Ziel verlangt größten Einsatz. Für ihn gilt es, bereit zu sein. Viele Menschen reden über die Schwierigkeiten, ihre Ziele zu erreichen, weil sie den Weg dorthin nicht kennen. Oder sie wursteln, lavieren und winden sich in aberwitzigen Kapriolen ihrem vermeintlichen Ziel entgegen, um ganz woanders anzukommen als dort, wohin sie ursprünglich wollten.

Die Herausforderung ist, vom Wunsch zum Handeln zu kommen und dauerhaft zu Freigängern im Chancen- und Entwicklungsreichtum unseres Lebens zu werden. Einige warten ewig auf den Impuls zu starten, bei anderen entflammt sich der Zündfunke zur Tatkraft von selbst. Wer zu neuen Ufern aufbrechen will, muss bereit sein, die vertrauten Welten gesicherter Komfortzonen hinter sich zu lassen. Dauerhaft in Freiheit zu leben bedeutet, Orientierung in der Vielfalt möglicher Richtungen zu finden. Nichts zu tun ist auch möglich, produziert allerdings nur Trägheit, Langeweile und Depression. Dauerhafte Freiheit ist eine Einladung zu lebenslanger Entwicklung, die anstrengen und Kraft kosten kann. Sie erfordert Energie und Gestaltung. In diesem Prozess setzen entnervende Sprüche und zersetzende Gedanken der Bedenkenträger, Nörgler und Neider besonders zu. Wäre es nach ihnen gegangen, hätten die frühen Menschen weder die Bäume verlassen noch den Faustkeil erfunden oder das Feuer entzündet.

Mut zum Aufbruch, Ausdauer, Kreativität und die Bereitschaft zu Scheitern – das ist der Vierklang, aus dem die Symphonien der Entwicklung komponiert werden. Ob Neugierde, Zielstrebigkeit oder die Lust am noch nicht Dagewesenen, wir wachsen an unseren Hindernissen. Ein starker Gegenwind kann ein gutes Zeichen sein, dass wir auf dem richtigen Weg sind. Nur tote Fische schwimmen mit dem Strom. Lachse kämpfen ihren kompletten Rückweg bis zum Ort ihrer Geburt gegen die Strömung an. Es gibt keinen anderen Weg zur Quelle als diesen mühsamen und arbeitsreichen. Nur auszubrechen, ist zu wenig. Wohin es gehen soll, was sich ändern soll und wofür, diese Fragen müssen zuerst geklärt werden.

Wer aus den Gittern der Gewohnheiten und des Herkömmlichen ausbrechen will, muss sich am Bisherigen reiben. Aus dem Strom der Masse entspringt selten der Quell des Neuen. Was vielen reicht, bringt kaum Einzigartigkeit und Veränderungen hervor. Der Einheitsbrei, dem alle zustimmen, ist selten der Samen für Prozessmusterwechsel. In der Wirtschaft wird dieses vergleichende Bewerten „Benchmarking" genannt. Der Maßstab für den Erfolg sind die anderen. Was sie tun, wird kopiert. Anstatt nach vorne zu schauen, blicken alle zur Seite, und am Ende macht jeder das Gleiche. Management bedeutet, das Bestehende und Vorhandene immer weiter zu optimieren Neue Wege gehen? Fehlanzeige. Sogar die Fehler werden kopiert. Heute wissen wir, dass der Großteil aller Fusionen und Firmenzusammenschlüsse misslingt.[1] Die Unternehmen werden von den Vorständen her zusammengequält; doch der Widerstand der Belegschaften sorgt dafür, dass die Kopfgeburten der Vorstände in den meisten Fällen scheitern.[2] Die Folge: Mehr und mehr driften die Mitarbeiter von der Arbeit in die Beschäftigung und von dort in die innere Emigration. Dies gilt bis hoch in die Etagen der Geschäftsführung. Schlagzeilen wie „Hochzeit im Himmel" oder „Zusammenschluss von Gleichen" sind reines Wortgeklingel. Bei Fusionen gibt es immer Gewinner und Verlierer. Wenn die Chemie zweier Unternehmen nicht zusammenpasst, gleitet die Fusion an den Herzen der Mitarbeiter ab wie an einer Teflonpfanne; da nützen auch die besten Sprüche nichts. Nach der Fusion der Dresdner Bank mit der Commerzbank tauchte in der Finanzwelt der Begriff „Schnittlauchbanker" auf. Die Mitarbeiter/innen der Commerzbank empfanden sich als Sieger der Fusion und verliehen den gefühlten Verlierern der Dresdner Bank den Spitznamen: Schnittlauchbanker – außen grün und innen hohl. Wer solche Kollegen hat, braucht keine Feinde mehr. Solange derartiger Theaterdonner dröhnt, liegt der Geist einer tragfähigen Gemeinschaft in weiter Ferne. Erst wenn die Teams vom Herzen her angesprochen werden, entfaltet sich jene Leidenschaft, durch die eine Fusion gelingen kann. Belegschaften ziehen umso mehr an einem Strang, je mehr sie etwas wollen, nicht, weil sie es müssen.

Menschen, die es schaffen, gedankliche Grenzen zu überschreiten, gab und gibt es immer. Von ihnen können wir lernen. Es einfach zu tun, ist eine Kunst, wenn die Zahl der Angsthasen Legion ist. Oft übersehen wir den Wald vor lauter Bäumen, bis uns jemand neue Wege und Sichtweisen aufzeigt. Wir brauchen Menschenbeweger, Antreiber und innerlich Brennende mit magischer Anziehungskraft, die sich auf andere überträgt. Freiheit bietet Räume, die gefüllt werden wollen, Hirn und Geist wollen gefordert werden. Dafür sind unsere grauen Zellen da. Sie brauchen die Steine der Probleme, an denen sie ihre Klingen schärfen können. Sonst legt sich der Ungeist der Verwaltung, Bürokratie und Gewohnheit wie ein Schatten über das Reich der Entwicklungsmöglichkeiten.

John F. Kennedy versetzte mit seiner Vision des Mondflugs eine Nation in Ekstase. Christoph Kolumbus träumte vom Seeweg nach Indien und entdeckte einen neuen Kontinent. Martin Luther King riss die Welt mit einem einzigen Satz von den Stühlen: „I have a dream!" Reinhold Messner bestieg – allen Unkenrufen zum Trotz – den höchsten Berg der Welt im Alleingang und ohne zusätzlichen Sauerstoff. Alexander der Große unterwarf sich das größte Reich seiner Zeit mit leidenschaftlicher Führung. Gandhi bezwang durch gewaltfreien Protest die britische Kolonialmacht in Indien. Jesus Christus, Mohammed, Buddha und Konfuzius veränderten mit ihren umwälzenden Denkgebäuden die Welt stärker als jeder Feldherr und schufen Weltreligionen.

Heute ist die Zahl der Menschenbeweger überschaubar geworden. Am 26. April 1997 mahnte Bundespräsident Roman Herzog an, ein „Ruck" müsse durch unsere Gesellschaft gehen.[3] Der ist bis heute ausgeblieben – seit fast zwei Jahrzehnten. Jahre später hakte Herzog nach: „Worauf warten wir?"[4] Seine Frage ist bis heute unbeantwortet. Damit bewahrheitet sich auf fast tragische Weise ein Satz von Albert Einstein: „Die Definition von Wahnsinn ist, immer wieder das Gleiche zu tun und andere Ergebnisse zu erwarten."[5] Warum das so ist? Entweder entziehen sich die Alternativen zum bisherigen Weg unserer Wahrnehmung oder wir haben Angst, diese Möglichkeiten ins Auge zu fassen. Ein fast perfektes Beispiel ist die Energiewende in Deutschland. Sie könnte zu dem Exportschlager überhaupt werden. Spätestens wenn das nächste Atomkraftwerk in die Luft fliegt, das ist nur eine Frage der Zeit, würde die Welt nach grüner deutscher Ingenieurskunst lechzten. Geht es aber an die Substanz, stimmt der Chor der Bedenkenträger seine vielstimmige Kakophonie an. So wird aus der weltweit exportierten Energiewende ein 99-Meter-Lauf. Kurz vor dem Ziel gestoppt, ist auch gescheitert. Das Bekannte überstrahlt die noch schwache Glut des Neuen und Ungewohnten, zeigt, wie gefangen wir sind im Knast unserer alten Denkweisen. Hier beginnt der Quantensprung in eine neue Entwicklung, bricht die Dämmerung an für einen neuen Tag. Weltpolitisch einen solchen Quantensprung durchzusetzen ist natürlich sehr schwierig, sehr langwierig und von vielen Widerständen der unterschiedlichen Regierungen abhängig, zum Beispiel Indien, das zwar das

Klimaabkommen mit unterzeichnet hat, aber im Begriff ist, eine große Zahl von neuen Bergbaugruben zu eröffnen, statt reichlich vorhandene Sonnenenergie zur Stromerzeugung zu nutzen. Aber in unserer eigenen, überschaubaren Welt haben wir die Initiative in der Hand. Brechen wir also auf, obwohl wir Angst vor dem Unbekannten haben. Unternehmen statt unterlassen bedeutet, zuzugreifen, wenn es darauf ankommt.

In Deutschland macht man sich um die Zukunft Sorgen, obwohl wir im internationalen Vergleich in paradiesischen Zeiten leben.[6] Nie hatten mehr Menschen Arbeit, brummte die Wirtschaft wie aktuell, sprudelten die Steuern wie heute. Was passiert? Die Deutschen sorgen sich um ihre Zukunft, die German Angst ist zurückgekehrt![7] Geht's noch? Es scheint, als wollten wir den Status quo einfrieren und für die langfristige Zukunft konserviert fortschreiben. Kein Irrtum könnte größer sein. Wir ernten heute die Früchte jahrzehntelanger harter Arbeit, die durch Intelligenz und zupackende Hände gesät und behütet wurden. Wir haben als Gesellschaft und politisch sehr viel richtig gemacht und können getrost stolz sein auf unsere Leistung. Wir müssen uns nur erinnern: Freiheit bietet Alternativen, wenn die Rezepte des Bestehenden mehr und mehr ihre Wirksamkeit verlieren. Glück und Erfolg sind keine Selbstläufer, die uns als gebratene Tauben in den Mund fliegen. Selbst Errungenschaften wie Hartz IV sind keine Selbstverständlichkeiten. Was den Bedürftigen ausgezahlt wird, muss vom Rest der Gesellschaft zuvor erwirtschaftet werden. Dummerweise gewöhnen sich viele leicht an diese Segnungen, sind träge geworden und stimmen dann im Chor bei Pegida und AFD jenes Klagelied an, das weltweit zur Erkennungsmelodie der Deutschen geworden ist. Dann hätte Altkanzler Helmut Kohl Recht behalten, als er Deutschland mit einen „kollektiven Freizeitpark" verglich.[8]

„Die Welt möge sich ändern – aber nicht bei uns!" Wer geistig so verstrahlt über den Globus läuft, hat die Zeichen der Zeit nicht erkannt. Leben bedeutet Entwicklung. Seit vier Milliarden Jahren ist das auf unserem Planeten der Fall. Unsere Welt ist diejenige, die sich den Umweltbedingungen und Gegebenheiten angepasst hat. Was sich nicht anpasst, stirbt aus. Wer noch darüber diskutiert, übersieht, dass die Evolution schon längst zu neuen Ufern aufgebrochen ist. Die Dinosaurier sind ihrer Größe und Unbeweglichkeit wegen ausgestorben. Den dramatisch veränderten Lebensbedingungen nach dem Meteoriteneinschlag in Yukatan vor sechsundsechzig Millionen Jahren konnten sie nichts entgegensetzen. Kleine Pelztiere, die haben überlebt, die gab es damals schon. In Nischen und Höhlen etablierten sich diese Säugetiere neben den Dinosauriern langsam aber stetig, überlebten, weil sie sich anpassen konnten, und entwickelten sich bis heute zur beherrschenden Spezies in ungeheurer Vielfalt. An ihrer Spitze steht der Mensch.

Seit wir die Erde bevölkern, stellt sich für uns die Frage, ob unsere Lebensumstände akzeptabel sind oder ob es dazu Alternativen geben könnte. Kaum war eine Horde Urmenschen in einer sicheren Höhle ohne feindliche Einwohner oder Bären angekommen, da begann eine Diskussion darüber, ob jenseits der Berge am Horizont nicht alles viel besser sei. Bald kam es, wie es bei uns Menschen öfter ist: Die Einen blieben, die Anderen brachen auf zu neuen Horizonten. Vielleicht haben die Bleibenden die Aufbrechenden um ihren Mut beneidet. Sicherlich wird den Aufbrechenden das Herz geflattert haben. „War unsere Entscheidung richtig? Wären wir nicht besser in der sicheren Höhle geblieben?" In der Bibel können wir lesen, wie es Moses nach dem Auszug der Israeliten aus Ägypten erging. Kaum wurde es schwierig und anspruchsvoll, fing das Volk an zu maulen. Praktisch während der gesamten Reise in die neue Heimat war das so. Wir wissen nicht, wie oft Moses sein Volk zum Teufel gewünscht hat. Darüber schweigt die Bibel. Damals wie heute gilt: Alte Verhaltensmuster sind wie unsichtbare Gummibänder, sie binden uns, doch wir merken es kaum. Schon nach wenigen Schritten in eine neue Richtung spüren wir die Zugkraft des Herkömmlichen und Bekannten. Sie wird umso größer, je weiter wir uns ins Unbekannte vorwagen. Mit einem Mal verlässt uns die Kraft der Befreiung. Wir hören auf, an den Gittern des Gewohnheitsgefängnisses zu rütteln. Mit einem „Es funktioniert halt nicht" fallen wir resigniert zurück in die alten Muster. Es geht scheinbar auch so – noch! Wir sind träge geworden, Biss und leidenschaftlicher Wille haben uns verlassen.

Habe ich gesagt, dass es leicht wird? Das kann es nicht. Natürlich ist es leichter für einen Ex-Sträfling, kaum in der Freiheit, wieder in den Netzwerken alter Milieus zu versumpfen. Deren Anziehungskraft ist gewaltig. Der sichere Weg zurück in den Knast ist, so weiter zu machen wie vor dem Gefängnisaufenthalt. Das gilt gerade für diejenigen, die erstmals hinter schwedischen Gardinen gesessen haben. Die Alternative dazu ist der Weg über bisher unbeschrittene Pfade, bei denen jeder weitere Schritt mehr und mehr Kraft kostet – Ausgang und Ankommen ungewiss. Wie einfach, nach ein paar vergeblichen Versuchen die Flinte ins Korn zu werfen. Wenn ein Knacki in Freiheit nicht sofort einen Job bekommt, ist es leicht für ihn, über Chancenlosigkeit und das Schlechte in der Welt zu jammern. In dieser Hinsicht können wir von unseren Vorfahren lernen. Ein Blick in die Geschichte ist bewusstseinsbildend. Vor 75 oder 100 Jahren waren die Lebensumstände wesentlich rustikaler, wir müssen gar nicht weiter in die Geschichte zurückschauen, um zu erkennen, wie gut es uns heute geht.

Mein Vater verlor seinen Vater und die Heimat im Krieg. An seinem 16. Geburtstag wurde er Ende 1944 eingezogen als Volkssturmsoldat in einen sinnlosen Schwachsinn, der längst verloren war. Er überlebte den Bombenangriff auf Dresden, russische Kriegsgefangenschaft und dort eine

Bakterienruhr. Tausend Gründe hätte er gehabt, sich eine Kugel in den Kopf zu schießen oder als gescheiterte Existenz fortan durchs Leben zu schleichen. In Lumpen kam er, 17 Jahre alt, abgemagert 1946 im Westen an und schlug sich als Arbeiter auf einem Bauernhof durch – für nichts als Kost und Logis. Mit diesem Begriff kann heute kaum noch jemand etwas anfangen. Wir haben vergessen, welchen Wert ein Dach über dem Kopf und ausreichende Ernährung haben. Lohn? Das war der Lohn, ein Lohn von unschätzbarem Wert, wenn die Menschen um einen herum verhungerten oder bettelnd aus den Städten aufs Land ziehen. Damals waren ein Heim, ein Bett und sich satt zu essen ein unbeschreiblicher Luxus. Von meinem Vater lernte ich den Begriff „Kohldampf schieben" kennen. Er beschrieb ihn so: „Du könntest vor Hunger den Kitt aus den Fenstern kratzen, schläfst hungrig ein, träumst vom Essen und hast am Morgen mehr Hunger als am Tag zuvor."

Wer überleben wollte, musste aktiv werden. Etwas organisieren, das war damals ein geflügeltes Wort. Wie das ging, ob legal oder nicht – wer fragte danach? Kardinal Frings, 1942 zum Erzbischof von Köln geweiht, formulierte 1946 in seiner Silvesterpredigt: „Wir leben in Zeiten, da in der Not auch der Einzelne das wird nehmen dürfen, was er zur Erhaltung seines Lebens und seiner Gesundheit notwendig hat, wenn er es auf andere Weise, durch seine Arbeit oder durch Bitten, nicht erlangen kann."[9] Dieser Satz ging unter dem Stichwort *„fringsen"* in die Geschichte ein. Für viele vom Hungertod Bedrohte war er die Absolution für das Stehlen von Kartoffeln und Kohlen aus den Versorgungszügen, die langsam durch die Städte fuhren.

Das Leben heute ist kein Vergleich zu damals. Heute gibt es andere Probleme, die krank und unglücklich machen. Aber sich in einer Opferwelt bequem einzurichten, ist leicht. Ein „Bloß raus hier!" braucht mehr Kraft als ein „Ich kann nicht raus!". Was brauchen wir, um die Energie des Jammerns in Tatkraft und Entschiedenheit umzuschmieden? Wegen dieser Frage schlug mir in meinen Kursen für Hartz-IV-Empfänger öfter der blanke Hass entgegen. Nur ein Bruchteil der Anwesenden hatte ernsthaft vor, sein Leben aus der Arbeitslosigkeit heraus auf ein neues Fundament zu stellen. Wohngeld und Hartz IV vom Staat, den Rest schwarz unterm Tisch. Damit lässt es sich trefflich leben. „Ich soll für 1300 Euro netto arbeiten gehen? Die habe ich doch schon jetzt." Kommentare wie dieser waren sehr oft die bittere Wahrheit des Kursalltags. Vorsicht, falls Sie jetzt die Nase rümpfen wollen. Wer ohne Tadel ist, werfe den ersten Stein. Die bedrückende Tatsache: Je länger jemand im Hartz-IV-Paralleluniversum lebt, desto schwerer ist es diese Welt wieder zu verlassen. Eine gutgemeinte Idee wird schnell zum Gefängnis, aus dem auszubrechen, schwer und schwerer wird. Wenn der Kämpfer in uns stirbt, übernimmt der Verlierer das Regiment unseres

Lebens. Aus dem Gestalter und Lebensunternehmer ist ein passiver Geist geworden, der zur Verfügungsmasse anderer wird.

2.2 Vom „Ja, aber" zum „Aber ja!"

Sattheit, Angst und Desinteresse waren in der Geschichte der Menschheit oft Grund und Auslöser beginnender Abstiege. Nichts ist gefährlicher als der Erfolg von gestern, wenn wir beginnen, ihn automatisch in die Zukunft fortzuschreiben. Die Vergangenheit zu verklären und sich auf ihren Lorbeeren auszuruhen, bedeutet Stagnation. „Uns geht's doch gut. Also lasst uns weitermachen wie bisher! Keine Experimente!" Dieses Motto ist kein Fundament, auf dem sich neue Bauwerke errichten lassen, und führt geradewegs in den Abgrund. Die alten Erkenntnisse unserer Eltern und Großeltern sind als Basis wichtig. Das Rad zweimal zu erfinden, ist nicht nötig, aber auf dieser Grundlage unserer Geschichte müssen wir der Zukunft die Tür öffnen, mit Begeisterung neue Herausforderungen ergreifen und uns zu eigen machen. Das Bedürfnis, sich zu entwickeln, liegt in den Genen des Menschen verankert. Wird er daran gehindert, wird er krank und depressiv. Das gilt für den Einzelnen, aber auch für ganze Gesellschaften.

Der gangbare Weg, die Lösung, ist eine Frage der Zeit, der Ideen, der Ausdauer, des Willens. Mit dieser Einstellung haben wir Kontinente, Lüfte und Gipfel erobert, sind in die Tiefen des Ozeans getaucht, haben unseren Fuß auf den Mond gesetzt und Raumsonden über die Grenzen des Sonnensystems hinausgeschossen, Herausforderungen angenommen und Hürden übersprungen. Grenzen sind unterschiedlich: Grenzen, die uns die Verantwortung setzt, Grenzen unserer Potentiale, Grenzen des guten Geschmacks, die Grenzen unseres Gegenübers, Grenzen der öffentlichen Meinung, Grenzen der Gesetzlichkeit, Grenzen der Gesundheit, Grenzen durch Vorgesetzte und Kollegen, die Grenzen unseres Glaubens an uns selbst, Grenzen der Verletzbarkeit, Grenzen der Belastbarkeit. Ihnen werden bestimmt noch weitere Barrieren einfallen. Viele davon sind nützlich und wichtig, um das gesellschaftliche Leben aufrecht zu erhalten, um niemanden zu verletzten, um den Respekt und die Rechte der anderen zu wahren. Es gibt aber auch Grenzen, die nur von der Tradition eines „Das macht man nicht." oder des „Das kann ich nicht!" gezogen werden. Sehr oft sind es jene Hemmnisse, die wir uns selber auferlegen. Der Satz Sepp Herbergers heißt dann abgewandelt: „Der nächste Schritt ist immer der schwerste." Nichts wird gebaut, verkauft oder genutzt, wenn es nicht zuvor in den Windungen unseres Gehirns aufgeleuchtet, erdacht und erfunden worden ist.

Vernetzen wir unseren Erfindergeist, unsere Intuition mit Zuversicht und Ideen für Lösungen. Zeigen wir dem Teufel des „Ja, aber…“ unseren erhobenen Mittelfinger und drehen die Begrifflichkeit um in ein „Aber ja!“. Alles, was hinter einem „aber“ kommt, verwandelt das vorher Gesagte ins Gegenteil. Die scheinbare Zustimmung des ersten Teils wird durch das Aber auf den Kopf gestellt. Drehen wir die beiden Worte um, dann erwachsen Kraft und Energie aus ihnen. Aus einem diplomatisch getarnten Nein entsteht ein eindeutiges Ja. So werden die Pflöcke eingeschlagen. Durch ein „Aber ja!“ geben wir uns selber einen Tritt ins Sitzfleisch und schwingen unseren Allerwertesten runter vom Sofa! So bringen wir unsere geistigen und körperlichen Pferdestärken und Talente mit Kraft zur Anwendung. Entzünden wir aus dem Funkenflug frischer Ideen ein Feuer, in dem die Anforderungen der Zukunft geschmiedet werden können.

Erfolg und Entwicklung zählen zu den Dingen, die nicht käuflich sind. Für unsere Ziele gibt es nur einen, der sie umsetzt – uns! Schleichwege gibt es nicht. Niemand läuft die hundert Meter in sieben Sekunden, weil ihm ein schlauer Trainer eine Abkürzung gezeigt hat, die niemand sonst kennt. Der Grund leuchtet ein: Es gibt keine Abkürzung. Weltrekorde und Spitzenleistung haben eines gemeinsam: Sie sind das Ergebnis harter, jahrzehntelanger und beharrlicher Arbeit. Jeder Bergsteiger kennt diese Erfahrung. Auf dem Weg nach oben wird die Luft stets dünner. Jedes Weiterkommen erfordert mehr Energie und Einsatz. Die Götter haben den Schweiß vor das Erreichen der Ziele gesetzt.

Erscheint uns das zu schwer? Wenn wir aufhören zu wagen, dann geben wird uns auf! Kolumbus säße noch heute in Portugal, Neil Armstrong hätte nie den Mond betreten und Charles Lindbergh wäre niemals über den Atlantik geflogen. Diese Männer haben ihre Träume gelebt, gegen jeden Widerstand. „Leadership musst du dir nehmen“, sagte mir einst der Bergsteiger Reinhold Messner.[10] Es gilt, den Augenblick zu ergreifen, um Chancen, Gelegenheiten und Möglichkeiten zu nutzen. In jedem von uns stecken Samenkörner von Fähigkeiten, die uns außergewöhnlich machen. Diese verborgenen Schätze warten darauf, gehoben zu werden. Ein Rohdiamant sieht für den Laien aus wie ein Kieselstein. Erst ein kundiges Auge und der richtige Schliff bringen die wahre Exzellenz des Außergewöhnlichen ans Licht. Fassen wir Mut! Trauen wir uns, einen Blick nach innen zu werfen; dorthin, wo vielleicht niemand je zuvor hinsehen durfte.

Der berühmte Psychoanalytiker und Schüler von Sigmund Freud, Carl Gustav Jung, brachte es auf den Punkt: „Wer nach außen schaut, träumt. Wer nach innen schaut, erwacht.“[11] Nehmen wir Fahrt auf für eine spannende Reise! Die meisten von uns sind selten bereits dort, wo sie hinwollen. „Der Weg erschließt sich dir im Gehen“, so sagt es eine alte Weisheit aus Asien. Und: „Der Weg ist das Ziel“, sagt Konfuzius. Wer zu neuen Ufern aufbricht und seine Chancen wahrnimmt, stellt fest, wie viel Wahrheit in diesen Sätzen steckt. Wer in diesem Sinne systematisch den Blick nach innen richtet, verlässt Stück für Stück seine Opferrolle und beginnt, sein Leben neu zu gestalten. Bringen Sie ihre Pläne und Vorstellungen zu Papier – unabhängig davon, ob sie im Knast sitzen, arbeitslos sind, im beruflichen Hamsterrad rennen oder ein Unternehmen leiten. Erfolg und Entwicklung sind die Summe der täglichen Kleinarbeit. Was zählt, sind Ausdauer und der weite Blick für die Langfristigkeit. Wir überschätzen schnell, was wir an einem Tag erarbeiten können, wir unterschätzen, was durch konstante Arbeit in einem Jahr zu schaffen ist. Große Erfindungen und Geistesblitze waren fast immer das Ergebnis von jahre- und jahrzehntelanger Ausdauer.

Wie in Michael Endes Roman „Die unendliche Geschichte" geht es um die Frage nach dem wahren Willen. „Tu, was Du willst!" – so lautet die magische Aufschrift eines Amuletts, das der Held des Romans trägt.[12] Doch was ist unser wahrer Wille? Vor allem: Was ist er nicht? Worum geht es wirklich? Was ist nur ablenkender Schall und Rauch? Schreiben Sie ihre Talente und Stärken auf! Lassen Sie sich dabei Zeit. Gut Ding will Weile haben. Viele Menschen können mühelos ihre Schwächen aufs Papier bringen, ihre Stärken kennen sie nicht. Dies zeigt, wie tief Alleinstellungsmerkmale und Außergewöhnlichkeit noch im Verborgenen schlummern. Wir sind durch unsere Erziehung und Sozialisation auf Fehler fixiert. Wenn von zehn Rechenaufgaben eine falsch ist, sprechen wir von einer Fehlerquote von zehn Prozent. Nur wenige gehören zu denen, die sich über 90 Prozent richtiger Aufgaben freuen. Machen wir uns frei vom antrainierten Erbsenzählen. Öffnen wir unsere Wahrnehmung für einen Blick in die Tiefe. Setzen sie sich mit den Fragen aller Fragen auseinander:

- Wie sehr bin ich bereit, Verantwortung für mein Leben zu übernehmen?
- Habe ich einen Job, Beruf oder ist meine Tätigkeit eine Berufung?
- Wie sehr bin ich bereit, aus meinen Fehlern zu lernen, mich zu entwickeln?
- Wie viel Mut habe ich, Bestehendes in Frage zu stellen?
- Welche Spuren werde ich am Ende meines Lebens hinterlassen?

Ob millionenschwerer Unternehmer, Knacki, Beamter, alleinerziehende Mutter, reicher Erbe, Freigänger, gehetzter Manager oder Hartz-IV-Empfänger – wir perfektionieren unsere Erfolgsverhinderungsprogramme oft selbst und stehen ratlos vor den Ergebnissen, gefangen im Kreislauf des Misserfolgs. „Dagegen ist kein Kraut gewachsen", sagen Sie? Sie täuschen sich. Die Lösung liegt zum Greifen nah. Der Ausbruch aus dem bestehenden Gedankenknast ist ein erster Schritt. Kirchenvater Augustinus formulierte vor mehr als tausendsechshundert Jahren: „In dir muß brennen, was du in anderen entzünden willst.“[13] Fordern wir dieses „in Dir selber“ heraus. Die Fähigkeit, Menschen für etwas zu begeistern und sie gegen größte Widerstände zu etwas zu bewegen – das ist die magische Substanz, aus der weltbewegende Ideen hervorgehen, die der großen Entdecker, Erfinder, Künstler, Unternehmer und vor allem der Menschen, die nach einem Scheitern wieder aufstehen.

2.3 Wertschöpfungsfaktor Mut: Die Kraft zum Neubeginn

Wenn die gegangenen Wege nicht zum Ziel geführt haben, jeder Wein fade schmeckt und das Licht der Sonne fahl und matt scheint, dann wird es Zeit, zur großen Reise ins Unbekannte der Entwicklungsmöglichkeiten aufzubrechen. Wie sehr sind wir für etwas Neues bereit? Wer sich auf den Weg zu sich selbst und seinen Talenten macht, seinen Erfolg und den Kern seiner Persönlichkeit finden will, der sei vor dem Gegenwind gewarnt. Die Flamme des Neuen brennt selten auf dem Öl der Vergangenheit. Entdecker, Erneuerer und Erfinder sind immer mit den drei großen ,,B's“ konfrontiert:

- Belächelt
- Bekämpft
- Bewundert

Das Neue wird zunächst als Schnapsidee abgetan und lächerlich gemacht. Ein typischer Satz: „Was soll der Blödsinn?“ Oder „Wenn Sie Visionen haben, gehen Sie zum Arzt.“ (laut Aussage von Altbundeskanzler Helmut Schmidt in einem Interview als „pampige Antwort“ auf eine „dusselige Frage“ gegeben.) Hilft das nicht, die frische Idee aus der Welt zu schaffen, wächst der Widerstand: „Wollen wir doch mal sehen, ob sich dieser Blödsinn durchsetzt!“ Oder „Wer glaubt der Erfinder eigentlich, wer er ist?“ In dem Moment, in dem der Erfolg des Neuen nicht mehr wegzudiskutieren ist, bricht der Widerstand – meist zähneknirschend – in sich zusammen. Plötzlich heißt es: „Ich habe ja immer an diese Idee geglaubt! Wussten Sie nicht, das ist die Zukunft.“ Grundlage des Neuen ist die Erfahrung, die mit zündenden Ideen gespeist und am Leben erhalten wird. „Tradition bedeutet nicht, die Asche zu bewahren, sondern die Flamme weiterzugeben.“
1961 verkündete U.S.-Präsident Kennedy seine Vision, bis Ende des Jahrzehnts einen Amerikaner auf den Mond und gesund wieder zurückzubringen. In der Rückschau zählt diese Rede zu den wenigen Meilensteinen

seiner unvollendeten Präsidentschaft. Damit riss er die Vereinigten Staaten von Amerika aus der Starre des Sputnik-Schocks, in den die UdSSR das Land der Freien durch seine Weltraumerfolge versetzt hatte. Die Idee des Mondfluges hätte selbst die Toilettenfrau im Weißen Haus begeistert. Fortan konnte sie ihre Tätigkeit als Teil eines großen Ganzen ansehen. Der Flug zum Erdtrabanten sollte kein Zuckerschlecken werden. Auf dem Weg zum Mond haben die Amerikaner aberwitzige Fehler gemacht. Kein Wunder: Es war ja noch niemand vorher dort. Es gab keine Blaupause, die kopiert werden konnte. Es herrschte das Lernprinzip „Versuch und Irrtum". Raketen explodierten, Astronauten verbrannten, eine Blamage jagte die nächste. Das ist so, wenn technisches Neuland betreten wird. Die Kräfte, die gerufen wurden, wollen gebändigt sein. Wer mit Urgewalten hantiert, muss davon ausgehen, dass diese ihm ab und zu um die Ohren fliegen. Erst aus der Rückschau kommt uns der gegangene Weg leicht vor, fallen uns bessere Alternativen ein. Doch im Anfang muss er gewagt werden. Eine Vollkaskoversicherung für das Gelingen gibt es nicht, das ferne Ziel scheint unerreichbar zu sein. „Man kann niemanden überholen, wenn man in seine Fußstapfen tritt." So beschrieb das der legendäre Regisseur François Truffaut.[14] "

Trotzdem: Konzerne, Politik und Bürger der USA zogen an einem Strang. Erst setzte der Präsident die Idee in die Welt, danach fragte er, wie sie Wirklichkeit werden könne. „Nicht weil es schwer ist, wagen wir es nicht, sondern weil wir es nicht wagen, ist es schwer."[15] So formulierte es vor 2.000 Jahren der römische Dichter Lucius Annaeus Seneca. Kennedy setzte am 25. Mai 1961 in seiner Rede vor dem amerikanischen Kongress noch einen drauf: „Nicht weil es leicht ist, tun wir es, sondern weil es schwer ist!" Neues will gewagt werden. Das funktioniert nur außerhalb des Windschattens der Vorausgehenden. Etwas rustikaler ausgedrückt: Wer ständig der Meute nachläuft, folgt immer nur deren Hinterteilen. So kann nur selten Neues entstehen.

Wenn Henry Ford von seinen Ingenieuren verlangte, etwas Neues und Anspruchsvolles zu konstruieren, bekam er oft zur Antwort: „Geht nicht! Zu kompliziert! Unmöglich!" Natürlich gab der Selfmademan nicht auf. Mit brutaler Härte suchte Ford solange nach technischen Tüftlern, bis er endlich Sätze wie diese hörte: „Es wird verdammt schwer, das kostet Unsummen, wir haben es noch nie gemacht – doch möglich ist es." Das war die Wende. Im Jubel des Erreichens interessierte sich niemand mehr für die Mühe des zurückgelegten Weges. Als später Ford das fertige Produkt präsentierte, fragte niemand nach den Motorblöcken, Kurbelwellen und Kolben, die den Ingenieuren auf dem Weg zum Ziel um die Ohren geflogen waren. „Wer, wenn nicht Ford" so lautete das Credo in der Öffentlichkeit. Genau auf diesen Imagegewinn hatte Ford spekuliert. Sein Kommentar dazu spricht Bände: „Es gibt mehr Leute, die kapitulieren, als solche, die scheitern."[16]

Bei der Überfahrt des Christoph Kolumbus in die neue Welt dürfen wir uns das folgende Gespräch mit seinem Kapitän sinngemäß so vorstellen. „Commandante, wann sind wir da?" Wieder und wieder stellt Kolumbus' Kapitän ihm diese Frage. Wieder und wieder beantwortet der Genuese sie ungewiss oder weicht aus. Wie soll er wissen, wann das gewagte Ziel erreicht sein kann? Dieses Mal lässt sich sein Kapitän jedoch nicht mit leeren Worten abspeisen. Die Situation auf den drei Schiffen Santa Maria, Nina und Pinta ist zum Zerreißen gespannt. „Die Männer haben Angst", beginnt der Bootsführer. Was, wenn die Erde doch eine Scheibe ist und ein gähnender Abgrund die kleine Flotte verschlingt? „Bloß raus hier!" wird bei der Mannschaft ein sehnlicher Wunsch gewesen sein. Auch Christoph Kolumbus ahnt, dass die Situation einem Pulverfass gleicht. Er weiß nicht, wie kurz seine Crew vor offener Meuterei steht. Was sein Kapitän dann sagt, wirkt wie ein Tiefschlag. „Die Mannschaft macht sich Sorgen, ob unsere Vorräte reichen. Wir haben bereits die Rationen für die Rückreise angebrochen. Deswegen wiederhole ich meine Frage: Wann sind wir da?"

Dunkelheit und Ratlosigkeit dürften sich in diesem Augenblick auf die Seele des Commandante gelegt haben. In Stunden wie diesen schrumpfen Motivation und Führungskraft zur Bedeutungslosigkeit. Was bewegt Menschen, in solcher Gefahr weiterzusegeln? Oft bleiben nur noch Schicksal, Zufall oder Glück, um ein Scheitern abzuwenden. Kolumbus stand das Glück zur Seite. Kurze Zeit später umkreisten Vögel die kleine Flotte. Alle wussten, dass Vögel sich nie weit vom Land entfernt aufhalten. Bald darauf fischte die Mannschaft den Zweig einer Palme aus dem Wasser und ein erleichterter Matrose schrie vom Ausguck: „Land in Sicht!" Kolumbus hatte mehr Glück als Verstand. Bereits zweihundertfünfzig Jahre vor Christus war der Umfang der Erdkugel von Eratosthenes von Kyrene, der über fünfzig Jahre lang die antike Bibliothek von Alexandria leitete, bis auf wenige

Prozent Abweichung genau ausgerechnet worden. Das hätte Kolumbus mehr als 1700 Jahre später wissen können, doch stand das antike Know-how nicht zur Verfügung. Eine Fahrt auf dem Seeweg bis nach Japan oder Indien wäre viermal so lang gewesen, auch die Vorräte für die Rückreise hätten nicht ausgereicht. Jämmerlich wäre die Crew der drei Schiffe auf dem Pazifik verhungert. Welch ein Glück, dass sich dem Abenteurer auf dem Weg in dieses mögliche Desaster der Kontinent der neuen Welt entgegenstellte. Nie sollte Kolumbus in Japan oder Indien ankommen, dafür entdeckte er Amerika wieder – fünfhundert Jahre nach den Wikingern.

Vom Genuesen können wir viel lernen. Er verschmolz Hartnäckigkeit mit Zuversicht zu Überzeugungskraft. Jahrelang ging er Ferdinand II. von Aragón und Isabella I. von Kastilien mit seiner Segeltour auf die Nerven, bis diese ihm endlich drei Schiffe zur Verfügung stellten. „Segele er mit Gott, aber segele er uns aus den Augen!" wird wahrscheinlich deren sehnlichster Wunsch gewesen sein.

Glaube versetzt Berge. Er vereint Nationen, überspannt Gräben und scheinbar unüberbrückbare Hindernisse. Neuerer müssen stets mit Gegenwind rechnen. Doch: „Wer seinen Kurs nicht kennt, für den ist jeder Wind der falsche." Diese alte Weisheit aus der Seefahrt ist heute für uns aktueller denn je. Auf unserem Weg aus den Gefängnissen der Vergangenheit und Gegenwart brauchen wir den Blick nach innen. Dies erfordert Konzentration, Klarheit und einen unbedingten Willen. Wagen wir die Reise zu uns selbst. Hören wir in uns hinein, lauschen wir der Stimme unseres Herzens. Vertrauen wir uns selbst und wagen wir! Wählen wir Routen, die noch niemand vor uns beschritten hat – kommen wir vom Weg der eingefahrenen Pfade ab, damit unsere Chancen und Möglichkeiten nicht auf der Strecke bleiben. Entdecken wir das Abenteuer, die Chance unseres Lebens und erkennen wir, was wir dafür tun können. Es ist unser Leben. Machen wir was daraus.

2.4 Auf welches Ziel sind Geist und Denken ausgerichtet?

Wie riesig könnte das Füllhorn unserer Möglichkeiten sein, wüssten wir, was das Richtige für uns ist, worauf es ankommt und was uns gut täte! Wir steuerten instinktiv und mit schlafwandlerischer Sicherheit auf unserem Strom des Daseins. Leider sieht der Alltag oft anders aus. Wir sind umgeben von Mauern, Barrieren und Gittern, die unseren Entfaltungsraum auf die Größe eines Bierdeckels zusammenschrumpfen lassen. Noch ahnen wir nicht, dass diese Hindernisse oftmals Eigenkonstruktionen sind, die wir, ohne es zu wollen, selbst um uns herum aufgebaut haben. Unser Kopf, unser Ich, dürstet nach Wissen, doch das mächtige Es im Unbewussten sperrt sich. Unser Ausbruchsversuch scheitert, weil wir uns selbst nicht vertrauen. Mit Macht will unser Verstand ein Ziel erreichen, gleichzeitig hat der Bauch etwas vollkommen anderes vor und verweigert sich. Kopf und Bauch liegen im Clinch und eine Zusammenarbeit in weiter Ferne. Das ist bei vielen von uns der Alltag, deswegen ist es so schwer, in unserer Entwicklung von der Stelle zu kommen.

Tief im Kern unseres Seins sitzen auschlaggebende Verhaltensweisen, hier wohnt unsere Geisteshaltung, die wir in der Kindheit entwickelt haben und die über Wohl und Wehe unseres Schaffens entscheiden. Hier haben wir den Autopiloten unseres Lebens eingestellt, der uns dahin führt, wo unser innerer Maßstab wohnt, den wir gemäß unserer Werte an das anlegen, was uns tagtäglich widerfährt. Wer wissen will, warum wir uns so regelmäßig auf eine bestimmte, manchmal widersprüchliche Weise verhalten, muss diesen Kern aufsuchen. Das ist ein Gang nach innen, der erfahrungsgemäß alles andere als angenehm zu werden verspricht. Dort schlummern die Grundfesten und Fundamente unseres Seins auf dem sich das aufbaut, was unsere Welt im Innersten zusammenhält. Dort halten sich die Kindheitsängste und frühen Enttäuschungen, die Erziehungssätze unserer Eltern und unsere eigenen Glaubenssätze, aber auch frühe Erfolgserfahrungen und die Erfahrung, geliebt und gesehen zu werden oder auch nicht. Sie sind die Fundamente oder die Hindernisse und deshalb so nachhaltig, weil sie unbewusst sind. Werden sie ins Bewusstsein gehoben, erzeugen sie heftige Gefühle, denen wir uns stellen müssen. Aber es ist der einzige Weg in die Freiheit.

Aus diesem Grund vergrößern die Sprüche vieler Gurus unser Unbehagen. Wir lesen ihre Bücher, lesen etwas, was wir vom Kopf her längst verstanden haben, scheitern aber kläglich an dessen Umsetzung. Das steigert Stress und Unzufriedenheit. „Die anderen schaffen es doch auch, warum nicht ich?“ ist ein Satz, der die ganze Ratlosigkeit der Leser zum Ausdruck bringt. Haarklein werden uns die Wege des garantierten Gelingens erklärt. Spielerisch leicht lesen sich die Gebrauchsanweisungen zur Selbstoptimierung. Aber heimlich verschieben sich die Gewichte aus der Welt der Möglichkeiten in die der Verpflichtungen, und die Umsetzung dessen, was wir lesen, wird zur Last. Der fatale Eindruck, dass der letzte Schritt und seine Vollendung nur eine Frage der Organisation und des Willens seien, entsteht. Motto: Tue A und B, dann bekommst du das Ergebnis C. Die Herausforderungen scheinen sich auf eine schlichte Addition zu reduzieren: Erst 1, dann 2 und am Ende ergibt sich Punkt 3. Wie schön wäre es, wenn wir die Welt in Ursache-Wirkungs-Einheiten zerlegen könnten. In diesem Schwarz-Weiß-Kosmos ist das Erreichen des Ziels nur eine Frage der Logik und Konsequenz.

Die brutale Botschaft zwischen den Zeilen: Wenn du nicht so bist, wie vorgegeben, dann stimmt etwas nicht mit dir. Das erschütterte Selbstvertrauen erlebt dies wie einen Sturz ins Bodenlose. Je hartnäckiger dagegen angerannt wird, immer schneller sich das Hamsterrad dreht, desto mehr Fehler werden gemacht und immer stärker wächst der Frust über häufiges Misslingen selbst als leicht empfundener Aufgaben. Das Selbstbewusstsein verzwergt sich, bis wir uns zu emotionalen Wichten verkleinert fühlen und schließlich durch die Gitterstäbe des Hamsterrads fallen. Nach außen ist davon wenig sichtbar, die Fassade wird gewahrt. Die innere Verzweiflung bleibt verborgen, ganz, wie es uns anerzogen wurde – wie's drinnen aussieht, geht niemanden etwas an; was sollen nur die Leute denken ...

Doch wir Menschen sind keine Maschinen, die nach dem Ursache-Wirkungs-Prinzip funktionieren. Dies ist bei trivialen Systemen der Fall; etwa bei Rasenmähern, Staubsaugern oder unseren Autos. Eine fehlende Schraube oder Zündkerze verursacht einen Fehler, der durch entsprechende Reparatur behoben werden kann. Als René Descartes seinen berühmten Satz: „Cogito ergo sum – Ich denke, also bin ich" formulierte, schob er eine Entwicklung an, die unsere Welt nur noch unter rationalen Gesichtspunkten zu sehen lehrte. Die Kausallogik wurde für lange Zeit zum Maßstab der Dinge erhoben – nichts, dass sich nicht in die Bestandteile der Vernunft und Rationalität auflösen ließe. Heute wissen wir, dass der Philosoph treffender „Ich fühle, also bin ich" formuliert hätte.

Tragisch sind die Kämpfe, die in unserem Innern toben. Klassisch ist der Konflikt zwischen Kopf und Bauch. Je mehr unser Verstand dem Unterbewusstsein seine Themen aufzuzwingen versucht, desto mehr schert dieses aus. Milton H. Erickson, der Altmeister der Hypnosetherapie des 20. Jahrhunderts, formulierte es auf seine Art bildhaft und unvergleichlich treffend: „Wenn ihr ein Problem oder etwas Unerwünschtes in Eurem Leben vergrößern wollt – kämpft dagegen an."[17] Auf diese Weise könne sich das Unerwünschte mehr und mehr in unserem Leben etablieren und zu einem Teil unseres Selbst werden. Wer etwas in sich bekämpft, lädt es genau damit ein, zum festen Bestandteil seiner Existenz zu werden und erreicht das Gegenteil dessen, was er will. Das ist den Wenigsten bewusst.

„Das einfachste, was ich je getan habe, ist, mit dem Rauchen aufzuhören. Ich sollte es wissen, da ich es tausend Mal getan habe", schilderte der Schriftsteller Mark Twain seinen Umgang mit der qualmenden Leidenschaft.[18] Längst hat der Kopf beschlossen, den Glimmstängeln abzuschwören, doch plötzlich glimmt die nächste Kippe zwischen den Lippen. Unser Wille sträubt sich, doch es geschieht ganz unwillkürlich. So oft wir auch versuchen, uns zu beherrschen, das Ergebnis bleibt überschaubar, obwohl wir wissen, dass unser Frust über das eigene Verhalten mehr und mehr verzweifelten Charakter bekommt. Aus dem Gefängnis unserer Gewohnheiten scheint es kein Entkommen zu geben, mögen wir noch so sehr an realen oder geistigen Gittern rütteln. Aus dem anfänglich wütend herausgeschrienen „Ich will hier raus!“ wird mehr und mehr ein verhaltener Protest, der immer matter wird und schließlich erstirbt. Irgendwann geben wir auf und resignieren.

Aus einem Zirkus wird folgende traurige Geschichte berichtet: Eine Herde junger Elefanten war, jedes Tier einzeln, mit dicken Stahltrossen an ihren Füßen angekettet. Die Elefanten versuchten mit Kraft und Ausdauer, die Ketten zu sprengen – erfolglos. Nach Wochen des dauernden Ziehens und Zerrens hatten die Rüsselträger sich ihrem Schicksal ergeben. Sie wehrten sich nicht mehr dagegen. Die Kette um den Fuß war zum Symbol der Gefangenschaft geworden. Stück für Stück ersetzten die Tierwärter nun die Ketten durch immer dünnere Seile, die die Dickhäuter ohne weiteres hätten zerreißen können. Doch die Tiere hatten resigniert. „Da kann man nichts machen.“ So würden wir als Menschen die Situation beschreiben. Eines Tages kam es im Zirkus zu einer Feuersbrunst. Zelte und Käfige wurden in eine Flammenhölle verwandelt. Unter entsetzlichen Schreien verbrannten alle Elefanten. Keines der Tiere hatte versucht, die dünnen Seile an den Läufen zu zerreißen und sich zu befreien. – Haben wir eine Vorstellung, welche gellenden Hilferufe ein Elefant ausstößt, der bei lebendigem Leib verbrennt? Und: Ist es nicht erschütternd, wie sehr passives Erdulden antrainiert werden kann?

2.5 Die Welt entsteht in unserem Kopf

Glück und Gelingen werden durch jeden von uns ebenso von innen heraus erschaffen, wie unsere individuelle Sicht der Dinge. Keiner von uns sieht die Welt objektiv – das Bild, das wir von der Welt sehen, entsteht in unserem Kopf. Wir glauben zu wissen, wie es ist. Doch das ist ein Trugschluss. Wenn fünf Menschen aus dem Fenster in einen Garten blicken, beschreibt ihn jeder anders. Über die Kanäle unserer fünf Sinne erschließt sich uns das Wahrgenommene individuell. Je nachdem, ob wir mehr über das Sehen, Hören oder Fühlen kommunizieren, erstellt jeder seine persönliche Landkarte von „dem da draußen“. Allerdings beschreibt diese Landkarte nicht die Gartenparzelle, sondern eine Konstruktion, die jeder Mensch sich selbst gestaltet. Ein Beispiel aus der Neurologie kann das präzisieren. Von all unseren Sehnerven besitzen lediglich 17 Prozent eine Verbindung zur Außenwelt. Der Rest sind Rückkopplungs-Schleifen im Gehirn. Was da draußen existiert, hat mit dem, was wir zu sehen glauben, nur bedingt etwas zu tun.[19] Erleben, Gefühle, Stimmungen bestimmen unsere Wahrnehmung. Unsere Welt steht niemals fest. „Alles fließt, du kannst nie in den gleichen Fluss steigen", pflegte der griechische Philosoph Heraklit zu sagen. Welchen Tropfen aus dem steten Strom des Daseins wir gerade einfangen, sagt uns zwar viel Detailliertes über den Moment, doch wenig über die Zusammenhänge des großen Ganzen. Dafür müssen wir den Blickwinkel weiten. Deshalb möchte ich eine Geschichte erzählen. Sie ist ein wunderbares Beispiel dafür, wie das eigene Gelingen von winzigen, aber prägenden Details abhängen kann:

Es ist Frühling in einem Dortmunder Stadtpark. Ein kleiner Junge läuft voll unbändiger Energie durch das Gebüsch; sehr zum Missfallen seiner Oma, die sich um die Kleidung ihres Enkels sorgt. Doch dann – endlich – ist der Spross an seinem Ziel. Er hat seinen Wunderbaum zum Klettern erreicht. Die Stimme des Vierjährigen schmettert ein lautes „Oma!" durch den Park. „Oma, ich klettere jetzt auf den Wunderbaum!" Dessen Zweige wachsen wie eine Leiter waagerecht aus dem Stamm bis in die Krone, weshalb ihn alle Kinder „Wunderbaum" nennen. Wunderbar können sie auf ihm bis in die Krone klettern. Schon recken sich die Hände des Jungen in die Höhe, als ihm plötzlich Zweifel kommen. In einem Anflug von Unsicherheit blickt er in die Baumkrone. Es ist ja doch ziemlich hoch bis nach oben. „Oma?", seine Stimme klingt plötzlich zaghaft. „Oma, kann ich das?", fragt er, ohne sich dabei umzusehen. Ein kurzer Moment des Wartens. „Aber natürlich, mein Spatz, das kannst du. Ich sehe dir gerne zu." Omas Kommentar ist das Signal für den Erfolg. Wie ein Eichhörnchen klettert der Zwerg hoch bis in die Krone. Nach einem stimmgewaltigen „Oma, ich bin oben!" wissen alle im Park: Der Bub kann es. Er ist am Ziel. Später, wieder zurück auf dem Boden, glüht der kleine Mann voll Stolz – bestätigt und gelobt von seiner Oma. Glühen? Er vibriert vor Energie, Zufriedenheit und Glück. „Ich kann klettern! Ich habe es gelernt!" Sein ganzes Leben wird er sich an diesen Tag seines Gelingens erinnern.

Was aber wäre passiert, wenn Oma ihren Enkel voller Sorge von seinem Baumabenteuer abgehalten hätte? Mit Sätzen wie:

- „Das kannst du nicht!"
- „Was da alles passieren kann!"
- „Das ist zu gefährlich!"

Oder – bei einer Enkelin:

- „Mädchen können das nicht!"
- „Es schickt sich nicht für Mädchen!"
- „Mädchen müssen brav sein!"

Wäre es so gewesen, hätten Enkel oder Enkelin fortan den unerschütterlichen Glauben entwickelt: „Klettern konnte ich noch nie!"

Energie fließt dahin, wo die Aufmerksamkeit ist. So beschreibt die hawaiianische Huna-Lehre unsere Fixierung auf die Schwerpunkte des Lebens.[20] Was sehen wir beim Blick durch das Zielfernrohr unseres Daseins? Für die einen ist das Leben ein Quell der Chancen und Möglichkeiten, auch nach mehrfachem Scheitern. Diese Zeitgenossen springen voller Energie frühmorgens aus dem Bett, um ihr Ding zu machen und Spuren in ihrer Welt zu hinterlassen. Leider gehört dieser Start in den Tag zu den Ausnahmen. Häufig ist der Tagesbeginn geprägt von Schwere und Behäbigkeit, von Vermeiden, Verfehlen und Unterlassen. Das klingt dann so: „Ich konnte nicht, weil …", „Ich würde ja gerne, aber …" Diese beiden Argumentationsklassiker höre ich in jedem Unternehmen, bei jedem Interview und auf jedem Seminar. Es ist eine nicht enden wollende Schleife des Rechtfertigens, mit der wir tiefer und tiefer in unsere Opferrolle geraten. Brutal auf den Punkt bringt es folgende Frage: Was bestimmt mein Leben? Rechtfertigungen oder Resultate? Wer jammert, findet stets ein Argument, warum etwas nicht geklappt hat. Für die Beharrlichen, die ihr Ziel verfolgen, ist das Leben nicht leichter. Nur hören sie erst auf, wenn sie angekommen sind und es geschafft haben.

Weil wir fast immer systematisch gebremst statt gefördert und ermutigt werden, ist es so wichtig, diese Dinge beim Namen zu nennen. Wer weiß, wie Gelingen und Scheitern zusammenhängen, kann daraus bedeutsame Erkenntnisse zur persönlichen Entwicklung ableiten. Leider ist dies den wenigsten Menschen bewusst, geschweige denn, dass sie es konstruktiv nutzen. Dieser Weg ist mit Steinen, Erfahrungen, grenzwertigen Vorgesetzten, Kollegen und Mithäftlingen gepflastert. Er führt aus der Vergangenheit über das Heute in die Zukunft. Eine Faustregel, wie dieser Weg zu beschreiten ist, gibt es nicht. Hier zeigt das Leben der Theorie ihre Grenzen auf. Was dem einen reicht, funktioniert für den anderen noch lange nicht. Für jeden Menschen sieht sein Weg anders aus, weil unser Leben auf unterschiedliche Weise geprägt wurde und in unterschiedlichen Konstellationen verläuft. Mal ist der Untergrund, auf dem wir gehen, fest und eben, mal weich, mal voller Schlaglöcher. Mal verläuft die Straße gerade, mal kurvig. Immer ziehen wir eine Karre voller Verhaltensmuster hinter uns her, die wir schon aus unserer Kindheit mitschleppen.

2.6 Probleme und Lösungen sind unsere geistigen Babys

Es sind die fehlende Energie und der mangelnde Antrieb, die Menschen auf ihrem Weg verzweifeln lassen. Wer bei der Gestaltung seines Lebens und seiner Freiheit das Handtuch wirft, kann erfahrungsgemäß auf eine lange Phase endlosen Ausprobierens und Scheiterns zurückblicken. Es sind die Leistungsträger und Leidenschaftlichen, die, zermürbt in ständigen Wiederholungschleifen des Misslingens, Gefahr laufen aufzugeben. Wer Dienst nach Vorschrift im sicheren Windschatten seines Jobs schiebt, wird in hundert Jahren keinen Burnout bekommen. Wir erschaffen unsere Welt und unser Sein aus eigener Kraft von Kindheit an. Das gilt auch für unsere Probleme und ihre Entstehungsgeschichte. Es ist faszinierend, wie durch ein Mikroskop zu beobachten, mit welcher Regelmäßigkeit wir das, was uns nervt und verzweifeln lässt, eigenhändig und unermüdlich immer wieder aus der Taufe heben. Wir sind die Taufpaten unserer Probleme und geben ihnen täglich einen neuen Namen.[21] Wir benutzen stets die gleichen Schnittmuster und Baupläne, nach denen wir unsere Probleme zusammenzimmern.

Am Anfang steht meist ein kritischer Blick auf den bestehenden Zustand, im Duett mit einem inneren Kommentar: „So, wie es ist, soll es nicht sein!" Dann beginnen die Versuche, diesen Status quo zu ändern – der Weg gabelt sich. Zwei Alternativen stehen zur Verfügung. Die erste ist der Weg des fernöstlichen Gleichmuts. Wir probieren, kommen nicht weiter und akzeptieren dies als gegeben. Der Keim des Problems vertrocknet und erblickt niemals das Licht dieser Welt. Ein typischer Kommentar: „Das ist so und das bleibt so."

Der zweite Weg ist die Bereitschaft, etwas zu ändern. Das allein reicht jedoch nicht. Etwas zu wollen, ist höchst ehrenwert, entscheidend ist das Können. Hier liegt der Quell für Gelingen oder Scheitern. Zur Bereitschaft gehört die Fähigkeit, eine Herausforderung zu stemmen, sonst wird es beim Versuch bleiben. Wenn wir uns in endlosen Wiederholungsschleifen frustrierender Versuche aufreiben, dann ist es Zeit zu hinterfragen, ob wir unsere gesetzten Ziele mit den vorhandenen Ressourcen überhaupt erreichen können, sonst schiebt sich der Stachel des Misserfolgs immer tiefer in unsere Seele und vergiftet unser Selbstwertgefühl.

Die gute Nachricht: Die Baupläne für ein Problem und eine Lösung sind identisch. So wie wir mit unerreichbaren Zielen unsere Probleme in Beton gießen, lassen sich die Dinge auch gleichzeitig in Fluss bringen. Die Frage lautet: Welche Ziele können wir in einem ersten Schritt mit den vorhandenen Möglichkeiten erreichen?

Wie lassen sich die Perspektiven für den Weg zu den angestrebten Zielen Stück für Stück erweitern? Vergrößern wir den Blickwinkel für unsere Möglichkeiten und Chancen, die uns vom Wegesrand her anlachen. Wie sehr entspricht das, was wir erreicht haben, dem, was wir wollten? Wer sein Ziel fanatisch und mit Scheuklappen vor den Augen verfolgt, verliert schnell den Horizont aus dem Auge. „Angenommen, es wäre Nacht und

Sie legen sich schlafen. Während Sie schlafen, geschieht ein Wunder und das Problem, das Sie seit längerer Zeit belastet, ist gelöst. Da Sie geschlafen haben, wissen Sie nicht, dass dieses Wunder geschehen ist. Was wird Ihrer Meinung nach morgen früh das erste kleine Anzeichen sein, welches Sie darauf hinweist, dass sich etwas verändert hat?“ So formulierten Steve de Shazer und Insoo Kim Berg ihre legendäre Wunderfrage.[22] Milton H. Erickson nannte dieses Verfahren Pseudoorientierung in der Zeit.[23] Wir spielen durch, wie es wäre, hätten wir ein Ziel bereits erreicht. Schon diese Rückkopplung gibt einen Einblick auf unsere Gefühlslage beim Überschreiten der Ziellinie.

- Wie werden wir uns fühlen?
- War das Ziel den Einsatz wert?

Anvisierte Ziele haben auf unsere Absichten und Handlungen eine enorm stabilisierende und motivierende Wirkung, denn wir fokussieren uns auf den Moment des Erreichens. Aber dann? Als Boris Becker am 27. Januar 1991 auf Platz 1 der Weltrangliste der Tennisspieler kletterte, erlebte er wie Viele die Zeit nach dem Jubel als Ernüchterung. All das, wofür er jahrelang trainiert, gekämpft und geackert hatte, war mit einem Mal erreicht. In diesem Moment hatte sich sein Lebenstraum verwirklich – aber das Ziel war weg. Und jetzt? Was kann noch kommen, wenn ich der beste Tennisspieler der Welt geworden bin? Kein Wunder, dass sich in Momenten wie diesen ein schwarzes Loch vor einem auftut. Die Koordinaten und der bisherige Kurs haben sich in Wohlgefallen aufgelöst.

2.7 Angst vs. Gestaltungskraft – die Stunde der Wahrheit ist da

Bleiben wir offen, weiten wir unsere Fernsicht, wenn wir ein Ziel ins Visier nehmen. Betrachten wir das Erreichte als Sprungbrett für das nächste Ziel. Wie leicht verlieren wir die Orientierung und sehen den Wald vor lauter Bäumen nicht mehr. Nicht ohne Grund lautet ein berühmter Satz des Euripides: „Des Zufalls Wege sind uns unbekannt, sie zu berechnen, lehrt uns keine Kunst.“[24] Werden wir frei und offen zu erkennen, was uns zufällt. Wir tun gut daran, in unserem Leben Planen und Improvisation zu mischen. Mehr und mehr zählen das situative und beherzte, aber durchdachte Vorgehen. „Doch der den Augenblick ergreift, das ist der rechte Mann“[25]. Ohne Goethes Faust geht es nicht.

Wer den Knast verlässt und gleich vom Ferrari träumt, ist ein Traumtänzer und auf dem Weg zur Edelkarosse meist schnell wieder hinter Gittern.

Wir tun gut daran, uns neuen Themenfeldern mit deutscher Gründlichkeit zu nähern. Ja, das kann dauern. Meister fallen nicht vom Himmel, Großes entsteht durch viel Gedankenarbeit und harte Körperarbeit. Das Fundament dazu sind eine solide Ausbildung, Neugier, Lernbereitschaft und die Ausdauer für die Extrameile. Egal, ob es dabei um Fragen der Philosophie, Kreativität, des Gemeinwesens oder Unternehmertums geht. Gehen wir in die Tiefe, erschließen sich uns die Dinge in größerer Bandbreite. Hier schlummern die Wurzeln für Erfolg und Entwicklung. Wer lernt, wie der Aktienmarkt funktioniert, wie damit systematisch Geld verdient werden kann, legt Cent für Cent die Grundlage für langfristigen, nachhaltigen Erfolg. Das erste Ziel: Aus einem investierten Euro einen zweiten zu erwirtschaften, aus diesem einen dritten und so weiter. Kluge Menschen denken als Investoren. Sie lassen die Masse edle Pkw fahren und kaufen die Anteile des jeweiligen Herstellers. So funktionieren Erfolgsgeschichten. Die entscheidenden Faktoren sind Ausdauer, Realismus, Geduld und die Bereitschaft zu lernen. Trotzdem wachsen die Bäume nicht in den Himmel. Machen wir uns nichts vor: Renditen von 25 Prozent und mehr pro Jahr gibt es nur in den Branchen des organisierten Verbrechens: Waffenhandel, Drogenhandel, Menschenhandel, Prostitution. In diesen „Gewerken" waren die meisten Knackis zu Hause. Wer aus tiefer Überzeugung dieses Gefängnis der Gewohnheiten verlassen will, sollte bereit sein, zunächst bescheidenere Ziele zu wählen. Auch wenn es eine längere Ochsentour werden kann. Ausdauer ist die Tugend der Erfolgreichen.

Viele Menschen brennen vor Energie und Leidenschaft für ihre Ziele. Ihr Beharren im Scheitern hat andere Ursachen. Es sind ihre inneren Knoten und Befindlichkeiten, die sie daran hindern, die Pflöcke für ein Gelingen einzuschlagen. Ängste und anerzogene, gewohnte Verhaltensweisen vereiteln den Aufbruch und den Ausbruch aus dem Hamsterrad des „Das haben wir schon immer so gemacht!". So ist Misserfolg hausgemacht und beinahe vorprogrammiert. Dieses Verhalten bremst den Multimillionär wie den Bettler. Es ist die pure Angst. Angst, die sich wie eine Fessel um Herz und Gliedmaßen legt. Aus panischer Angst, einen Fehler zu machen, sich zu blamieren, nicht gemocht zu werden oder andere zu enttäuschen, fahren wir weiter auf der Einbahnstraße unserer Gewohnheiten. Wir zweifeln und zögern, weil wir uns von anderen Meinungen abhängig machen. Also glauben wir, der Aufgabe nicht gewachsen zu sein. Das Herz schrumpft langsam in sich zusammen, die Fingerkuppen prickeln, wie wenn Nadelstiche in sie eindringen, und der Schweiß bricht aus den Poren. Angst hat viele Gesichter. Sie ist wie das Bremspedal auf unserem Tatendrang, sie blockiert den Mut und bringt uns um unsere Erfolgschancen, derweil unser Herz auf Hochtouren läuft.

Diese eben beschriebene innere Bremse zieht sich wie ein roter Faden durch viele Gesellschaftsschichten. Als Dozent arbeite ich mit Menschen, die wieder im Berufsleben Fuß fassen wollen. Für diese Aufgabe brauchen die Betroffenen Ausdauer. Was bei vielen Kursteilnehmern im ersten Moment wie Trägheit und Desinteresse aussieht, entpuppt sich bei genauer Analyse als lähmende, panische Angst. Wer jahrelang eine Absage nach der anderen bekam, dem fällt es schwer, sich aufzuraffen und nach der 120. Bewerbung die 121. zu schreiben. Diese innere Panik lässt sich weiter steigern: Oft schlage ich den Teilnehmern vor, direkt bei einem Unternehmen anzurufen und mit dem entsprechenden Ansprechpartner zu sprechen. Die Betroffenen kommentieren dies mit Aussagen wie: „Ich doch nicht! Das kann ich nicht! Das wird eh nichts!" Der Gedanke an ein mögliches Gelingen hat sich in Luft aufgelöst.

Ein anderes Beispiel aus meiner Praxis ist ein hochintelligenter und gutaussehender Mann aus bestem Hause. Mit seiner stattlichen Erscheinung und seinem Auftreten zieht er alle Blicke auf sich und könnte einen Raum füllen. Wäre da nicht seine panische Angst, coram publico – vor aller Welt – sprechen zu müssen. Befinden sich mehr als drei Personen in einem Raum, bekommt er keinen geraden Satz mehr heraus. Er ist auf der Uni kurz vor dem Ziel, doch für das Examen wird mündlich geprüft. Das lässt ihn nachts nicht schlafen. Allein der Gedanke, vor Menschen sprechen zu müssen, treibt ihm die Tränen in die Augen.

So kam er zu mir. Die Herausforderung bestand darin, die in ihm längst vorhandenen Talente und Fähigkeiten zu reaktivieren. Unter vier Augen brillierte der junge Mann mit einer gewaltigen rhetorischen Überzeugungskraft. Ziel war, wieder in einem dynamisch fließenden Vortrag vor einer größeren Menschenmenge zu sprechen. Um Entwicklung und Veränderung in seine bestehende Gedankenwelt zu bringen, mussten Unterschiede in seine aktuelle Vorstellungswelt eingeführt werden. Natürlich konnte er überzeugend reden, leidenschaftlich vortragen, allein der Gedanke, es nicht zu können, ließ ihn stottern und den Faden verlieren. Unterschiede zu bilden, hängt oft mit winzigen Details zusammen. Allein die Aufforderung, bewusst zu stottern, lies ihn schmunzeln. Dann änderten wir die Reihenfolge seines Vortrages. Wir begannen mit den wertschätzenden und wohlwollenden Kommentaren der Prüfer – so, als sei das Examen gut gelaufen. Wieder lächelte der Prüfling. „So, jetzt können sie sich aufregen!", bei meinem Kommentar strahlte er weiter.

Am Schlüsselbund meines Klienten baumelte ein Mainzelmännchen. Lange musste es sich dort befunden haben, denn die Jahre hatten dem putzigen Kerlchen alle Farbe genommen. Trotzdem war seine positive Ausstrahlung ungebrochen. Obwohl an zahlreiche Schlüssel gekettet, grinste es mich dauernd an. Mein Klient bemerkte meinen Blick. „Ja, die Mainzelmännchen … Schon als ich klein war, fand ich die toll. Unsere Eltern konnten meine Schwester und mich kaum vom Fernseher wegzerren, wenn die Mainzelmännchen über die Mattscheibe tobten." Ein Lächeln huschte über sein Gesicht. Die Trübnis der vorherigen Situation war verflogen. Da kam mir eine Idee: Ich empfahl meinem Klienten, sich im Moment der Prüfung, zwei dieser kugeligen Werbefiguren über jedem Prüfenden vorzustellen. Schritt für Schritt verlor er seine Angst, fasste Mut, die Grenzen seiner Vorstellung zu überschreiten.

Wir spielten das mündliche Examen Stück für Stück durch. Zunächst stieg der Angstpegel des Prüflings deutlich an. Jeder Versuch, dagegen anzukämpfen, hätte den inneren Stress nur weiter gesteigert. Also ließ mein Mandant seine innere Angst kurz zu und nutzte diese Energie als Impuls, um ein paar Mainzelmännchen über jedem Prüfer erscheinen zu lassen. Dazu spulte er wieder und wieder seinen Satz aus dem Vorgespräch ab: „Meine Prüfung ist mir wichtiger als meine Angst, vor Publikum zu sprechen. Meine Prüfung ist mir wichtiger als meine Angst, vor Publikum zu sprechen." So fand sein Stress einen Weg abzufließen. Unter seiner zunächst schweißnassen Stirn begannen die Augen plötzlich zu strahlen. „Ich stelle mir gerade vor, wie aus zwei Mainzelmännchen eine Tanzgruppe wird, wie sie mit ihren quietschende Stimmen abwechselnd ‚Hm, guck mal, in Farbe.' und ‚Guten Abend!' zum Besten geben." Mein Klient brach in schallendes Gelächter aus. Wieder und wieder übten wir dieses reflexartige Umschalten bis es meinem Klienten in Fleisch und Blut übergegangen war.

Seine Prüfung war ein voller Erfolg. Sämtliche Angstanflüge wurden zieldienlich ins Positive umgewandelt. Bei jeder Panikattacke erklangen die Mainzelmännchen im Chor „Hm, guck mal, in Farbe." In einer Situation hätte der Präsentierende fast einen Lachkrampf bekommen, doch das Schwungrad der Mainzelmännchen katapultierte ihn wieder zurück in den Ernst seiner Prüfung. Längst ist mein Mandant erfolgreich ins Berufsleben gestartet, spielt seine blonden Siegfriedslocken und hünenhafte Gestalt bei jeder Präsentation aus – dazu lässt er die Mainzelmännchen tanzen.

Angst ist meist ein Stellvertreter. Kein Lehrer, Ausbilder, Vorgesetzter, Partner und keine Politiker, denen wir die Schuld in die Schuhe schieben können. Nicht die Umstände, Systeme, Zeiten, Verhältnisse hemmen uns – wir tun es selbst. Beliebte Ausreden und Opferrollen lösen sich auf, wenn wir erkennen, dass wir selbst die Regisseure unseres Lebens sind. Meist türmen sich Hindernisse auf, die den beklemmenden Eindruck der Unüberwindbarkeit vermitteln. Die Frage ist, ob wir auf Kurs bleiben oder ob diese Barrieren es schaffen, uns in die Knie zu zwingen? – Das schreibt sich hier leicht nieder. Aber es umzusetzen ist schwer, sehr schwer, damit kein Missverständnis aufkommt. Wer bereit ist, seine Barrieren anzugreifen und ihren Ursprung zu ergründen, muss wissen, wo er steht, von wo er startet und wo sein Ziel liegt. Ohne diese drei Eckpunkte geht es nicht. Sollte er mit seinem Lebensschiff ins Schlingern kommen[26], erfährt er, wo Instabilitäten das Fortkommen blockieren, wo sogar die Gefahr des Kenterns aufkommen kann, wo er Stabilisatoren einbauen muss. Aber dann wird er belohnt, indem er Gestaltungskraft und Handlungskompetenz zurückgewinnt und gewünschte Alternativen zum Bestehenden findet. Niemand geht mit einem 20-Kilo-Rucksack an den Start eines 100-Meter-Laufs oder springt mit einer Bleiweste zum Schwimmen ins Wasser. Erkennen wir die Fesseln unserer Vergangenheit, akzeptieren wir unseren individuellen seelischen Ballast. Je eher wir lernen, damit umzugehen, desto besser können wir ihn Schritt für Schritt auflösen.

2.8 Henry Nannen: „Bis wir aus Scheiße Funken schlagen"

Wer bis zum Hals im Morast der Widrigkeiten versinkt, der ist schnell blind für Freiheit, Entwicklungsmöglichkeiten und Chancen. Wir können uns in diesen Momenten nicht wie Baron Münchhausen am eigenen Schopf aus dem Sumpf ziehen – das geht nur in den Erzählungen des berühmten Lügenbarons. Und doch bestätigt uns jeder Gärtner: Im Misthaufen steckt das Potential für die Zukunft. „Was stinkt, düngt!", pflegte mein Vater im heimischen Kleingarten zu sagen. Damals haben wir noch Pferdeäpfel aufgesammelt, in Wasser eingeweicht und unsere Tomatenpflanzen damit begossen. Nie waren die Tomaten so lecker wie damals – gewaschen natürlich. Selbst die Alchemie bestätigt: In der fauligen Gärung des verflüssigten Abgestorbenen schlummert der Stickstoff, ohne den keine Pflanze wachsen und gedeihen kann. „Stern"-Grande Henri Nannen pflegte es umgangssprachlich, kolportiert von Insidern aus der Redaktion, so zu beschreiben: „Wir müssen lernen, aus Scheiße Funken zu schlagen!"[27]

Erfolg baut sich in Schichten von innen nach außen auf. Unser Leben ist vergleichbar mit einem Baumstamm, dessen Ringe vom Zentrum, der Markröhre, nach außen immer größer werden. Unsere entscheidenden Themen schlummern im Kern, von dort entwickeln sie sich in Richtung Wohl oder Wehe. Eine mächtige Eiche trotzt den Stürmen der Zeit. Bayerisch markant formulierte es Franz Josef Strauß: „Was kümmert eine Eiche, wenn sich eine Sau dran schrubbt!". Doch wenn der Spaltpilz im Kernholz sitzt, fault der Baum, langsam aber stetig, von innen nach außen durch. Eines Tages bricht die Eiche zusammen, sogar bei Windstille und Sonnenschein. Über Jahrzehnte weichte die Stammfäule auch die kräftigste Substanz vom Zentrum aus auf und ließ sie vermodern. Äußerlich scheint alles in Ordnung, solange, bis der Baum zusammenbricht. Das entspricht dem Phänomen unserer Zeit. Der Schein wird gewahrt, die Fassade perfekt poliert – doch wie's da drinnen aussieht, geht niemanden etwas an.

2.9 Das Geheimnis unserer drei Gehirne

Um zu verstehen, warum Menschen so reagieren, hilft ein Blick in unser Gehirn. Dieser Haufen von Billionen kleiner grauer Zellen wird von Neurologen als die vielleicht faszinierendste Entwicklung der Evolution bezeichnet. Äußerlich sieht unsere Denkmasse wie eine Einheit aus. In Wirklichkeit aber besteht sie aus drei Gehirnen: Stammhirn, Mittelhirn und Großhirn.[28, 29] Stamm- und Mittelgehirn sind entwicklungsgeschichtlich wesentlich älter als das Großhirn. Dies zeigt ein Längsschnitt durch das Denkorgan, der zu einer Zeitreise in die Entwicklungsstufen unseres Seins einlädt. Unser Gehirn hat sich von innen bis in die Großhirnrinde nach außen entwickelt. Als Teil der Evolution tragen wir diese Historie in uns.

Aus dem Stammbaum der Primaten hat sich unsere Art auf wundersame Weise herauskristallisiert. Vor zwei Millionen Jahren schlugen unsere Vorfahren in Ostafrika Steine gegeneinander und formten so den Faustkeil. Heute fliegen wir zum Mond und schießen Forschungssonden aus dem Sonnensystem in die Tiefen des Weltalls. Und doch stecken das Tier und unsere aufrecht gehenden Ahnen noch tief in uns, sie bilden das Fundament, auf welchem Geistesgrößen wie Pythagoras, Konfuzius, Archimedes, Leonardo da Vinci, Galileo Galilei, Kant oder Beethoven Funken schlagen konnten. Wenn heute ein Mensch, meinetwegen ein Vorgesetzter, sehr wütend ist, können uns seine Gesichtszüge durchaus wie die eines wütenden Affen erscheinen. Wenn sich alle untereinander streiten, sprechen wir vom Affenzirkus.

Lange bevor der Mensch sich zum intelligenten, bewusst handelnden Wesen entwickelte, wurde das Leben der Urhorde noch durch Instinkte gesichert, wie sie den Tieren, aber schon nicht mehr vollständig den Primaten, unseren nächsten Verwandten, eigen sind. Diese Instinkte sitzen im Stamm- und Mittelhirn. Neurologen bezeichnen das Stammhirn, das über dem Atlas im Hinterkopf seinen Platz hat, auch als Reptilienhirn.[30] Es ist für die vitalen Lebensfunktionen, wie Atmen, Verdauen und Herzschlag zuständig, also für alles, was unwillkürlich ohne unsere Kontrolle abläuft. Das Mittelhirn oder Limbische System im Zentrum des Schädels wird auch als das frühe Säugetiergehirn bezeichnet. Dort geht es nicht um rationales Denken, hier wird aus dem Moment des Erlebens situativ gehandelt. Gleichzeitig kommunizieren Stamm- und Mittelhirn miteinander, jedoch nicht über Sprache, denn diese entstand erst später zusammen mit der

Entwicklung des Großhirns, dem Sitz der Intelligenz, sondern über Bilder und Gerüche. Beide sind das Zentrum unseres Episodengedächtnisses.[31] Jede erlebte Situation mit all ihren Gefühlen und Emotionen ist im Limbischen System gespeichert. Klassisches Beispiel: An den ersten Kuss in all seinen Einzelheiten erinnert sich jeder. Zu jedem emotionalen Erlebnis – im Guten wie im Schlechten – gehört eine Erinnerung, die uns blitzschnell in den Zustand des damaligen Erlebens zurückkatapultiert. Zeit ihres Lebens konnte sich meine Mutter an den Geruch abgefeuerter Flakgranaten erinnern, der in der Luft lag, wenn sie als Kind nach dem Bombenhagel den Luftschutzbunker verlassen konnte.

Das Erlebte lässt sich nicht willentlich kontrollieren. Es feuert aus dem Augenblick heraus und aktiviert Netzwerke im Gehirn, die uns überwältigen, lähmen und verzweifeln lassen können. Wir sind ihm aber letztlich nicht ausgeliefert. Dieses emotionale Feuern des limbischen Systems können wir für uns nutzbar machen. Füttern wir diesen Teil unseres Seins mit Bildern unserer Geistesblitze, dem Glück der Kreativität, mit unserer Konzentration, mit Gefühlen der Liebe und der Freundschaft, der Gelassenheit und des Erfolgs. Höchste Zeit zu lernen, wie wir diese Abläufe für unser Gelingen im Leben einsetzen können.

Diese Struktur unseres Gehirns sorgt bis heute dafür, dass wir in brenzligen Situationen nicht denken, sondern handeln, ohne nachzudenken. So wie damals in den rauen Tagen der Steinzeit: Mittagshitze, unbarmherzig brennt die Sonne vom wolkenlosen Himmel Afrikas. Es liegt eine verdächtige Lautlosigkeit über der Savanne – es ist still, zu still. So ruhig, dass es den anwesenden Lebewesen fast spürbaren Schmerz bereitet. Die Nerven sind bis zum Äußersten gespannt. Das Unterbewusstsein feuert Salven von Adrenalin in den Körper: Vorsicht, Achtung, Aufgepasst! Alle Antennen der Wahrnehmung sind ausgefahren – Sehen, Riechen, Hören, Schmecken, Fühlen und vor allem die Sensoren der intuitiven Wahrnehmung, die vielleicht wieder einmal über Leben oder Tod entscheiden. Diese Instinkte sind mächtige Riesen. Plötzlich ist die Gefahr greifbar. Die Ungewissheit materialisiert sich. Ein trockener Zweig knackt verdächtig im Gebüsch und verrät den nahenden Löwen. Die grasfressenden Huftiere ergreifen instinktiv die Flucht. Die Stärksten unter ihnen richten sich mit ihrem Gehörn gegen den Angreifer. Er muss vorsichtig sein, bremst seinen Lauf. Das verschafft der Herde den rettenden Vorteil zum Überleben: Kampf, Flucht oder Totstellen. Damals schon haben die Vorläufer von Antilopen, Gnus und Zebras Kampf und Flucht zur Abwehr genutzt. Die Hominiden der Frühzeit sind gewarnt und werden genau diese Überlebensstrategien anwenden. Sie kämpfen, vermutlich mit Speer oder Pfeil und Bogen. Fliehen hat wenig Sinn, denn sie sind längst nicht so schnell wie die Huftiere. Da sie noch viel Primatenblut in den Adern haben, werden sie vermutlich auf die Bäume geklettert sein, wohin die Löwen ihnen nicht folgen konnten. Darüber haben sie nicht nachgedacht. Sie haben instinktiv gehandelt.

Was unsere Vorfahren überleben ließ, ermöglichte die Entwicklung zum Homo sapiens, der heute als Mensch des Denkens die Welt mit dem Verstand in den Griff zu bekommen versucht und es darin zu so großer Meisterschaft gebracht hat, dass er die ganze Welt dominiert. Doch ohne dass wir es wollen, aktiviert unser Unterbewusstsein in kritischen Momenten jenes Dreigestirn der Handlungsmuster, das in der Geschichte der Menschen so erfolgreich gewesen ist. Das spiegelt sich auch in Redewendungen wider: „Angriff ist die beste Verteidigung", „Ich hätte mich am liebsten in Luft aufgelöst" oder „ Ich wäre am liebsten im Erdboden versunken". Das Erstarren vor einem übermächtigen Problem ist nichts anderes als der Versuch, sich glaubhaft tot zu stellen in der Hoffnung, damit einer unangenehmen Situation zu entgehen.

Zermürbend wird es, wenn daraus ein Dauerzustand wird. Unser Unterbewusstsein, Stamm- und Mittelhirn müssen sich dann ständig unter Volllast im Modus Kampf, Flucht oder Totstellen drehen. In der Savanne sind die Momente der Bedrohung intensiv, aber kurz. Wenn der Hominide der Vorzeit bei einem Raubtierangriff nicht umkam, war er, weil er sich auf den Baum retten konnte, um wertvolle Erfahrungen reicher und lernte, sich besser zu schützen. Heute zeigen Filme über die afrikanische Tierwelt immer wieder die Jagd von Raubtieren nach Beute. Nach einer wilden Verfolgungsjagd, die dem Jäger und dem gejagten Tier ein Höchstmaß an Kraft abgerungen hat, stehen beide Tiere häufig nur wenige Meter keuchend nebeneinander. Beide haben sich für den Augenblick so verausgabt, dass kein weiterer Schritt möglich ist. War der Gepard, die schnellste Katze der Welt, bei einem Angriff erfolglos, bleibt ihm nichts als das Nachsehen, eine Zeit der Erholung und ein neuer Versuch. Die Natur hat nicht vorgesehen, dass ein kritischer, überlebenswichtiger Moment sich über Wochen, Monate oder Jahre hinzieht. Allein der Mensch setzt sich über diese Gesetzmäßigkeit hinweg und scheint das von sich wie der Vorgesetzte von seinen Untergebenen zu erwarten. Das führt in eine so große ständige Überforderung, dass sie den Betroffenen innerlich immer lauter schreien lässt im Wunsch nach Ausbruch aus seiner Lage. Viele Menschen verlieren dadurch den Blick für ihre Entwicklungsmöglichkeiten und geben auf. Im Extremfall – das ist ein weltweit zu beobachtendes Phänomen wie etwa in Japan oder Indien – ist der Sprung vom Dach, vor den Zug oder der Griff zum Strick nichts anderes als Selbstaufgabe im Zustand der Ausweglosigkeit und Erschöpfung.

Wenn unser Körper auf diese archaischen Handlungsmuster umschaltet, ist jedes Zwiegespräch mit dem Verstand sinnlos. Wer kämpft, flüchtet oder sich totstellt, wird in diesen kritischen Momenten schlicht dümmer.

Geht es um Leben oder Tod, sind komplizierte Gedankengänge unmöglich bis geradezu gefährlich. Sinnhaft Rationales ist dann von uns nicht zu erwarten. Jeder, der Verantwortung trägt, ob als Firmenchef oder Lebensunternehmer, sollte dies wissen. Wenn wir elementar wichtige Entscheidungen für unseren Lebensweg oder ein Unternehmen treffen wollen, während wir im Modus Kampf, Flucht oder Totstellen agieren, dann ist das Ergebnis im besten Fall unzulänglich, im schlechteren Fall untauglich. So werden irrationale Handlungen erklärbar. Wer das Heft des Handelns in der Hand haben und gleichzeitig kämpfen oder flüchten will, muss vor allem aus diesem Zustand herausgeholt werden.

Als Illustration des Beschriebenen hier ein plastisches Beispiel: Eben noch strotzen Sie vor Kraft und Energie, das Universum und Sie schwingen im Gleichklang. Sie könnten die Welt aus den Angeln heben und sich selbst zu Füßen legen. Glückliches Gelingen bildet das Hintergrundrauschen für diesen seligen Moment. Dann klingelt das Telefon und in der Leitung ist Ihr Geschäftsfreund, dem Sie eine größere Summe Geld schulden, die Sie ihm jetzt aber nicht bezahlen können. In wenigen Sekunden hat sich Ihr kraftstrotzendes Ego aufgelöst und Sie fühlen sich wie der Siebenjährige, der damals beim Äpfelklauen erwischt worden war. Die Schmach des Erwischt-Worden-Seins sitzt noch immer in Ihren Synapsen. In Ihrer Phantasie sahen Sie damals schon den Bauern, dem die Äpfel gehörten, in der Scheune mit dem Hackebeil ... Die alte Angst vor Strafe kriecht wieder Ihren Rücken hoch und macht Sie kleiner und kleiner. Die Erinnerung an diese Angst überwältigt Sie unerwartet und mit Macht. Sie können sie vielleicht nicht identifizieren und verbinden sie stattdessen mit der jetzigen unangenehmen Auseinandersetzung. Doch in diesem Augenblick sind Sie der Siebenjährige und ganz klein. Das ist gefährlich. Denn wer sich wie dieser Siebenjährige fühlt und in solchem Ausnahmezustand wichtige Entscheidungen für sein Leben oder die Firma, zu treffen hat – das geht schief! Das kann nur zu Fehlentscheidungen führen. Also müssen wir wissen, was in solchen Situationen in unserem Inneren geschieht, damit wir nicht Gefahr laufen, Irrwege zu gehen.

2.10 Unterbrustweiten im Kleinwalsertal

Wie betriebsblind uns ein derartiger Tunnelblick werden lassen kann, zeigt die Geschichte jenes Unternehmers, der mit dem brennenden Wunsch zu mir kam, seine Ehe zu retten. Im Strom täglicher Routinen und Sachzwänge hatte er seine Ehefrau vollkommen aus dem Auge verloren. Motto: Meine Frau ist die, die immer da ist und bleibt:

„Sie wurden mir empfohlen. Wir müssen meine Frau wieder einfangen, die hat die Scheidung eingereicht." Mit diesem Satz eröffnete er das

Gespräch. Obwohl schon einige Jahre her, ist dieses Mandat bis heute ein anschauliches Beispiel dafür, wie sehr sich Wahrheit und Vorstellung, Ursachen und Auswirkungen vermischen und zu gefährlicher Eigendynamik aufschaukeln können. „Meine Frau und ich sind gleichberechtigte Gesellschafter unserer Firma. Eine Trennung können wir uns nicht leisten. Zeigen Sie mir, wie ich aus diesem Schlamassel wieder rauskomme." Die Vorgaben und Wünsche meines Mandanten waren unmissverständlich.

Das war geschehen: Eines Abends fand der Unternehmer beim Nachhause-Kommen auf dem Küchentisch einen Brief seiner Ehefrau, in dem sie ihm mitteilte, sie sei ausgezogen und wolle die Scheidung einreichen. Der Ehemann fiel sprachlos und gelähmt aus allen Wolken. Eigentlich, so berichtete er bei unserem ersten Treffen, sei in der ganzen Zeit ihrer bislang zwanzigjährigen Ehe „alles in Ordnung" gewesen. Klar hätte seine Frau ab und an mächtig Streit vom Zaun gebrochen und genervt. Dem hätte er aber keine große Bedeutung beigemessen und das Ganze als Getue ignoriert. In jeder Partnerschaft gibt es Situationen wie diese. Die Ehefrau nörgelt, der Ehemann stellt die Ohren auf Durchzug. Der klassische Männerkommentar „Ja, ja" zeigt, dass die Botschaft der Frau wirkungslos an ihm abprallt – linkes Ohr rein, rechtes Ohr raus. Eines Tages wird klar, dass ein Weiterkommen so nicht möglich ist – die Stunde der Trennung ist da. Für den Mann beginnt eine neue Zeit, die Phase des Aufwachens und der erweiterten Bewusstseinsbildung, oft leider zu spät. Hätte ich die Ehefrau angerufen mit einem „es sei doch alles in Ordnung" gewesen, wie mein Mandant es wollte, wäre wahrscheinlich mein Handy ob ihres aufgestauten Zorns explodiert. Das konnte er nachvollziehen und begann zu erzählen. Ich griff zum Block und schrieb auf: Mein Mandant hatte seine Frau behandelt wie ein Stück Firmeninventar. Jetzt war er aufgewacht.

„Wege können sich trennen. Sie einigen sich mit Ihrer Frau und finden einen Weg." Sein Kommentar auf meine Vorschläge war ein wiederholtes, vehementes „Das geht nicht!". Mir wurde klar, dass noch längst nicht alle Karten auf dem Tisch lagen, dass noch etwas unausgesprochen war. In der Tat. Nach einem erneuten „Wir müssen meine Frau wieder einfangen!" kam das Zentrum des Problems ans Licht „Sie ist die Einzige, die außer mir von unseren Schwarzgeldkonten im Kleinwalsertal weiß." Das also war des Pudels Kern. Schweigen breitete sich im Raum aus. Mein Mandant und ich wussten, es bedurfte nur eines Telefonanrufs seiner Frau beim Finanzamt. Als geschäftsführender Gesellschafter hätte er in diesem Fall mit beiden Beinen praktisch im Knast gesessen. Er sah ein, dass nur eine aufrichtige Arbeit und Entwicklung am Problem, nicht am Symptom, die drohende Katastrophe würde abwenden können. Gefordert waren Geduld, Offenheit und Achtsamkeit. Die Zeit der Läuterung und Einsicht war angebrochen. Nur mit extremem Feingefühl würde es gelingen, die Ehefrau von einer

Trennung abzuhalten. Sie „einzufangen" war der falsche Weg. Ähnlich unpassend waren die Vorstellungen, mit denen der verzweifelte Ehemann sein nachhaltiges Überzeugungsprogramm zunächst starten wollte:

40 Rosen?	Da können sie gleich ein Geständnis ablegen!
Schmuck?	Glauben sie, dass, ihre Frau sich kaufen lässt?
Urlaub auf Bali?	Glauben sie, dass ihre Frau mitkommt?
	Ja, was dann?
Paargespräche?	Das klingt schon besser.
Achtsamkeit?	Das setzt allerdings Wissen und Kenntnis voraus.

Meine Frage „Wie gut kennen sie ihre Frau, was wissen sie von ihr?" beantwortete er ausweichend: „Na, ja, sie ist meine Frau". Das war mir zu wenig. Es entspann sich das folgende, verhörartige Gespräch:

Die Augenfarbe ihrer Frau?	Äh, blau
Schuhgröße?	Ja, also…
Wie groß ist ihre Frau?	Einen halben Kopf kleiner als ich…
Lieblingsbuch?	Fehlanzeige
Lieblingsessen?	Fehlanzeige
Lieblingsfarbe?	Rot – mehr geraten als gewusst.
Lieblingsfilm?	Fehlanzeige
Lieblingsschauspieler?	Fehlanzeige
Lieblingsmusik?	Fehlanzeige
Lieblingsschauspielerin?	Fehlanzeige
Gewicht?	Äh, na ja
Geburtstag?	Gewusst
Hochzeitstag?	Gewusst
Konfektionsgröße	Ja, also…

Von diesem Punkt aus ging das Gespräch in die nächste spannende Phase. Der Ehemann, täglich als Ingenieur mit Zahlen und Maßen vertraut, musste Farbe bekennen.

Die Maße ihrer Frau?	Ja, ist nach den Kindern etwas mehr geworden…
Körbchengröße?	Also…
Unterbrustweite?	Das ist die Höhe, woher soll ich das denn wissen?

Hier begann ich mit einer Entschuldigung zurückzurudern. Doch nur, um ihn weiter aufs glatte Eis zu locken.

Ihre Felgen?	19 Zoll, Niederquerschnitt, Leichtmetall – warum?

Den Ehemann durchfuhr es wie ein Blitz aus heiterem Himmel. Er kannte die Felgengröße seines Autos genau, wäre aber nicht in der Lage gewesen, seiner Ehefrau einen BH zu kaufen – als Ingenieur, der täglich mit Maßen, Volumen und Abständen zu tun hat. Er war stumm vor Verlegenheit. „Würden sie ihre Frau auf offener Straße wiedererkennen?" „Natürlich", fauchte er wie ein in die Enge getriebener Eber. „Wie denn? Sie wissen ja so gut wie nichts von ihr!" Das war ein Schuss ins Schwarze. Wer im Blindflug aneinander vorbeilebt, darf sich nicht wundern, wenn jemand aus diesem Knast ausbrechen will.

Die kommenden Wochen und Monate waren für den reuigen Ehemann schweres Gelände. Geduld und Demut war er nicht gewohnt. Das musste er sich abringen. Ich verordnete ihm, dass er seine Frau regelmäßig zum abendlichen Spaziergang einladen sollte. Anfassen, gar küssen oder Blumen waren verboten. Es galt, das Zuhören wieder zu lernen. Ich weiß, dass den Männern unter meinen Lesern sich jetzt die Fußnägel aufrollen werden. Zuhören ist die Königsdisziplin auf dem Weg zum Herzen einer Frau – egal, ob wir sie erobern oder zurückerobern wollen. Vergesst die Definition der Abseitsfalle – lernt zuhören! Und die Frau des Unternehmers war ein besonders hartnäckiger Fall. Lange, sehr lange ließ sie ihren Mann zappeln. Der hielt seine Zeit der Läuterung wegen seiner Sorge vor dem drohenden Anruf ans Finanzamt durch. Gleichzeitig, Frauen sind auch nur Menschen, genoss seine Gattin die ungeahnte Aufmerksamkeit ihres Mannes in vollen Zügen. Er hatte mittlerweile alle Daten, Maße und Fakten seiner Frau im Kopf und spielte dieses Wissen mit immer größerer Sicherheit aus. All dem zum Trotz war der Ausgang der Wiedervereinigung vollkommen offen. Frau, du unbekanntes Wesen; sie hielt sich, innerlich schmunzelnd und über ihren Mann staunend, sehr zurück. Allmählich jedoch schmolz ihr Widerstand wie Schnee in der Märzensonne. Heute sind die Konten im Kleinwalsertal aufgelöst, die Steuern bezahlt und beide wieder glücklich vereint. Der Ehemann hat seine Lektion zum Thema Achtsamkeit gelernt. Ein Rückfall in alte Verhaltensmuster ist unwahrscheinlich.

2.11 Wir leben unser Leben in wachsenden Ringen

In einem Familienbetrieb wie dem des oben beschriebenen Paares sitzen die Probleme manchmal neben den Inhabern des Unternehmens mit am Tisch. Ihre Wurzeln haben sie aber immer in der Familie, die in dieser Firma entscheidet. Dies zeigt ein Blick in die Betriebe. Da zieht der Neffe gegen den Onkel vor Gericht, liegen Mutter und Sohn gegen Tochter und Vater über Kreuz. Ob Aldi, Tönnies, Dr. Oetker oder Müller, wem der Kampf im Wettbewerb nicht reicht, der bekämpft sich im Familienunternehmen.[32] Wie hoch die Schäden dieser Selbstbeschädigung sind, lässt sich nicht abschätzen. Leidenschaftlich wird juristisch aufeinander eingeschlagen, aufgehetzt von honorargierigen Advokaten, angetrieben vom Wahn, die Gegenseite besiegen zu können. Was für ein Trugschluss: Vor Gericht erhalten die Streithähne in der Regel ein Urteil, das erfahrungsgemäß wenig mit der jeweiligen Ausgangslage zu tun hat. Meist wird dann die zweite Runde vor Gericht eingeläutet. Der Unterlegene wetzt die Messer zur Revanche gegen den Gewinner. So werden Eskalationsstufen entfesselt, ein nicht enden wollender Teufelskreis aus Schlag und Gegenschlag. Leidenschaftlich wird bis zur letzten argumentativen Patrone gekämpft; Ursachen und Hintergründe werden völlig ausgeblendet. Wer will schon an die Wurzeln gehen, dorthin, wo sich die Dinge ändern und entwickeln ließen? Das erfordert schließlich Mut und Bereitschaft zur Selbsterkenntnis, der den Kontrahenten leider so häufig fehlt.

Als Wirtschaftsmediator bin ich immer wieder erstaunt bis entsetzt, welche verborgenen und winzigen Details der Zündfunke für jahre- und jahrzehntelang schwelende Konflikte sein können. Je kleiner, desto gemeiner scheint es fast. In ihrem Streit eingekerkert, verharren die Betroffenen wie versteinert hinter den Gittern ihrer geistigen Gefängnisse und beharren auf einem irrationalen Standpunkt. Doch Wut macht blind. Blind dafür, dass die Tür in diesem Knast vielleicht nur angelehnt sein könnte, es sie vielleicht gar nicht gibt.

In einem Fall aus meiner Praxis versuchte ein Unternehmer einen Wettbewerber mit blindwütigem Hass zu vernichten. Sein Verhalten trug mehr und mehr irrationale Züge. Eines Tages stellte ich den Zornigen zur Rede und bekam eine überraschende Antwort: Er und sein Gegenspieler hatten sich im Alter von 20 Jahren in dieselbe Frau verliebt. Der Konkurrent war der Glückliche und hatte die große Liebe schließlich geheiratet. „Die Schmach dieser Niederlage werde ich ihm nie verzeihen“, tobte der leer Ausgegangene, inzwischen allerdings seit 18 Jahren ebenfalls glücklich, aber mit einer anderen verheiratet. In einer wochenlangen Mediation wurden ihm die Zusammenhänge seines Handels klar; er verfiel in langes Schweigen, an dessen Ende der Zwist dauerhaft aus der Welt geschafft werden konnte. So idealisiert wie mit 20 Jahren war die damals Angebetete längst nicht mehr. Sein Fazit: „Da habe ich nochmal Glück gehabt. Mit meiner Frau bin ich glücklich.“ Liebe macht Hass erst möglich.

Entwicklungsarbeit mit Menschen und Unternehmen gleicht einem Blick auf die Schnittfläche eines gefällten Baumes. Der saubere Sägeschnitt bringt das Innere ans Licht. Zwischen Früh- und Spätholz unterscheiden Botaniker und Waldbauern auch die Jahresringe. In ihnen steht die Geschichte der Pflanze geschrieben. Sichtbar sind sie deswegen, weil in unseren Breiten das Nährstoffangebot über die Jahreszeiten schwankt.

Im Frühjahr, in Zeiten des Überflusses, wenn Wasser, Licht, Luft und Nährstoffe reichhaltig vorhanden sind, schießen die Säfte in den Baum ein und er wächst schneller als im Herbst. Die Maserung im Holz wird dunkler und breiter. Schmal, fast gequetscht werden die Ringe durch Phasen der Trockenheit und des Nährstoffmangels wie bei uns im Herbst und Winter. In den Tropen herrscht ein konstantes Klima. Deswegen hat das Holz dort eine fast gleichmäßige Struktur. Den ersten Jahresring bildet die innerste Markröhre, die auch bei einer tausendjährigen Eiche aus dem ersten Keimblatt entstanden ist. Egal, wie mächtig sie uns heute erscheint, vor langer Zeit begann auch dieser Baum ganz klein und zart.

Auf uns Menschen bezogen sind die Ringe nicht nur Jahresringe, sondern ihnen kommt auch Bedeutungsqualität zu. Der innerste Ring ist der Kern unserer Persönlichkeit. Je gesünder er ist, desto widerstandsfähiger und besser können die anderen Ringe auf ihm aufbauen. Dieses Zentrum entscheidet über Gesundheit und Stärke oder Schwäche und Leiden. Beeinflusst wird es durch unsere genetische Konstitution und die Erfahrungen des Angenommenseins in unserer frühen Kindheit. Auf ihm bauen die Lebensjahre auf. Je mehr wir mit uns selbst im Reinen sind, desto stärker überträgt sich dieser Zustand nach außen und auf andere. Wer sich als Person dauernd infrage stellt, im emotionalen Mangel lebt oder aufgewachsen ist, dessen „Jahresringe" werden schmal und gedrückt. Mehr denn je wissen wir heute, wie sehr unsere eigenen Lebensumstände, auch die unserer Vorfahren, uns zum Segen oder zur Last werden können. Waren wir als Kind gewollt oder kamen wir als „Betriebsunfall" auf die Welt? Diese Begleitmusik bestimmt, welche Symphonien oder Songs wir auf unserem Lebensweg komponieren können.

Eine Klientin kam orientierungslos und seelisch zermürbt zu mir. Das Thema ihres Lebens war ihre Mutter. Die hatte sie nicht gewollt und zunächst abtreiben wollen. Nachdem sie ihr Kind zur Welt gebracht hatte, brachte sie sich kurze Zeit später um. Das sind Schicksale, die uns allein durch Zuhören tief erschüttern. Doch auch für so schwer beladene Menschen ist es möglich, die Kindheit und Gegenwart glücklich zu entwickeln. Die Schicksale unserer Kindheit und Vergangenheit müssen nicht zwangsläufig unser Heute bestimmen. Die Bedeutung, die wir ihnen gegeben haben, entspringt aus unseren eigenen Gefühlen und früheren Traumata. Diese Gefühle müssen aufgesucht und neu bewertet werden, dann haben wir die Chance, unsere Gegenwart und Zukunft unvoreingenommen und unbelastet zu gestalten.[33, 34] Auch in diesem Fall konnte ein schweres Schicksal positiv entwickelt werden. Es ist eine Frage des Mutes und der Bereitschaft, sich mit den Umständen und Hintergründen seiner frühen Jahre auseinanderzusetzen.

Weiter außen liegende „Jahresringe“ im Stamm des Lebens sind die Jahre der Partnerschaft. Wie wir sie begreifen, sagt viel über unsere zukünftigen Ziele aus. Die einen begnügen sich mit One-Night-Stands, manche bevorzugen offene Beziehungen oder Lebensabschnitts-Partnerschaften, die anderen hegen den Wunsch, mit ihrem Partner gemeinsam alt zu werden. Möglich ist Vieles. Der Einfluss unserer Partnerschaft auf uns ist gewaltig. Mit dem passenden Partner kann das Leben bis ins hohe Alter eine Quelle für Freude, Spaß und Segen sein. Ein Partner an unserer Seite, der nicht mit uns harmoniert, der immer nur nörgelt und unzufrieden ist, wird das Leben deutlich verkürzen – Magengeschwüre und Herzinfarkte inklusive. Wer über den falschen Partner jammert, sollte diese Energie als Ausholbewegung nutzen, einen passenderen zu finden. Wieder sind wir selbst die Gestalter unserer Lebensumstände.

Danach kommen die Ringe der Jahre mit der inneren Familie im Lebensstamm – unsere Kinder. Wie gut oder schlecht Kinder im Leben stehen, hängt stark damit zusammen, welches Elternhaus oder welche Heimat wir ihnen schenken, sei es in einer traditionellen Kleinfamilie oder in einer Patchwork-Familie. Was wir in unserer Kindheit und Erziehung erfahren und erlebt haben, wirkt in der nächsten Generation fort. Erziehen ist Vorleben und Fundament – im Guten wie im Schlechten. Wo Ideen, Neugier, Kreativität, Ausdauer und Fleiß ein Zuhause hatten, wachsen deren Triebe sehr wahrscheinlich in der nächsten Generation weiter. Gab es liebevolle Verstärkung, Bücher, Zeitungen, die Möglichkeit, sich künstlerisch oder sportlich zu entwickeln? Oder lief als Hintergrundrauschen von morgens bis abends die Glotze? In sogenannten bildungsfernen Haushalten erreichen Kinder nur zu einem Bruchteil einen höheren Bildungsabschluss im Vergleich zu Akademikerkindern – trotz aller Bemühungen der Bildungspolitik.[35] Noch immer sind die „Zugangswege zum Studium sozial selektiv“.[36] „Aufstiegsangst“ nennen Experten diese Erscheinung. Sie basiert auf der Angst der Eltern, dass sich ihr Kind von ihnen entfremden wird, also entmutigen sie es.[37] Wieder zeigt das Hamsterrad des Bestehenden die gewaltige Magnetkraft, alles beim Alten zu lassen.

Wer ein Unternehmen aufbaut oder leitet, ist zwangsläufig stärker in die Arbeit eingebunden, als im 35-Stunden-Job in einer Behörde. Hier entscheidet sich, welches Verhältnis die eigenen Kinder als kommende Generation zur Arbeit gewinnen, ob sie ins Unternehmen einsteigen oder der Firma den Rücken kehren. Was leben wir unseren Kindern vor? Eiskalten Kapitalismus, selbstverwirklichte Arbeit, Entwicklung im Sinne der eigenen Talente oder das kalte Grausen, das uns befällt, wenn wir Montag gegen unseren Willen hinter die Gitter unseres Arbeitsknastes steigen müssen.

Nun kommen die Ringe, die die äußere Familie betreffen – die Eltern, Geschwister, Verwandte. Unsere Familienvergangenheit hat es meist in sich. Das ist überhaupt nichts Negatives, sondern erfahrungsgemäß die Regel – Willkommen im Club! Bleiben wir locker und akzeptieren, in bester Gesellschaft zu sein. Was wir instinktiv und unbewusst verdrängen, gehört überall zum Alltag! Familiäre Altlasten, die seit Jahren oder gar Generationen unter den Teppich gekehrt wurden, können wie eine Smogschicht die Sonne unserer Entwicklung verdunkeln. Bei gewissen delikaten Themen, etwa aus der NS-Vergangenheit, die stets verschwiegen wurden, von denen niemand wissen durfte, spürten wir schon als kleines Kind im Gemurmel der Erwachsenen atmosphärische Verdichtungen der Extraklasse. Die Luft materialisierte sich fast und war wie zum Schneiden. Wenn's an die heißen Eisen ging, sank die Lautstärke der Anwesenden auf Flüsterniveau und unsere Ohren lauschten elefantengroß den Geheimnissen der Familie und Verwandtschaft. So speicherten wir, mehr spürend als hörend, familiär Verborgenes und Prägendes in unserem Kopf – bis heute. 2Ein junger Klient hatte besonders damit zu kämpfen, dem negativen Sog seines Elternhauses zu widerstehen. Der Achtzehnjährige stand in den letzten Monaten seiner Zimmermannslehre. Ein Kraftprotz wie ein Baum, zupackend, energetisch, zielstrebig. Doch es waren nicht die widrigen Umstände seines Berufs – Hitze, Regen, Kälte, schwere körperliche Arbeit –, die ihm zusetzten. Er lebte noch bis zur Gesellenprüfung zu Hause; die letzten Monate empfand er als qualvoll. „Wenn ich morgens, kurz vor sechs, meine Thermoskanne mit Kaffee befülle und mir die Stullen für den Tag schmiere, tun mir alle Knochen von der Arbeit des Vortags weh. Das gehört zu meinem Beruf, den ich liebe. Es gibt für mich nichts Schöneres als im Freien Dächer und Dachstühle zu bauen. Dann kommt mein Vater in durchschwitzter Unterwäsche direkt aus dem Bett in die Küche. Er bezieht seit Jahren Hartz IV, greift sich aus dem Kühlschrank eine Dose Bier, kratzt sich gähnend am Bauch. Dann verschwindet er mit dem Satz: „Tu nicht so viel!" wieder im Bett. Vor dieser Begegnung graust es mir immer wieder." Der junge Mann widerstand dem Sog des Negativen. Heute lebt er mit seiner Freundin zusammen und ist stolzer Vater einer kleinen Tochter. Erfolg ist nicht nur eine Frage des Umfeldes, sondern vielmehr auch eine Frage des Willens, bestehende Umstände zu verändern.

Erst die äußeren Ringe haben mit dem zu tun, was wir Job, Beruf, Berufung oder – bei Selbstständigen – das Unternehmen nennen. Es ist ein gewaltiger Unterschied, ob wir unsere Leidenschaft gewählt und zum Beruf gemacht haben oder ob unsere Wahl aus Angst vor dem vermeintlich Ungewissen auf „etwas Sicheres" fiel. Viele Menschen erarbeiten mit ihrem Brotberuf ihren Lebensunterhalt und leben ihre Herzensenergie im Hobby aus. Während der Woche schleichen sie träge über den Büroflur, gefangen im grauen Alltag. Doch am Wochenende steigt die Energie – dann wird gelebt; hier sind wir Mensch und dürfen es sein. Wer die Essenz seines Lebens im Bungeespringen, Riverrafting oder Houserunning sucht, dürfte von seinem Alltag ziemlich angeödet sein. Wenn Paragraphen und Vorschriften anstelle von Blut durch unsere Adern zirkulieren, dann ist die Suche nach dem Kick nichts als ein Aufschrei, das eigene Leben wieder zu spüren. Monotonie und Dauerfrustration in einer 35-Stunden-Woche, erkauft mit Arbeitsplatzsicherheit, 30-Tage-Urlaub und dreizehn Monatsgehältern, legen sich wie ein schwerer Schleier über die vielfältigen Entwicklungschancen des Lebens und ersticken diese. Wer im Hamsterrad der Gewohnheit und Routinen gefangen ist, möchte trotzdem das Leben durch seinen Körper pulsieren spüren.

Alle Ringe im Baum des Lebens tragen wesentlich dazu bei, ob wir erfolgreich im Sinne unserer Veranlagungen sind oder nicht. Der Lebensstamm bricht nicht durch die Stürme und Schicksalsschläge der Zeit. Er stürzt bei Windstille, wenn sein Innenleben über die Jahre vom Kern her durchgefault ist. Wer einen Wolkenkratzer bauen will, sollte viel Energie und Scharfsinn auf das Fundament legen. Es entscheidet über Dauerhaftigkeit und Standhaftigkeit. Hier zeigt sich, ob auf Sand oder Fels gebaut wurde. Gestalter ihres Lebens kommen nicht daran vorbei, die tragenden Strukturen ihres Daseins immer wieder kritisch zu durchleuchten. Immer wieder muss der Blick nach innen gehen, ob die Richtung noch stimmt oder der Kurs korrigiert werden muss. Veränderung, Verbesserung und Entwicklung zum Zweck klarer Verhältnisse sind jederzeit möglich, auch wenn die Startbedingungen schlecht waren.

2.12 Ausdauer vs. Talent – Die 10.000-Stunden-Regel

Es gibt kaum einen schöneren Lohn als das Erreichen gesetzter Ziele nach einem langen, vielleicht leidens- und qualvollen Weg. Mit dem Überschreiten der Ziellinie schießt das Adrenalin wie flüssiges Gold durch unsere Adern. Wir haben es geschafft, obwohl im Verlauf vielleicht mehr und mehr Zweifel an unserem Tun aufkamen. Es waren Ausdauer und Überzeugung, die uns vorantrieben, gerade als es begann, schwierig zu werden. Vielleicht spürten wir Skepsis in uns wachsen, davor ist niemand gefeit. Dieser nagende Zweifel gehört zu jeder Entwicklung und jedem Gang auf unbeschrittenem Terrain – wie der harte Schatten, den die Mittagssonne wirft, wenn sie vom wolkenlosen Himmel strahlt. Die Qual der Strecke, die Hindernisse und Schlaglöcher sind vergessen. Von diesem Moment zehren wir für kommende Durststrecken, wenn das Gelingen sich mal wieder nicht einstellen will. „Qualität kommt von quälen“, behauptete einst Trainerlegende Felix Magath. Seitdem trägt er den Spitznamen „Quälix“.

Um auf einem Gebiet zum Könner zu werden, bedarf dreier Dinge: Zeit, jahrelanger Wiederholung und der nötigen Intelligenz.[38] Dies ist die Essenz der sogenannten 10.000-Stunden-Regel.[39] Sie besagt, dass es zehntausend Stunden, oft ein Mehrfaches braucht, um auf einem Gebiet sein Können zur Spitzenklasse zu entwickeln.[40] Die Phase vom Anfänger bis zum Könner kann zehn Jahre und länger dauern.[41] Wie lang jemand tatsächlich braucht, lässt sich nicht vorhersagen. Jeder Mensch bringt eigene Voraussetzungen mit. Aber: Der Weg der Entwicklung zur Perfektion erfordert extrem viel Energie, überschäumende Leidenschaft für das jeweilige Thema und einen gut strukturierten Einsatz – vor allem hört er nie auf. „Maestro, warum üben Sie noch?“ wurde der Cellist Pablo Casals im Alter von 91 Jahren gefragt. Casals Antwort: „Weil ich Fortschritte mache.“[42] Kein Meister ist vom Himmel gefallen, sagt der Volksmund. Ob Klavierspielen, Kindererziehen, Dachdecken, Sprachen lernen, hinter den Knastmauern eine neue Existenz in Freiheit aufbauen, neue Produkte entwickeln – Außergewöhnliches braucht Zeit. Mit fernöstlicher Weisheit beschreiben es die Chinesen: „Es nützt nichts, den Fisch nur haben zu wollen. Du musst ans Ufer gehen und ein Netz knüpfen.“ Das Gesetz westlicher Hektiker klingt anders: „Herr, gib mir Geduld – aber sofort.“

Lernforscher und Trainer haben Erstaunliches herausgefunden. Je leichter wir es Kindern und Jugendlichen machen, ihre Ziele beim Lernen oder beim Sport zu erreichen, desto geringer wird ihr innerer Antrieb.[43] Sportinternate protzten mit besten Trainingsmöglichkeiten, optimaler mentaler Vorbereitung, perfekter Ernährung und physiotherapeutischer Begleitung. Das Ergebnis war ernüchternd. Mehr und mehr gewöhnten sich die jungen Sportler an den Luxus und verloren Biss und Leistungswillen. Luxus scheint das Gegenteil des Gewünschten zu bewirken. Wie anders präsentieren sich die Leistungsschmieden für Weltklasseläufer in Ostafrika.[44] Dort ist Luxus unbekannt. Es wird trainiert, trainiert, trainiert; bis zum Umfallen und darüber hinaus. Jede Trainingseinheit ist nur die Vorbereitung für die nächste. So trainieren Menschen, die in ihrer Kindheit barfuß liefen und in schlichten Lehmhütten aufgewachsen sind. Wer sich in solcher Umgebung quält und schindet, will nach oben, zu den Besten gehören und einen Teil vom Kuchen internationalen Ruhms abbekommen. Dafür lohnt es sich, über jede Schmerzgrenze mit Leidenschaft hinwegzutrainieren. Nötig sind Biss und ein unbedingter Leistungswille.

Als das Boxen noch ein Sport war, in dem der Gegner durch K.O. und nicht durch Punkteentscheidung besiegt wurde, dominierten die Schwarzen diesen Sport. Ein Champion zu werden, zeigte einen Weg, dem Ghetto, der Kriminalität, der Armut zu entkommen. So war es bei Muhammad Ali,

George Frazier, Sonny Liston, George Foreman und vielen anderen. Damals standen Menschen weltweit mitten in der Nacht auf, um den „Rumble in the Jungle“ 1974 oder den „Thrilla in Manila“ 1975 live mit zu durchfiebern. Ali war bestimmt nicht der Stärkste, doch sein Leistungs- und Trainingswille galten als legendär. Damit schickte er sogar 1974 George Foreman auf die Bretter. Zähigkeit und Taktik besiegten die brutale Kraft. Weltmeisterschaftskämpfe werden heute nach Punkten gewonnen. Das hat natürlich seinen guten Grund. Man weiß heute, welch massive Schäden ein Gehirn erleiden kann, das ständig schweren Erschütterungen ausgesetzt ist, bis hin zu Demenz und allen anderen zentralnervösen Störungen. Nicht umsonst ist Muhammed Ali an Parkinson gestorben. Tragischerweise hat der größte Boxer aller Zeiten keine Berater gehabt, die ihn auf dem Zenit seines Erfolgs vom Weiterboxen abgehalten haben. Wahrscheinlich wäre ihm seine spätere Parkinson-Erkrankung erspart geblieben. Niemand hat vor und nach ihm das Boxen so zur Weltklasse erhoben wie er. In seinen besten Kämpfen tanzte er wie Fred Astaire um seine Gegner herum und lies diese ins Leere laufen.

2.13 Der Marshmallow-Test

Ein Test, der in den sechziger Jahren mit bunten Süßigkeiten begann, ist bis heute ein mehrfach wiederholtes und verfeinertes Verfahren, um Motivation, Zielstrebigkeit und Ausdauer bei Menschen zu testen. Vordergründig scheint es nur um Marshmallows zu gehen, doch die Hintergründe dieses psychologischen Experiments präsentieren eine Fülle von Lernmöglichkeiten. Der Neuropsychologe Walter Mischel von der Columbia University in New York setzte in den sechziger Jahren Kinder im Vorschulalter allein vor ein verlockendes Stück „Mäusespeck“.[45] Für die Zwerge gab es zwei Bedingungen: Sollten sie es schaffen, eine nicht näher definierte Zeit lang den Mäusespeck nicht zu essen, würden sie danach einen zweiten erhalten. Wer in der Zeit die Süßigkeit aber verspeiste oder per Klingel nach einem Betreuer rief, für den blieb es bei dem einen Stück Mäusespeck. Mischel variierte die Zeit des Wartens. Mal waren es sechs Minuten, dann wieder bis zu 20 Minuten. Eine Besonderheit war die Tatsache, dass die Testkinder keine Uhr hatten und noch nicht lesen konnten. Sie konnten also nur schätzen, wann die Zeit vorbei sein würde.

Einige stürzten sich mit Heißhunger auf die Süßigkeit oder gaben vor Ablauf der Zeit auf. Ein Teil der Kinder hielt die Zeit jedoch durch und konnte sich nach 20 Minuten auf eine zweite Portion Schaumzucker freuen. Keines der Kinder wusste, dass sie in der Zeit des Wartens mit einer versteckten Kamera gefilmt wurden, die vor allem bei den Geduldigen erstaunliche Verhaltensweisen und Tricks zum Überstehen der Zeit aufzeichnete. In seinem Buch „Der Marshmallow-Effekt: Wie Willensstärke unsere Persönlichkeit prägt“[46] fasst der in Wien geborene Mischel Jahrzehnte später zusammen, welche Auswirkungen und Einflüsse die Testergebnisse auf das spätere Leben der Vorschulkinder gehabt haben. Die Kinder, die es geschafft hatten, der Anziehungskraft der süßen Leckerei in der vorgegebenen Zeit zu widerstehen – Belohnungsaufschub nennen Psychologen dieses Phänomen –, waren später im Beruf und Privatleben wesentlich erfolgreicher als die anderen, welche ihr Marshmellow vor der Zeit verspeist hatten. Wir ahnen es: Natürlich spielte das Elternhaus der Vorschulkinder eine wesentliche Rolle für Durchhalten oder vorschnellen Zugriff. Das allerdings, so Mischel, greife in der Argumentation erheblich zu kurz. Es obliege jedem von uns, seine Willensstärke und Widerstandskraft gegen vorschnelles Nachgeben zu trainieren; das sei eine Fähigkeit, die jederzeit herausgebildet werden könne. Seine Botschaft: Auch bei Menschen, die in schwierigen Verhältnissen aufgewachsen sind, ist eine Entwicklung zu Ausdauer, Zielstrebigkeit und Durchhalten möglich. „Einmal so, immer so“ ist eine Vermutung, die nicht stimmt.

Besonders faszinierend sind die Finten und Tricks, mit denen sich die Vorschulkinder 20 Minuten lang der Anziehungskraft der vorgesetzten Marshmallows entziehen konnten. Ihre Kreativität feuerte Kaskaden der Ablenkung. Viele drehten sich einfach um, so war die Versuchung aus ihrem Gesichtskreis verschwunden. Nach dem Motto: Was ich nicht sehe, das kann mich auch nicht locken. Andere lenkten sich damit ab, in dem sie etwas anderes taten; zur Decke schauen, Finger zählen, Lieder singen. Andere schlugen mit dem Kopf auf die Tischkante, um den Lockungen des Marshmallows zu entgehen. Die Ausdauer, mit der die Kleinen andere Dinge in den Fokus ihrer Aufmerksamkeit nahmen, war der Grundstein, den inneren Schweinehund während der Wartezeit zu überlisten. Viele der Kinder dachten während des Wartens an den Lohn, den sie für ihre Ausdauer erhalten würden. Walter Mischel: „Wir müssen uns vorstellen, dass wir es schaffen können, wenn wir nur hart genug dafür arbeiten. Es klingt banal: Aber pessimistische Menschen tendieren dazu, nach den sofort verfügbaren Belohnungen zu greifen, anstatt sich für ein hochgestecktes Ziel zu entscheiden.“ Wer es schafft, sich mit Hilfe der Phantasie der schnellen Triebbefriedigung im Jetzt zu entziehen und auf die Zukunft zu setzen, vermag wesentlich erfolgreicher ein „besseres Später“ anzusteuern. Allerdings: Sicher und garantiert ist gar nichts.

Beim Marshmallow-Test liegen wir mit uns selbst im Clinch. „Nimm, was du kriegen kannst. Wer weiß, ob noch was kommen wird?“, feuert unser Unterbewusstsein in Richtung Überlebensstrategie. Im gleichen Moment mahnt unser Verstand zu Geduld und Besonnenheit. Mischel ist der Überzeugung, dass der sich trainieren lässt. Vor allem bei Stress ist es sinnvoll, Entscheidungen auf später zu verschieben, wenn mit kühlem Kopf abgewägt werden kann. Ähnlich sieht Gabriele Oettingen, Psychologin an der Universität Hamburg und New York University, einen wesentlichen Aspekt im Visualisieren: „Man muss den Gang wechseln. Und sagen: Was ist es eigentlich in mir, das dagegen steht, dass ich mir diese Wünsche erfülle? Und das Schöne zu erleben, wenn ich diese Wünsche erfüllt habe? Die Identifizierung und das Imaginieren dieses inneren Hindernisses wird mich dazu bewegen zu wissen, zu erleben, was ich machen kann, um diese Hindernisse zu überwinden."[47] Die Perspektive „von jetzt auf morgen"[48] sei der beste Weg, erfolgreich zu planen. Hier zeigt sich, welch elementaren Einfluss die Erziehung durch die Eltern hat. Hier werden die ersten Weichen für den Erfolg im Leben gestellt. Allerdings kann jeder Erwachsene Defizite und Fehler aus seiner Kindheit ausgleichen, auflösen und zurück zur eigenen Gestaltungskraft kommen. Ben Furman schrieb darüber einen Klassiker: „Es ist nie zu spät, eine glückliche Kindheit zu haben."[49] Sein Buch wurde in die Liste der „Einhundert Meisterwerke der Psychotherapie" aufgenommen.[50]

In der Konzentration auf ein festes Ziel, so ein Ergebnis dieses legendären Marshmallow-Tests, liegt der Kern für Entwicklung und Erfolg. Wer etwas Wichtiges, sei es ein Projekt, Karriere, eine neue Arbeit, Partnerschaft oder Präsentation erreichen will, tut gut daran, alles auszublenden oder abzustellen, was stören und ablenken kann. Dies ist keine Erkenntnis der Moderne. Alle großen Geister in der Geschichte der Menschheit haben sich vor wichtigen Projekten in Klausur begeben, um sich auf die wesentlichen Dinge des jeweiligen Themas konzentrieren zu können. Schon der genialste Mathematiker der Antike, Archimedes von Syrakus, beschrieb diesen Vorgang vor mehr als 2.200 Jahren so: „Nimm einen Stift, ein Stück Papyrus, setze dich hin und denke nach."[51] Dieses Vorgehen ist zeitlos.

2.14 Erst ackern, dann ernten

Allerdings ist Konzentration eine Fähigkeit, die uns heute mehr und mehr schwer gemacht wird. Rund und um die Uhr werden wir mit Nachrichten, Impulsen und Anregungen aus der realen und digitalen Welt konfrontiert. Umso wichtiger ist es, alles auszublenden, was von unseren gesetzten Zielen ablenkt – und sei es nur vorübergehend. Ziehen sie sich zurück, stellen sie ihr Telefon um, delegieren sie Arbeit an andere, verlassen sie den Ort, an dem sie für alle erreichbar sind. Chefs, deren Tür stets geöffnet ist, dürfen sich nicht wundern, wenn ständig jemand mit Fragen, Sorgen oder „Können sie mal eben" nervt. Nötig ist eine Kunst, die der Erfolgsautor und

Redner Reinhard K. Sprenger einmal als die „positive Kraft des negativen Denkens“[52] bezeichnete. Wer festlegt, was er auf jeden Fall unterlassen kann, hat bereits viel Handlungsspielraum für die eigene Entwicklung gewonnen. Mit der Frage „Was bringt mir das jetzt?“ lassen sich Fernseh- und Internetkonsum ebenso kritisch durchleuchten wie Verhaltensweisen, die zu Übergewicht, Bewegungsmangel und Antriebslosigkeit führen.

Wir werden rund um die Uhr beprasselt mit Möglichkeiten. Kaum jemand merkt, dass diese Ablenkungen verhindern, dass wir zum Wesentlichen unserer Ziele kommen. Wer nicht aufpasst, taumelt wie ein Sektkorken auf dem Meer umher; stets im Einfluss äußerer Strömungen und niemals eigengesteuert. Es ist leicht geworden, Stunden, Tage und Wochen im Internet wie in einem Paralleluniversum zu leben. Irgendwann wachen wir auf und stellen fest, dass dabei das Leben an uns vorübergezogen ist. Wir sitzen passiv glotzend vor der Mattscheibe und halten das, was da flimmert, für die reale Welt. Genauso könnten wir von innen auf die Wände einer Knastzelle starren. Der Effekt wäre ähnlich. Internetsucht ist für die „Generation online“ zu einem Thema geworden.[53] Das angebliche Medium der unbegrenzten Möglichkeiten macht mehr und mehr Zeitgenossen zu Gefangenen. Es geht nicht darum, die Dinge zu verteufeln, sondern konstruktiv kritisch zu hinterfragen. Werden wir uns dieser Tatsache bewusst, haben wir einen ersten Schritt in Richtung Gestaltungskraft zur eigenen Entfaltung getan.

Unter idealen Bedingungen kann sich unser Gehirn etwa viermal am Tag 90 Minuten mit seiner ganzen kognitiven Kraft einem Thema widmen.[54] Ideal bedeutet, dass wir nicht abgelenkt oder gestört werden – also kein Telefon, Outlook-Gebimmel oder Handy-Vibrieren. Konzentration ist das Wort der Stunde. Das klingt so leicht, doch wird es stetig schwerer. Goldfische haben bereits eine Aufmerksamkeitsspanne, die höher ist als bei Menschen.[55] Wir brauchen Konzentration, um auf den springenden Punkt unserer Entwicklung zu kommen. Erst ackern. Dann ernten. Das weiß der Landwirt und das können wir auf uns beziehen. Dies durchzuhalten wird uns allerdings schwer und schwerer gemacht. Der kurze Pington einer neuen E-Mail lenkt uns für ein mehrfaches der Zeit seiner Dauer ab. Wir sind raus aus der Konzentration und brauchen viel Energie, um mit gleicher Intensität weiterarbeiten zu können. Wer hundertzwanzigmal am Tag das Signal einer frischen E-Mail hört, kann unmöglich konzentriert arbeiten. Das Herausgerissen-Werden ist der Dauerzustand unserer Tage. Ständig müssen wir Schwerpunkte setzen: Was ist zu tun, was zu lassen? Was zuerst, was danach?[56] So jonglieren wir uns durch Massen von Informations- und Kommunikationsangeboten mit dem stets schlechten Gewissen, nie allem gerecht werden zu können. Diese Dauerberieselung stresst extrem, selbst wenn wir es schaffen, unser E-Mail-Postfach am Abend leerzuräumen. Wir wissen, am nächsten Tag geht der E-Mail-Verkehr in die nächste Runde. Sogar nachts schrecken wir aus dem Schlaf mit dem Gedanken daran, was wir noch alles erledigen müssen. Kein Wunder, dass viele schreien „Bloß raus hier". Deshalb arbeiten zahlreiche Menschen gern am Wochenende oder in aller Frühe – dann sind sie ungestört. „An einem Samstag schaffe ich mehr als in der gesamten Woche vorher, weil das Telefon nicht dauernd bimmelt", ist ein typischer Satz, den ich von vielen Klienten immer wieder höre.

Es scheint, die Wissenschaft hat auf den Themengebieten Unterbrechung und Oberflächlichkeit zwei taufrische Aktionsfelder gefunden. 2005 kam der Schriftsteller David Foster Wallace in seiner berühmten Rede „Das hier ist Wasser" vor Absolventen des Kenyon Colleges zu folgender Erkenntnis: „Relevant ist nicht die Fähigkeit zu denken, sondern die Entscheidung für das, worüber es sich nachzudenken lohnt".[57] Unser Gehirn ist nicht besonders gut darin, mit Störungen umzugehen.[58] Vielleicht wird die Lehre von den Ablenkungen zu einer Leitwissenschaft für die kommenden Jahre.[59] Seit das Internet und das Smartphone unsere Arbeitswelt und unsere Freizeit bestimmen, hat die Fähigkeit, komplexe Texte und Sachverhalte zu verstehen, bei mehr und mehr Menschen abgenommen. Zeiten der Arbeitslosigkeit haben eine ähnliche Wirkung. Als Dozent fiel mir auf, dass es Menschen, die längerfristig ohne Arbeit waren, sehr schwer fällt, sich längere Zeit auf ein Thema oder einen Tag lang auf den Unterricht zu konzentrieren. Texte werden kaum noch wie früher gelesen. „An den Schwierigkeiten, konzentriert zu lesen, merkt der denkende Mensch als erstes, dass etwas mit seinem Denken geschieht"[60], schreibt Frank Schirrmacher. Vermutlich werde Lektüre bei der künftigen Generation „fast zur therapeutischen Operation. Das Selbstverständliche wird verschwinden. An seine Stelle wird das Unselbstverständliche treten. Wir werden in Schulen und an Arbeitsplätzen Kontemplation zu fördern haben, so, wie wir vor hundert Jahren gelernt haben, den Sport zur Pflicht zu machen ... Zu den Praktiken der Zukunft wird als erstes gehören, uns wieder auf das eigene Denken zu verlassen."[61]

Wir huschen, scrollen, querscannen über die Buchstaben und Zeichen hinweg. Stück für Stück verändert sich die Art, wie wir Wissen und Neues aufnehmen. Beobachten Sie sich einmal selbst. Wer lange kein Buch in der Hand gehabt hat, wird bemerken, dass die Augen nicht dem Fluss der Schrift folgen, sondern mehr und mehr bestrebt sind, über die Seiten hin zu schweifen. Es erfordert Konzentration und Disziplin, den Strom der Buchstabenreihenfolge und ihren logischen Sinn zu erfassen. Konzentration und Disziplin: Wir verlieren beide mehr und mehr im diabolischen Paradies der unbegrenzten Informationsmöglichkeiten.

Konzentrierte Gehirnarbeit verbraucht rund ein Fünftel unserer Kalorien, obwohl das Gehirn nur zwei Prozent des Körpergewichts ausmacht.[62] Es ist also ein echter Energiefresser. Kein Wunder, dass die grauen Zellen, wenn eben möglich, auf Autopilot oder Standby schalten. Damit ist der Zustand einer leichten Trance gemeint, zum Beispiel, wenn wir Auto fahren oder in einer langweiligen Präsentation sitzen. Am Ziel unserer Fahrt, am Ende des Vortrags können wir uns an Details nicht mehr erinnern. Unser Gehirn hatte in dieser Zeit das Steuer vorübergehend an das Unterbewusstsein abgegeben.

Was wir wissen, können wir nutzen. Teilen wir uns den Tag so auf, dass wir vier Mal 90 Minuten ungestört arbeiten können. Dazwischen bleiben Zeit und Raum für Meetings, Gespräche und Internet. Genau das fällt vielen Menschen enorm schwer. Heimlich still und leise haben wir uns vom Online-Status einkerkern lassen. Wenn Ihnen zwei Stunden ohne Handy oder Internet extrem schwerfallen, zeigt das, dass Sie bereits wie Junkies am Datenstrom des World Wide Webs hängen. „Ich könnte ja was verpassen!" ist die stille Angst, die uns umtreibt. Ja, natürlich, doch die Welt dreht sich auch weiter, wenn wir zu festgelegten Zeiten konzentriert unsere eigenen Pläne vorantreiben – offline. Aus einem „Mal eben schnell ins Internet" oder „kurz noch die Mails checken" ist ein Dauerzustand geworden, der unsere Entfaltungskraft lähmt. Entscheidend ist die Fähigkeit, sich abzugrenzen und Nein zu sagen, dabei vielleicht in erstaunte Gesichter zu schauen. Ja, das kann am Anfang schwer fallen, sehr schwer. Auf diese Veränderung kommt es aber an, wollen wir uns von der ständigen Online-Bereitschaft nicht auffressen lassen. Wir bestimmen, wann, wie und wie lange wir für die Öffentlichkeit zur Verfügung stehen. Tun wir dies nicht, werden wir fremdbestimmt und sind mehr und mehr Gefangene dieser süßen Online-Droge. Wir erinnern uns an das Gesetz der Konzentration: Erst ackern, dann ernten.

2.15 Kurs halten im Meer der digitalen Demenz

All dies klingt logisch und einfach – leicht ist es nicht. Sollte auf diesem langen Weg unser innerer Motor einmal ins Stottern geraten, bedarf es eines Begleiters, der zur Seite steht, damit wir unsere Motivation dauerhaft erhalten und in der Freiheit unserer Entwicklungsmöglichkeiten bleiben. Wer im Stadium bisherigen Misslingens „Ich will hier raus!" schreit, sollte Mut fassen und sich die folgenden Fragen stellen:

- Wo liegen meine Talente, Stärken und Potentiale?
- Welche Fähigkeiten sagen mir andere nach?

- Wie gut und präzise ist dies schriftlich festgehalten?
- Wie könnte ich damit wirtschaftlich erfolgreich sein?
- Wer kann mich auf dem Weg dahin begleiten?

Oft laufen wir Gefahr, Talent überzubewerten. Es ist wichtig, doch nicht entscheidend.[63] „Wie lange, glaubt ihr, werdet ihr euer neues Instrument spielen?“, fragte Gary McPherson 157 Kinder, die ein Instrument spielen lernen wollten. Der Professor für Musikerziehung an der University of Illinois School of Music teilte die Kinder den Antworten entsprechend auf und verfolgte ihre weitere Entwicklung. Das Fortschreiten ihrer musikalischen Fähigkeiten wurde dann über Jahre standardisiert gemessen. Heraus kam etwas Erstaunliches: Der Lernfortschritt am Instrument hing nicht von der Begabung, sondern vom Ziel der Kinder ab. Wille, Ausdauer und klare, feste Ziele; auf diesen drei Säulen baut Erfolg auf.

Eine Mischung aus Beharren und Verliebtsein in das eigene Gelingen ist der Acker, auf dem die Keimlinge jedes Erfolgs sprießen. Wir müssen keine Gärtner sein, um zu wissen: Vor der Ernte kommt die Saat. Trotzdem schließt dies die Möglichkeit des Misslingens mit ein. Erfolg ist keineswegs garantiert, vieles jedoch denkbar. Mut, Kreativität und das Bewusstsein, dass sich Fehler nicht immer ausschließen lassen, sind der Dreiklang, aus dem sich der Akkord des Erfolgs zusammensetzt. Schweiß und Leidensfähigkeit dienen als Treibstoff. Die Wiederholung des Neuen ist auch hier ein wesentliches Werkzeug, um aus dem Gefängnis des Gewohnten und Üblichen auszubrechen.

In einem Seminar hatte ich einen jungen Ex-Knacki sitzen, der sich maßlos über seine Zeit hinter Gittern ärgerte. Wiederholtes Schwarzfahren hier, Ladendiebstahl dort, irgendwann hatte auch der wohlwollendste Richter genug und steckte ihn ins Kittchen. Jetzt ging es darum, seinen Lebenslauf auf ein bewerbungsfähiges Niveau zu heben. Zwei Lehren hatte er abgebrochen, dazu kam seine, wenn auch kurze Zeit im Knast. Selbst mit bestem Willen waren diese Brüche in seinem Leben nicht wegzuformulieren. Doch besaß er viel technisches Geschick und große Erfahrung in der Lagerlogistik. Wir druckten den Plan zweier Essener Gewerbegebiete aus und kopierten seinen Lebenslauf fünfundzwanzigmal. Uns leitete der Gedanke „Wir lernen durch unsere Fehler.“ Sie sind der Weg zum Erfolg und schnell vergessen, wenn's geklappt hat. Die Modeschöpferin Coco Chanel formulierte es auf die für sie typische Art: „Es sind nicht die Erfolge, aus denen mal lernt, sondern die Fiaskos.“[64]

Dann kam für ihn die Stunde der Wahrheit. Ich überbrachte ihm die unbequeme Botschaft: „Sie stehen am Scheideweg. Wollen Sie ein Krimineller bleiben oder sich ändern? Ihr Lebenslauf fliegt, wenn er mit der Post in ein Unternehmen geschickt wird, sofort in den Schredder. Sie haben nur eine Chance. Überwinden Sie ihre Angst und gehen Sie in den Gewerbegebieten von Unternehmen zu Unternehmen. Sprechen Sie direkt mit den Lagerleitern, Vorarbeitern, Inhabern oder Geschäftsführern. Sagen Sie „Ich will!". Betonen Sie, dass Sie arbeiten wollen und bereit sind, auf Probe zu arbeiten. Schauen Sie den Menschen dabei in die Augen, hören Sie zu und erwarten sie wenig. Ja, Ihnen wird wahrscheinlich schlecht werden vor Angst. Machen Sie weiter, egal, was kommt. Ihre Chance ist die Tatsache, dass gute und motivierte Mitarbeiter an allen Ecken und Enden in der Wirtschaft fehlen. Jedes zweite Unternehmen in Deutschland musste in den letzten Jahren Aufträge ablehnen, weil die Arbeit vorhanden war, nicht jedoch die Mitarbeiter für diese Projekte. Vergessen Sie Jobcenter und Arbeitsagentur, schlagen Sie selbst die Pflöcke ein. Das ist Ihre Chance."

Der Kollege war grün im Gesicht. Mit butterweichen Knien trat er am kommenden Tag seine Tour der Arbeitsuche an. Bei den ersten beiden Firmen wagte er nicht, das Gelände zu betreten. In den Unternehmen drei bis fünf brachte er kaum einen Satz heraus. Doch bei der zehnten Adresse spürte er eine wachsende Routine, Unternehmen Nr. 18 gab ihm die Chance zur Probearbeit. Dort arbeitet er heute noch, ist mittlerweile zum Lagerleiter aufgestiegen. In zwei Jahren legt er an der IHK die Externenprüfung ab und ist dann Facharbeiter in der Lagerlogistik. Es war nicht fehlendes Können, sondern die übergroße Angst vor einem Nein und die Möglichkeit, abgelehnt zu werden, die ihm das Herz in die Hose sinken ließen. „Bloß raus hier!" war sein Gedanke, wenn er wieder auf ein fremdes Firmengelände zuging. Wegen meiner Hartnäckigkeit hätte er mich erschlagen können, weil er wusste, am kommenden Montag fragt der Kerzel, wie es gelaufen ist. Genau diese Konsequenz ließ ihn durchhalten, bis er eine neue Arbeit hatte. Nein, das ist kein Zuckerschlecken. Das ist wie Tieftauchen im Jauchefass unseres Unterbewusstseins und alles andere als schön.

2.16 Wer Neues wagt, wird Begeisterung finden

Wer bestehendes Elend verlassen oder unbekanntes Neuland betreten will, braucht jemanden, der aufbaut, Mut macht und Energie spendet. Doch es geht auch anders, dann werden Energie und die Flamme der Leidenschaft von innen heraus angefeuert. Von solchen Zeitgenossen können wir lernen. Thomas A. Edison hatte den Traum einer elektrischen Glühlampe. Sogar nach mehreren tausend misslungenen Experimenten forschte er weiter. Jeder Fehlschlag, so seine Überzeugung, bringe ihn der Lösung näher. Er arbeitete so lange, bis er die elektrische Glühlampe endlich in den Händen hielt, die als Glühbirne einen beispiellosen Siegeszug antrat und die flackernde und riechende Gaslampe ablösen konnte. „Genialität besteht zu einem Prozent aus Inspiration und zu neunundneunzig Prozent aus Transpiration.[65]“ Diese Formulierung Edisons ist ein Lehrstück aus der Motivationsgeschichte.

Die Fußballfreunde werden sich an den Stürmer Gerd Müller erinnern. Als „Bomber der Nation“ ging er in die Geschichte des runden Leders ein. Legendäre 40 Tore donnerte dieser Jahrhundertspieler in der Bundesligasaison 1971/72 ins gegnerische Netz. Trefflich die Worte des „Kaisers“ Franz Beckenbauer: „Ohne Gerd säßen wir in München immer noch in einer Baracke an der Säbener Straße und wären niemals die Nummer eins in Deutschland geworden.“[66] Zeitweise schaffte der Bomber es, in einer Saison mehr Tore zu schießen als Spiele zu absolvieren. Gerd Müller gilt als einer der besten Fußballspieler aller Zeiten. Von Gegnern wurde sein Spiel so gefürchtet, dass diese gleich zwei Manndecker für ihn abstellten – meistens vergeblich. Müller schoss Tore aus Situationen und Positionen, die sich uns teilweise erst heute in ihrer Genialität erschließen. Möglich wurden Müllers Rekorde, weil niemand sonst so oft auf das gegnerische Tor schoss wie er. Seine Torgefährlichkeit hing entscheidend von der Anzahl der Versuche ab. Nur deshalb konnte er dermaßen erfolgreich sein. Seine erfolgreichen Torschüsse sind bekannt. Aber kennen wir auch seine Fehlschüsse? Schüsse, die grandios am Tor vorbeiflogen, versinken schnell im Meer des Vergessens. Die hohe Anzahl seiner Wiederholungen in Verbindung mit spielerischer Genialität, das war die Formel für Gerd Müllers Erfolg. Daraus können wir lernen.

Wofür lernen wir überhaupt? Und vor allem wie? Spätestens der Schock der PISA-Studien war ein Weckruf und hat gezeigt, wie sehr das Thema „Lernen“ auf den Prüfstand gehört. Lernen ist nicht nur das, was unsere Kinder in der Schule mithilfe von Regeln und Vorschriften jeden Tag tun, Lernen ist die entscheidende Grundlage für die Entwicklung unseres Lebens. Unser Gehirn ist dafür geschaffen zu forschen, zu filtern, Neues zu erkennen und nach Sinn und Brauchbarkeit zu sortieren. Dabei ist es zweitrangig, ob wir Weltmeister in Sprachen, Naturwissenschaften, Kreativität oder im Auswendiglernen sind. Das gilt von der Grundschule an für alle Altersgruppen, unabhängig vom Alter und dem einmal Erlernten.

Die Quote der Selbstständigen war in Deutschland vor dem Zweiten Weltkrieg deutlich höher als heute. Knapp ein Drittel aller Nobelpreise in der Zeit von 1901 bis 1930 ging an deutsche Forscher und Künstler. Das hing unter anderem mit Krieg und mangelnder staatlicher Existenzsicherung zusammen. Heute haben wir einen im Großen und Ganzen gewerkschaftlich abgesicherten Arbeitsmarkt und Vollbeschäftigung und eine immer ausgefeiltere Work-Life-Balance. Die Notwendigkeit zur Selbständigkeit ist nicht mehr existenziell. Damit geht leider auch viel Eigeninitiative und Mut zum Risiko verloren. Wir lieben unsere Sicherheit. Aus uns ist ein Volk von angestellten Kittelträgern und vielfach auch Angsthasen geworden. Wo die Neurologen Stirn- und Seitenlappen in unserem Gehirn verorten, haben Lerngeist, Neugier, Mut, logisches, räumliches und kreatives Denken ihre Heimat. Dort feuern die Synapsen zwischen den Nervenzellen, wenn es gilt, ein Problem, eine Aufgabe zu lösen oder sich einer Herausforderung zu stellen. Leider befinden sich dort frei nach Eckhard von Hirschhausen, dem Arzt und Kabarettisten, zwischen Stirn- und Schläfenlappen des Gehirns auch die „Jammerlappen“, die uns von Energie und Kreativität abhalten.[67]

Mehrheitlich lernt das Volk der Dichter und Denker nicht mehr in großen Dimensionen für die Zukunft, für das Neue, Ungedachte, sondern klammert sich angepasst an das Gewohnte, in der Hoffnung, dass alles so bleiben möge, wie es ist, denn das ist sicherer. Die Dinge bleiben aber nicht wie sie sind. Alles ist im Fluss. Das ist eine ähnliche Illusion wie der Versuch, eine Uhr anzuhalten, um damit den Lauf der Zeit zum Stillstand zu bringen.

Auf der Suche nach Antworten ist es Zeit, einen Blick in die Geschichte unseres Bildungssystems zu werfen:

Im Mittelalter war Schule – wenn sich überhaupt jemand diesen Luxus erlauben konnte – ein Hort des Auswendiglernens oder bereitete auf das Priesteramt vor. Die Glaubenslehren und die Dogmen der Kirche waren allgegenwärtig. Die Lernenden sollten nicht zu wissenschaftlichen Durchbrüchen ermuntert werden. Schule und Erziehung hatte die seit langem bestehende Ordnung zu festigen und die Frömmigkeit zu fördern. Die meisten Menschen konnten weder lesen noch schreiben und mussten ohnehin glauben, was ihnen von der Kanzel gepredigt wurde. Mit Wahrheit und Wissen hatte das alles wenig zu tun.

Der Durchbruch zu Kunst, Kultur und Bildung ließ weiterhin auf sich warten, auch nachdem 1717 in Preußen der Soldatenkönig Friedrich Wilhelm der Erste die Schulpflicht für das Alter von fünf bis zwölf Jahren einführte. Sie wurde aber nur lückenhaft durchgesetzt, weil sie erhebliche Rücksichten auf die damals übliche und notwendige Kinderarbeit auf dem Feld und später in den Fabriken nahm. Unterrichtet wurde die breite Bevölkerung in den Elementarschulen von dafür nicht ausgebildeten Lehrkräften, unter anderem von ausgedienten Soldaten. Mittels drakonischer Prügelstrafen und mechanischem Drill sollte die Schule zu widerspruchslosem Untertanengeist und Militarismus erziehen. Immerhin sorgte sie für eine Mindestalphabetisierung der Kinder.

Der Gelehrte Wilhelm von Humboldt, der ältere Bruder des Weltreisenden Alexander von Humboldt, wurde 1809 vom preußischen Staatsminister Freiherr vom Stein als Direktor für Kultur und Unterricht eingesetzt und mit der völligen Umgestaltung des Bildungswesens beauftragt. Ihm schwebte die Veredelung aller Menschen durch Bildung unabhängig von ihrem Stand vor. Entsprechend krempelte er das gesamte Schul- und Bildungswesen von Grund auf um. Er entzog die Schulen der Aufsicht der Kirchen und stellte sie unter staatliche Aufsicht. Er setzte den Grundgedanken der akademischen Freiheit in der von ihm gegründeten ersten Universität in Berlin um. Forschen und Lehre sollten erstmals frei von äußeren Zwängen nur der Wissenschaft dienen. Er schuf die humanistischen Gymnasien mit einem idealistischen Bildungskonzept, und in den Elementarschulen wurden die Erziehungsmethoden fortschrittlicher und von reformpädagogischen Erziehern nach den Lehren des Pädagogen Johann Heinrich Pestalozzis umgesetzt. Mechanischer Drill wurde abgeschafft zugunsten einer Anleitung zur Selbstentfaltung des Geistes.

Neuer Lehrstoff sollte mit bereits vorhandenem Wissen verknüpft und in größere Zusammenhänge gebracht werden. Es entstand ein reiches Kulturleben in Wissenschaft, Dichtung, Philosophie, Musik und Kunst, das den Ruf Deutschlands als Land der Dichter und Denker begründete. Allerdings geriet Wilhelm von Humboldt in Widerspruch zu den Ansichten seines Kaisers und wurde nach nur einem Jahr als Gesandter nach Wien geschickt. Immerhin hinterließ er seinem Nachfolger, Freiherrn von Hardenberg, seine engsten Mitarbeiter und schon weit gediehene Reformpläne, die dieser dann mit deren Hilfe umsetzte. Leider waren die Reformen nicht von Dauer. Der freie Geist stand im Widerspruch zur Staatsräson. Die Reformen riefen den Adel auf den Plan, der sich um seine Vorrechte gebracht sah. So versandeten schließlich die Neuerungen im Bildungsbereich und wurden später durch restriktive, sehr konservative Richtlinien ersetzt.

Heute können wir stolz sein auf das, was unsere kreativen Köpfe hervorgebracht haben: Computer, Faxgerät, Walkman und MP3-Player sind dafür gute Beispiele. Sie wurden in Deutschland erfunden, doch fehlten die Kraft und das Vorstellungsvermögen, diese genialen Produkte zu Verkaufshits zu machen. Die Vermarktung geschah später vom Ausland aus.

Haben wir die Fähigkeit verloren, Dinge umzusetzen und zum Ziel zu bringen? Auch das Planungs- und Baudesaster um den Flughafen Berlin Brandenburg ist nur ein Beispiel. Es scheint, dass wir nicht mehr in der Lage sind, Großprojekte zu einem erfolgreichen Ende zu bringen und so zu planen und zu bauen, dass sie funktionieren. Sind wir noch zukunftsfähig? Was fehlt, ist der Stolz, die Begeisterung und das Verantwortungsbewusstsein, gemeinsam an etwas Großem zu bauen. Wir wünschen uns zwar, dass etwas vorangeht, aber beginnen sollen die anderen. Dabei beginnt Wandel immer bei der eigenen Entwicklung. Jeder Einzelne ist eine Keimzelle unseres Staates. Wenn uns die gesamtgesellschaftlichen Belange gleichgültig werden – dann ist die Gefahr groß, dass die ewig Gestrigen, die Ängstlichen und die Selbstsüchtigen die Oberhand gewinnen. Der Bau des Berliner Flughafens ist nur ein Beispiel kollektiven Versagens – und da kein Einzelner dingfest gemacht werden kann, fühlt sich keiner verantwortlich. Jeder schiebt die Schuld von sich weg nach dem Motto „Ich war's nicht!". Verantwortung und Konsequenz – Fehlanzeige. Mit dieser Einstellung lässt sich kein Skatclub organisieren und führen, geschweige denn ein Staat mit mehr als achtzig Millionen Menschen.

In unserer Wissensgesellschaft sind Vorstellungskraft, Begeisterung und Verantwortungswille genauso bedeutend wie Durchhaltevermögen, Pünktlichkeit, Pragmatismus, Standhaftigkeit, Kompromissbereitschaft, Umweltbewusstsein, Bildung. Das sind keine Widersprüche, die Eigenschaften ergänzen sich wunderbar.

In der globalisierten Welt gilt das Gesetz des Schnelleren. Heute fressen nicht die Großen die Kleinen, sondern die Schnellen die Langsamen. Wie zügig dies gehen kann, zeigen Aufstieg und Fall des Nokia-Konzerns. Aus einem Börsenstar des Handymarkts wurde ein Sanierungsfall. Niemand kann sich heute lange auf den Lorbeeren seiner Erfolge ausruhen. „Made in Germany" steht immer noch für Qualität und Spitzenklasse, hat aber viel von seinem Glanz verloren. Gleichzeitig haben Begriffe wie „German Angst" ihren Weg in die internationalen Wörterbücher gefunden. Unser Blick hat sich gewandelt: Wir sind nicht mehr offen, freuen uns nicht mehr über die reichhaltigen Möglichkeiten des Kommenden, sondern wir zittern vor dem, was schiefgehen könnte.

Im Chinesischen sind die Schriftzeichen für „Krise" und „Chance" ähnlich. Dies zeigt, wie nahe beide beieinanderstehen. Das könnte zu denken geben. Ob wir wollen oder nicht, das Prinzip der Evolution ist immer gültig – gestalten oder absterben. Besser, wir verstehen es und finden zu unserer Gestaltungskraft zurück. Entscheidend für die Zukunft sind Beweglichkeit, Neugierde, Lust am Ausprobieren und eine kritische Offenheit. Leider formuliert unsere Sprache Bildung in anderen Begrifflichkeiten. Dort ist von **Ab**schlüssen, **Aus**bildungen und einem Bildungs**stand** die Rede. Worte, die uns eine statisch feste Welt vorgaukeln. Doch dies ist eine Illusion. Wer heute sein Examen oder seine Gesellenprüfung ablegt, muss wissen, dass sein Wissen im Jahr darauf wieder veraltet sein wird. Schon dann bricht er ins geistig-technische Neuland und zu frischen Problemen auf. Betrachten wir unsere aktuelle Situation einmal von dieser Warte.

2.17 Begeisterung und Disziplin – Der Humus für gutes Lernen

Am Thema Lernen scheiden sich die Geister. Die Kunst, neues Wissen und Kenntnisse zu vermitteln, steht in Deutschland im ständigen Konkurrenzkampf der einzelnen Länder. Sechzehn Bundesländer pflegen ihren eigenen Bildungsschwerpunkt. Je nach der Farbe der jeweiligen Landesregierung wird das Schulsystem konservativer, mehr leistungsorientiert oder fortschrittlicher, mehr schülerorientiert, gestaltet. Hier wird streng ausgesiebt, dort jedes Kind mitgenommen. Nach Einführung der PISA-Studien zeigte sich, dass das dramatische Auswirkungen auf den allgemeinen Lernstand und das Verständnis des Schulstoffs hatte. Gegenüber dem kleinen Volk der bildungswütigen Finnen und dem Riesenreich der auswendiglernbesessenen Chinesen belegten die deutschen Schüler nur einen sehr mäßigen mittleren Platz. Das rüttelte auf. Am Horizont wurden schon der kulturelle Abstieg und das wirtschaftliche Mittelmaß gesichtet. Die Debatten wurden hitzig. Jeder glaubt, den rechten Weg zu kennen und spricht ihn den anderen ab. Das ist der Kern des Problems, dass die Positionen einander unverrückbar gegenüberstehen: auf der einen Seite die Bildungspolitiker, die sich bemühen, „kein Kind zurückzulassen“[68], weil sie wissen, wie schwer es Kinder aus armen, bildungsfernen und Migrantenfamilien haben, auf der anderen Seite die konservativ Denkenden, die Leistungsbereitschaft, Disziplin, klare Strukturen und engagierte, gebildete Elternhäuser, die die Arbeit der Lehrkräfte unterstützen. Was hat es gebracht? Die Verwirrung scheint größer denn je. In einigen Bundesländern wie Hessen kann das Abitur nach acht und nach neun Jahren „gebaut“ werden.

Lernen ist ein – vielleicht der – wesentliche Bestandteil der Evolution. Aus dem Prinzip „Versuch und Irrtum“ sind wir Menschen hervorgegangen. Ohne Lernen gibt es kein Leben. Es ist die Auseinandersetzung jedes Organismus’ mit seiner Umwelt. Kann er sich nicht an sie anpassen oder sie für sich umgestalten, geht er zugrunde. Lernen wird umso effektiver, je offener und neugieriger wir auf die Welt und ihre Erscheinungsformen und auf das Kommende eingehen. Das Gehirn dürstet nach Wissen und so saugen wir, ständig lernend, Neues auf. Dafür hat uns die Natur bestens ausgestattet. Säuglinge kommen mit circa einem Drittel neuronaler Überkapazität auf die Welt.[69] So sind sie für alle Eventualitäten des Lebens und der Kultur, in die sie hineingeboren werden, gerüstet. Allerdings arbeitet unser Gehirn nachfrageorientiert. Da, wo die neuronalen Leitungen glühen, wachsen die Verbindungen in hoher Geschwindigkeit. Die funktionale Magnetresonanztomographie (MRT) zeigt, dass das Gehirn schneller wächst und sich schneller strukturiert als Muskeln.[70] Wer anfängt, täglich zwei Stunden Klavier zu spielen, dessen Gehirn zeigt schon nach wenigen Tagen deutliche Zeichen der Vernetzung entsprechend den gestellten Anforderungen. Leider funktioniert dieser Effekt auch in die andere Richtung. Was im Hirn nicht genutzt wird, bildet sich zurück. Nichtstun, Langeweile oder das Hamsterrad des immer Gleichen sind ein sicherer Weg, seine Denk- und Kreativitätsleistung verkümmern zu lassen.

Frei nach Karl Valentin gesagt: Lernen ist schön, macht aber viel Arbeit.[71] Weil das so ist, gibt es für die Wege hin zu thematischem Neuland keine Saison und kein Alter. Lernen bedeutet: Runter vom Sofa und raus aus den alten Schuhen der Gewohnheit. Wir lernen immer, lebenslang. Selbst wenn wir schlafen, arbeitet unser Unterbewusstsein und befördert die Dinge und Themen, die es für erstrebens- und behaltenswert ansieht, ins Langzeitgedächtnis. Der Humus für gutes Lernen wartet außerhalb unserer Gewohnheitswelten auf frische Saat für neue Triebe. Am besten richten wir unser Leben so aus, dass Neues willkommen und Lernen als Aufbruch zu neuen Horizonten gesehen wird. Hier beginnt allerdings der Gegenwind.

Diese Einstellung reibt sich sofort mit althergebrachten Leit- und Lehrsätzen, die sich im Licht der modernen Hirnforschung als untauglich, ja geradezu als falsch herausgestellt haben, zum Beispiel „Was Hänschen nicht lernt, lernt Hans nimmermehr" oder: „Lieber den Spatz in der Hand als die Taube auf dem Dach" oder, auch gern gebraucht: „Willst du was Besseres sein?" Sehr wirkungsvoll ist ebenfalls: „Schuster bleib bei deinem Leisten!" Nett ist auch der Satz: „Überlass das Denken den Pferden, die haben die größeren Köpfe!" Ihnen fallen bestimmt noch ähnliche Sprüche ein, die uns begrenzen und klein machen. Mit dieser pädagogischen Bodenkriecherei sind Generationen von Menschen in die Sackgasse geschickt worden und konnten so ihre wahren Möglichkeiten nie entwickeln und ausleben. Was wir brauchen sind Unterrichtsfächer und Lehrstühle für Selbstmanagement, Leidenschaft, Unternehmertum, Glück und ein gelingendes Leben. Die Fragen „Wofür brennst Du?" und „Welche Flamme brennt in Dir?" werden in unseren Schulen, Betrieben und Universitäten viel zu selten oder gar nicht gestellt. Wenn wir uns nicht für das Dorado unserer inneren Talente, Potentiale und Fähigkeiten interessieren, wie können wir dann diesen verborgenen Schatz der eigenen Kraft für unsere Lebensgestaltung nutzen? Stattdessen verharren wir im depressiven Jammertal unserer Probleme.

Lernen hört nie auf und beginnt täglich neu. Es ist vor allem keine Frage des biologischen Alters. Alt werden wir dann, wenn wir aufhören, uns für Dinge zu begeistern. Geistige Vergreisung gibt es heute schon bei jungen Erwachsenen. Als Gegengewicht schreiben Senioren ihre Doktorarbeit und brechen mit frischem Geist zu neuen Horizonten auf. Natürlich ist es schwer, Chinesisch zu lernen. Doch wer sich im Alter von achtzig Jahren in eine Chinesin verliebt, wird die Sprache aus dem Reich der Mitte rasch lernen. Wenn es für das Lernen positive und eindeutige Gründe gibt, stellen sich Motivation, Leistungswille und Disziplin von selbst ein. Lernen ist eine Frage der Begeisterung.[72] Wo Freude und Leidenschaft eine Heimat haben, sitzt das Lernen mit am Tisch. Wer das Wofür des Lernens gefunden hat, kann viele Wies ertragen. Je mehr wir tun, was uns emotional anspricht, unter die Haut geht, desto mehr macht das Lernen Spaß.

Meine Schulzeit war über Jahre das genaue Gegenteil. Orientierungslos wie ein Alien irrte ich durch den Unterricht. Als angeblich kommunikationsschwach und sprachunbegabt ging bei mir die Sonne der Lernfreude erst in der schulischen Spätphase auf. Lernen geschieht auf vier Wegen: durch Ausprobieren, Erfahrungen machen, durch Fehler sammeln und über Nachmachen. Meine Tochter, die das begriffen hatte, sagte mir eines Tages „Ich klaue mit den Augen!“. Wer mehr lernen will, muss die Zahl seiner Fehler und Versuche deutlich erhöhen. Dies wiederum zeigt, dass wir den Themen Scheitern, Fehler, Neubeginn und Wiederaufstehen ein vollkommen anderes Gewicht geben sollten als bisher. Der Motivationspapst Brian Tracy sagte einst: „Von hundert neuen Ideen in der Wirtschaft funktionieren höchstens zwei oder drei. Der Rest ist Scheitern. Bleib locker, du bist auf bestem Weg.“[73] Wilhelm Busch, der Vater von Max und Moritz, dichtete bereits im 19. Jahrhundert: „Durch Fehler wird man klug, drum ist einer nicht genug.“

Lernbegeisterte Pioniere und Erfinder werden für ihr Schaffen nicht zwangsläufig geliebt. Oft zertrümmern sie das Hamsterrad des Alten mit derartigem Getöse, dass ihre Umwelt mit heftigem Widerstand reagiert. Die Bayer AG wurde am 1. August 1863 im heutigen Wuppertaler Stadtteil Barmen vom Friedrich Bayer und Johann Friedrich Weskott gegründet. Die beiden wollten synthetische Farbstoffe herstellen. Als Startrampe funktionierten die beiden ausgerechnet Bayers private Küche zu einem Labor um. Erst als diese aussah wie nach einer Explosion und Bayers Gattin mit Scheidung drohte, bezogen die beiden Farbenfreunde ihre ersten Firmenräume. Der Forscher Benjamin Franklin brauchte Jahre, um den Blitzableiter zu erfinden. Es erforderte zahllose misslungene Versuche, bis er endlich den richtigen Weg fand. Leider lernen wir diese Sturheit selten auf der Schule oder während der Ausbildung. Dafür braucht es gute Pädagogen, die erkennen, wo bei einem Menschen verborgene Talente und Potentiale schlummern, um sie dann zu fördern.

Manchmal bitten mich meine Mandanten, einen Zukunftsworkshop für ihre Kinder zu organisieren. Zwei Schulstunden geht's um Berufung und die Flamme der inneren Begeisterung. Nach den Workshops schwant vielen scheinbar hoffnungslosen Fällen unter den Schülern, dass mehr in ihnen steckt, als sie sich vorstellen konnten. Bildung ist das, was übrig bleibt, wenn wir das, was wir in der Schule lernten, vergessen haben. Der Weg dahin heißt Lernen.

2.18 Die Quelle der Kreativität

Die alten Römer prägten mit „disciplina“, was übersetzt „Lehre, Schule, Zucht“ heißt, einen bis heute aktuellen Begriff. „Marcus discipulus est“ bedeutet auf Deutsch: Markus ist ein Schüler. Das war mein erster Satz, den ich auf Latein lernte. Er zeigt, worum es bei der Disziplin im Kern geht. Wir sind alle und ständig Schüler in der Schule des Lebens. Diese Schule endet nicht mit einem Abschlusszeugnis oder Zertifikat, sondern dann, wenn wir aufhören, uns für Neues zu begeistern. Disziplin ist das Mittel, mit dem wir die Kreativität für unsere Lebensentwicklung in Handlung, Substanz und Kompetenz überführen. Sie sorgt dafür, dass Träume Wirklichkeit werden. Zusammen mit Geduld, Konzentration und Bereitschaft auf Verzicht bildet sie das Fundament für Erfolg und Entwicklung. Viele ihrer Grundfesten sind in den vergangenen Jahren von der Wissenschaft neu definiert worden. Nicht die Begabung oder das Genie sind ausschlaggebend, sondern die Bereitschaft, ausdauernd und konzentriert trotz aller Widerstände arbeiten zu wollen. Disziplin schlägt Talent.[74] Talent allein wird grandios überbewertet.

Der Reifenwechsel bei der deutschen Tourenwagenmeisterschaft DTM dauert nur wenige Sekunden. Warum? Weil die Monteure 365 Tage im Jahr täglich mindestens eine Stunde trainieren und nochmals trainieren. Was im Rennen wie Hexerei aussieht, ist das Ergebnis tausend- und abertausendfach geübter und wiederholter Abläufe. Sie stecken dem Team so in Fleisch und Blut, dass ein Reifenwechsel wahrscheinlich bei völliger Dunkelheit gelingen würde. Eine Mischung aus Beharren und Verliebtsein ins Gelingen ist die Erde, aus der die Keimlinge des unternehmerischen Erfolgs wachsen. Alles ist eine Frage der Planung und Vorbereitung.

Gute, neue und vor allem bahnbrechende Gedanken fliegen uns nicht zu wie warmer Regen. Sie sind das Ergebnis intensiver, disziplinierter, vielleicht jahrzehntelanger Arbeit. Beharrliches Arbeiten, Zähigkeit und Sturheit lassen uns weitergehen, wenn der Weg zum Ziel durch schweres Gelände führt. Der innere Glaube wird von unserer Vorstellungskraft angefeuert. Wir sehen Dinge vor unserem geistigen Auge, die noch gar nicht da sind. Aus dieser Batterie zieht der Geistesblitz seine Energie, wenn er plötzlich aufstrahlt. In dem Moment, in dem der Groschen fällt, entlädt sich die Freude, bis zum Gelingen durchgehalten zu haben. Jeder Tunnelbauer und Bergmann weiß, kurz vor dem Durchbruch und vor der Hacke ist es besonders dunkel: Schweißtreibend war das Schaffen, die Begeisterung hängt durch. All die Hindernisse auf dem Weg haben mächtig zugesetzt und zermürbt. Nerven schmerzen, zum Zerreißen gespannt. Die kleinste Panne ist wie ein Schlag in die Magengrube. Das ist die Stunde der Disziplin. Sie hilft weiterzugraben – allen Bedenken zum Trotz.

Mit dem Erreichen des Ziels schlagen Sorgen und Zweifel in Zufriedenheit und Stolz um. Wir lernen, die trüben Gedanken und Zweifel der Ungewissheit als Begleiterscheinung auf dem Weg zur persönlichen Entwicklung außerhalb des Hamsterrads alter Gewohnheiten zu begreifen. Sie sind der notwendige Gegenwind, ohne den kein Vogel losfliegen und an Höhe gewinnen kann. Aus diesem lebenslangen, disziplinierten Lernen – gerade aus Fehlern und Scheitern –ziehen wir unsere Erfahrungen, wachsen wir weiter. Eigenentwicklung bedeutet, dann weiter zu gehen, wenn alle anderen längst die Flinte ins Korn geworfen haben. Dazu gehört die Bereitschaft, sich zurückzuziehen und zu konzentrieren. Wofür werde ich was tun? Was werde ich lassen? Zum erfolgreichen Selbstmanagement gehört das Unterlassen wie die zweite Seite der Medaille. Wer für seinen Lebensweg immer wieder neue Impulse wünscht, drückt bis ins hohe Alter die Schulbank dieser Lehr- und Lebensanstalt. Ob Lehre, Ausbildung, Training, Seminar, Berufserfahrung oder Universität – gute Ziele und gute Wege dauern. Kein Schüler geht jeden Tag gern zur Schule, kein Auszubildender in die Lehre, kein Arbeitnehmer oder Unternehmer stürmt täglich mit Begeisterung ins Büro. Es zählt das Tun. Wir haben ein Ziel, das wir erreichen wollen. Die Disziplin hilft uns dabei. Schön, dass es sie gibt. Non scolae sed vitae discimus – nicht für die Schule, sondern für das Leben lernen wir. Wie Recht die Römer hatten – bis heute.

3 Absitzen, Ausbruch, Freigang

3.1 Lieber ein bekanntes Elend als eine unbekannte Freude

Sie lesen dieses Buch, weil es Aspekte in Ihrem Leben gibt, mit denen Sie nicht glücklich sind. Wir identifizieren im Folgenden gemeinsam, was Sie – noch – zurückhält, Ihr Leben zu verändern. Anschließend erkläre ich Ihnen, was getan werden kann, um diese Barrieren zu erkennen, den Umgang mit Ihnen zu erlernen, um künftig glücklicher zu sein.

Was werde ich tun, was werde ich lassen? Nach welchen Kriterien richte ich mein Leben, die ersten Schritte in einer wiedergewonnenen Freiheit aus – jenseits der Gefängnisgitter, außerhalb meines Hamsterrades der alten Gewohnheiten – meine Karriere, meinen Neustart? Welche Schritte zählen, was ist dafür zu tun, wenn ein Neubeginn, gelingen soll? An den Antworten auf diese Fragen kommt niemand vorbei, der sich ernsthaft mit seiner Zukunft und seinen Entwicklungsmöglichkeiten beschäftigt. Was vor uns liegt, ist stets ein unentdecktes Land, dessen Terrain wir immer dann betreten, wenn wir den nächsten Schritt wagen. Dieser kann schmerzhaft, anspruchsvoll und ungewiss sein. Mit Gewissheit schnell zu tragfähigen Wahrheiten zu gelangen, käme dem Stein der Weisen unserer Zeit gleich. Gefunden hat diesen noch niemand. Der wahrscheinliche Weg ist eine Vorwärtsbewegung, die millimeterweise ablaufen kann – lähmender und ungewisser Stillstand inbegriffen. Eine hellseherische Fähigkeit, im Vorhinein den richtigen und guten Kurs zu kennen, wäre schön. Wer will schon irgendeinen Weg beschreiten? Tief in unserem Innern wünschen wir einen Beweis, dass wir den richtigen Kurs gewählt haben. Diesmal soll es gelingen und das ganz große Ding werden.

So sehr wir es wollen, so sehr übersehen wir im Sog der Optimierung die Konsequenzen. Wir haben gesessen und sitzen immer noch. Ob vor oder hinter den Gefängnismauern, wir sind in unseren Gewohnheiten träge geworden. Da fällt es schwer, konsequent zu sein. Schön wäre wenig Veränderung, optimal, wenn alles so bliebe. Am liebsten wollen wir uns die Hände nicht schmutzig machen. Doch eines ist sicher: Je länger wir uns den Allerwertesten auf den harten Bänken und Pritschen in einem realen oder seelischen Gefängnis geplättet haben, desto schwieriger wird der erste Schritt. Wir träumen vom Freigang und einem Aufbruch zu neuen Horizonten. Zur Bewegung auf der Stelle soll sich endlich ein Vorwärtskommen gesellen. Das wäre bestechend, will aber ausgehalten werden. Wie bei einem zum Abschuss gespannten Bogen muss der Zustand energetischer Aufladung ertragen werden. Kein Wunder, dass irgendwann die Muskeln zu zittern beginnen, weil die Energie kaum noch zu bändigen ist. Wie erlösend ist der Moment, in dem der Pfeil abgeschossen wird, sich seine aufgestaute Energie endlich entladen kann. Einem abgeschossenen Pfeil können wir nur noch nachschauen, ohne eine Chance, seine Richtung oder Flugbahn ändern zu können. Gedanken laufen aberwitzig schnell durch unseren Verstand: Stimmten Ziel und Weg? Im Moment des Auftreffens schickt uns der Pfeil Antworten. Wir schossen fehl, trafen ins Schwarze, oder das Geschoss prallte ab.

Dieses Beispiel des Bogenschießens lässt sich gut auf unser Leben übertragen. Die Frage ist, ob wir einen ersten Pfeil oder bereits viele tausend Pfeile des Freigangs in Richtung Ziel geschickt haben. Jeder Schuss zeigt uns, wie es um die Qualität der eigenen Fähigkeiten bestellt ist. Stehen wir am Anfang oder sind wir auf dem Weg der Routine und Erfahrung bereits weit vorangekommen? Wer das Hamsterrad der Gewohnheit hinter sich lässt und den Freigang wagt, begibt sich in die Schule des Lebens. In ihr sind der Wille und die Bereitschaft entscheidend, auf neuen Themenfeldern als Novize zu beginnen „Jeder möchte etwas sein, aber keiner möchte etwas werden“[1], bemängelte Altmeister Goethe bereits im 18. Jahrhundert den Unwillen vieler Menschen, mit Offenheit thematisches Neuland zu betreten. Über das Absitzen in bedrückenden Lebenssituationen jammern viele, ändern tun nur wenige etwas. An dieser Stelle gilt es anzusetzen. Innere Hemmungen gegen Veränderungen sind normal. Nutzen wir sie als Ausholbewegung für Neues.

Hamsterräder sind wie schwarze Löcher

Ein Vorstoß ins Unbekannte kann durch schweres Gelände führen. Es war halt noch niemand vor uns auf diesem Weg und Terrain, der die Stolpersteine zur Seite schieben konnte. Ob alte Gewohnheiten, die zwielichtigen Kontakte von früher, unsere Netzwerke, groß und mächtig kann der Drang sein, stehenzubleiben oder in alte Verhaltensweisen zurückzufallen. Hamsterräder sind wie schwarze Löcher; sie haben eine gewaltige Sogkraft. Wer nicht gegensteuert, den verschlucken sie. Neuland zu betreten, kann Schweiß und Tränen bedeuten. Diese Vorstellung schreckt ab. Plötzlich erstrahlt das Bestehende in besonders anziehendem Licht.

Dessen Glanz hat uns über Jahre und Jahrzehnte eingewickelt und gebunden. Hier hat eine teuflische Gewohnheitskraft ihre Heimat. Ob und wie wir sie überwinden können, das ist die Frage. Nur wer sich bewegt, spürt seine Fesseln, so hat es Rosa Luxemburg treffend gesagt und so wird sie gern in der Psychoanalyse zitiert.[2] Die Macht des Gewohnten kann gewaltig sein und uns wie Schienen in der Spur halten. Pioniere kommen selten mit sauberen Schuhen, gewaschenen Händen und Bügelfalten in der Garderobe von ihren Expeditionen zurück. Ein Hamsterrad zu zertrümmern, erfordert jede Menge Kraft und Zuversicht für zaghafte Schritte für einen Gang in die Nebel der Ungewissheit. Dabei können Fetzen und Späne fliegen, je nachdem, wie kraftvoll der Befreiungsschlag ist.

Freigang bedeutet viel mehr als nur den Weg in die Freiheit zu gehen. Freigang ist gleichzeitig die Chance einer inneren Umwandlung auf der Route ins Neuland. Wir haben die Möglichkeit, uns zu ändern und zu entwickeln – können frei werden von den Verhaltensweisen und Fallstricken der Vergangenheit, offen werden für das Neue. Als Freigänger unterwegs zu sein, bedeutet gleichzeitig „Hin zu etwas" und „Weg von etwas" zu sein. Freigänge sind erste Schritte, damit ein Ausbruch aus dem Gefängnis der Gewohnheiten gelingen kann.

Stolpersteine auf dem Weg zur eigenen Entwicklung

Freigang, sich frei zu gehen, bedeutet, achtsam zu werden. Das schafft Möglichkeiten der Verletzlichkeit. Die möchten wir verhindern und panzern uns vor möglichen Gegnern. Egal, aus welcher Richtung diese zuschlagen könnten, wir möchten vorbereitet sein. Also wappnen wir uns und zahlen gleichzeitig einen hohen Preis. Wer jemals in einer Ritterrüstung steckte, weiß, dass der Kämpfer im stählernen Gewande nicht viel von seiner Umwelt mitbekommt. Wer 35 Kilo Stahl am Leibe trägt, ist hauptsächlich mit sich selbst beschäftigt. Allein aufrecht stehen zu bleiben, gehen zu können, wird in diesem blechernen Aufzug zur hohen Kunst. Viele von uns tragen eine Rüstung, die aus seelischen Befindlichkeiten geschmiedet wurde. Sie ist materiell nicht vorhanden, trotzdem drücken ihre Panzer schwer.

Auf Tuchfühlung mit unserer Umwelt zu gehen, bedeutet, empfindsam zu werden: Unsere Sinne fahren ihre Antennen aus. Jetzt gilt es, zu empfangen. Diese Schwingungen aufzunehmen, ist eine Frage der Übung. Leider haben wir diese Fähigkeit oft verlernt. Ohren wurden taub für Klänge der Chancen, Augen blind für die Keime des Neuen, der Tastsinn fühlt nicht mehr den zarten Hauch neuer Möglichkeiten, Geruchs- und Geschmackssinn sind abgestumpft für frische Düfte und lukullisch Unbekanntes.

Noch schlechter steht es um die Fähigkeit, den eigenen inneren Stimmen zu lauschen. Das, was wir Bauchgefühl und Intuition nennen, ist für viele ein Buch mit sieben Siegeln. Diese Welt des Fühlens und Spürens scheint jenseits des Erreichbaren zu liegen. Zu diesem Universum der Talente, Fähigkeiten und Potentiale ist der Zutritt verboten!

Verständlich, dass wir in diesen Situationen empfänglich für einfache und griffige Lösungen und Patentrezepte sind. Einleuchtend erscheint vor diesem Hintergrund das einprägsame Wortgeklingel derer, die unsere Welt in leicht verdaubare Häppchen aus Schwarz und Weiß, Gut und Böse, Oben und Unten aufteilen. Wo Kompliziertes einfach wird, dort lassen wir uns gerne nieder. Wie Fliegen laufen wir Gefahr, den Ködern des „Entweder-oder" auf den Leim zu gehen. In dieser Welt ist alles glasklar geregelt. Diese vermeintliche Klarheit zu erreichen, wird zum Ziel, für das wir uns bis zum bitteren Ende der Erschöpfung abarbeiten. Es klingt so einleuchtend, es muss einfach gelingen. Kaum einer merkt, dass dies eine vergebliche Jagd nach Illusionen und Trugbildern ist. Einfache Wege sind sehr, sehr selten. Was wir mit einem schnellen Griff erjagen wollen, ist nicht oder wesentlich schwerer zu erreichen, als es der Augenblick und flotte Spruch erahnen lassen. Mit dieser Einsicht wäre schon viel gewonnen. Leider dämmert uns diese Wahrheit entweder gar nicht oder erst nach endlosen Versuchen und ausdauerndem Scheitern. Unser Dasein ist kompliziert. Wer dem Charme falscher Versprechungen auf dem Leim geht, läuft Gefahr, sein Ziel aus den Augen zu verlieren. Persönlichkeitsentwicklung ist harte Arbeit, auf deren Routen es knüppelhart kommen kann. Dafür müssen wir den Blick fokussieren, sonst verlieren wir uns in den Irrwegen der Entscheidungsvielfalt. Wir können nicht alles und das auch noch gleichzeitig haben. Wer sich entscheidet, trifft eine knallharte Wahl über das, was er tut, und das, was er lässt.

Die Welt der einfachen Wege und Lösungen ist oft eine unerreichbare Utopie. Seit Jahrzehnten predigen uns die Werbepropheten, dass mit ihren Produkten und Dienstleitungen alles leichter würde. Was passiert? Das Gegenteil. Meist wird die Welt komplizierter. Wer nicht ständig technisch im Thema ist, packt mit innerem Grausen sein neues Handy aus. Jubelnd preist die Verpackung glorreiche Zeiten an, doch zunächst beginnt der Alptraum der Inbetriebnahme. Schon in diesem grauenhaften Wort aus der Welt der Technik steckt der Wahnsinn unserer Zeit. Jedes neue Gerät erschlägt uns mit der Vielfalt seiner Möglichkeiten. Um die alle auszuschöpfen, müssten wir 130 Jahre alt werden. Folglich laufen viele Menschen Gefahr, sich an technischem Schnickschnack abzuarbeiten, den sie nicht benötigen, der sie aber höchst wirkungsvoll von den wesentlichen Dingen abhält. Im Kampf mit der Technik verlieren wir – wieder einmal – den Blick für das Wesentliche. Ein typischer Gedanke: Wir fühlen uns wie Gefangene.

„Keine Regler und Knöpfe – keine Probleme" erklärte mir vor Jahrzehnten Thomas Reußenzehn, Produzent von Röhrenverstärkern für Gitarren, seine Produkte. Es gab drei Grundlautstärken: 25, 50 und 100 Watt. Das war wie im Paradies – Vollgas und ab dafür! Diese Schlichtheit wünschen sich heute mehr und mehr Menschen. Es gibt Handys, mit denen die Menschen nur telefonieren. Ich will einfach telefonieren, möchte mich auf mein Leben, meine Ideen und meine Arbeit konzentrieren, nicht ständig vom digitalen Gedudel aus der Konzentration gerissen werden. Mein Wunsch nach Schlichtheit wächst, allein er bleibt wohl unerfüllt. Ebenso wenig, wie ständig die Sonne scheint, glänzt der Lack einer polierten Kulisse rund um die Uhr. Unser Dasein ist ein Universum der Zwischentöne und anspruchsvollen Substanzen, die sich einem schlichten Schwarz-Weiß-Raster entziehen. Immer nur Sonne macht die Wüste. Selbst der längste Regenguss, die dunkelste Nacht haben irgendwann ihr Ende.

Wie schwer genaue Voraussagen sind, zeigt uns jeden Tag der Wetterbericht – oft kommt es vollkommen anders. Die Vorhersagbarkeit gehört zu den größten Illusionen unserer Zeit. Statistiken, Zahlen, Daten und Fakten gaukeln uns vor, dass wir wissen könnten, was auf uns zukommt. Das ist ein Trugbild. Wir können nie sagen, wie es wird. Ein Vulkan bricht 2010 in Island aus und legt für Wochen große Teile des weltweiten Flugverkehrs lahm. Konnte das jemand voraussagen? Nein. Bis zum 18. Jahrhundert dachten die Menschen, dass alle Schwäne weiß seien müssten. Ein schwarzer Schwan war jenseits aller Vorstellungskraft. Bis in Australien die ersten Schwäne im dunklen Federkleid gesichtet wurden. Statistiker bezeichnen dies gerne als „Schwarzen Schwan". Nassim Nicholas Taleb hat darüber einen Klassiker geschrieben, dessen Lektüre ich jenen, die ihn noch nicht gelesen haben, dringend empfehle.[3] Taleb arbeitete früher als Finanzmathematiker und Spezialist für Derivat- und Anlage-Strategien. Seine These: Wir glauben, die Vergangenheit nutzen zu können, um die Zukunft vorherzusagen.[4] Folglich laufen wir Gefahr, aktuelle Geschehnisse falsch in den Fluss der Zeit einzuordnen. Sein Credo: Geschichte wird nicht gemacht, Geschichte wird geschrieben – und manchmal wird sie auch umgeschrieben.[5] Menschen suchen nach der Abkürzung zum Erfolg, aber der Weg dorthin ist kompliziert und unberechenbar.

Sklaven der digitalen Welt

Das Füllhorn der Auswahlmöglichkeiten in unserer Welt kann gehörig auf die Nerven gehen. Tun wir dieses oder jenes? Womit lohnt es sich, sich zu beschäftigen? Mit all diesen Möglichkeiten konfrontiert zu werden, gehört zu unserer Zeit. Daran lässt sich wenig ändern. Eine scheinbar endlose Vielfalt löst bei vielen Stress und Bedrückung aus. Natürlich wollen wir – als aufgeklärte Zeitgenossen – uns richtig entscheiden. Aber so richtig richtig, ganz genau richtig. So, wie das die medialen Besserwisser und Erzeuger unseres immer schlechteren Gewissens täglich verkünden. Auf diese Weise wird der Gang zum Marmeladenregal ein zäher innerer Entscheidungskampf, der sich in die Länge zieht. Sie lassen die bunten Gläser stehen. Das Frustrierende: Selbst Alternativen wie Honig, Käse oder Schinken präsentieren sich in ähnlich verwirrender Fülle.

Der Soziologe Heinz Bude spricht in seinem Buch „Gesellschaft in Angst" von einem „Leben im Wartezimmer".[6] Er attestiert uns eine „Lebenshaltung, die auf nichts verzichten will und deshalb alles unter einen Hut zu bringen versucht."[7] Rettung verspricht ein Gang an die Bedientheke mit der Frage: „Was können sie empfehlen?" Dort können wir auf eine kompetente Beratung vertrauen. Wie gerne nicken wir, wenn es heißt: „Darf es ein bisschen mehr sein?"

Welche Blüten unser Optimierungswahn treibt, zeigt ein Blick in die Statistik. Längst hat der Drang, ständig alles zu checken und im Griff haben zu wollen, suchtartige Auswüchse entwickelt.[8] Wir werden mehr und mehr zu Sklaven der digitalen Welt. Werfen Sie einen Blick auf Menschen in der U-Bahn oder in ihrer näheren Umgebung. Mehr und mehr Zeitgenossen tragen Stöpsel im Ohr und starren gleichzeitig ständig auf ihr Handy. Mädchen beklagen, dass die Jungs heute gar nicht mehr richtig flirten könnten, da sie ständig auf das Anzeigefeld ihres Handys starren.[9] Wer in der Öffentlichkeit den Blick für sein Gegenüber sucht, findet es immer weniger. „Das Starren auf die ganze Welt im Handy führt zu Blindheit für den Nächsten", schreibt Uwe Schmitt.[10] Jeder liebevolle Flirt wird so zerschnitten wie mit einer Heckenschere. Das hat Folgen. Wer nach zehn Jahren im Knast – dort gibt es keine Handys – wieder in Freiheit ist, dürfte vom permanenten Abschweifen der Menschen und Unterbrochenwerden durch unsere digitalen Nervensägen geschockt sein. Wir laufen durch die Welt und sind geistig nicht ganz da. Oder sind wir bereits nicht mehr ganz dicht?

Wer ein Gespräch ernst nimmt, schaltet zuvor sein Handy aus oder stumm. Tun wir dies nicht, schweifen wir immer wieder ab und vermitteln von außen den Eindruck, in verschiedenen Universen unterwegs zu sein. Aus den digitalen Helferlein sind längst Hamsterräder geworden, die uns mehr und mehr gefangen nehmen. Freiheit? Fehlanzeige! Wer sein Handy verliert, empfindet dies als Untergang des Abendlandes. Nach dem Schrei „Bloß raus hier!" aus der handyfreien Welt setzt Panik ein, die von der ängstlichen Vorstellung angefeuert wird, dass sich die Welt ohne uns drehen könnte. Höchste Zeit, diese Zwickmühle hinter uns zu lassen.

Schlagartig wird klar, wie uns dieses digitale Gefängnis eingekerkert hat. Nur ein Tag ohne Handy und Internet könnte ein Ausbruch oder ein lang ersehnter Freigang werden. Ein klassischer Prozessmusterwechsel, die Morgenröte neuer Verhaltensmuster. Das wäre eine Frage der Vorstellungskraft. Oder fühlen wir bereits bei dem Gedanken daran eine gigantische Sogwirkung, die uns in die bestehenden Strukturen zurückziehen will?

Wie ein schwarzes Loch, das alles aufsaugt, während wir immer noch glauben, das Steuer unseres Lebens und den Kurs fest im Griff zu haben. Die Situation erinnert an ein Mäuserennen. Alle Vierbeiner jagen in Richtung Käse und sind am Ziel stolz über vermeintlich eigenverantwortliches Handeln. Größer könnte die Illusion nicht sein. Schmunzeln kann derjenige, der den Käseköder für uns ausgelegt hat, dem wir so planmäßig auf den Leim gehen. Wir rudern als Sklaven in einer digitalen Galeere, ohne zu wissen, wohin die Reise geht.

Platte Reifen und Stringtangas auf der Leine

Lebenspartner lassen wir uns mittlerweile per Computer über Matchpunkte oder per Tinder vorauswählen. Zufälliges Verlieben ist etwas für Traumtänzer aus dem vergangenen Jahrhundert. Sogar Singlebörsen waren gestern, heute ist Tinder das Maß der Kontaktvermittlung. Da wird nach rechts oder nach links geswipet (mag ich oder mag ich nicht). Oft kommt es gar nicht zum Date, weil sich die Leute schon so in den Möglichkeiten verlieren, dass sie nur noch swipen. Der Begriff swipen bezeichnet ursprünglich das Durchziehen einer Kreditkarte durch ein Lesegerät, er wird auch für das Hin- und Herschieben mit dem Finger auf einem Handy oder Tablet verwendet. Strategisch wollen wir unser Glück über Statistik und Algorithmen erzwingen. Sicherheitshalber bei allen namhaften Partnerbörsen gleichzeitig. Da ist der Überblick über den Stand des Datens schnell dahin. Das dauernde Glotzen auf Nachrichten und Vorschläge zerrt an den Nerven. Sind wir heute mit Isabell oder Doreen verabredet? Heißt unser Traumprinz um 19.30 Uhr Sven oder Jerome? Treffen wir uns heute oder erst morgen? Die rettende Lösung für den Moment: Wir sprechen uns mit Maus und Hase an – das geht immer, auch wenn der Name aktuell nicht geläufig ist.

Es fehlt das Vertrauen in eine Klarheit, die aus dem Hier und Jetzt erwächst. Rettung verspricht die Flucht ins Ungefähre. Beliebter Spruch: „Ich ruf' dich an!" Am Ende haben wir vor lauter Auswahl den Überblick darüber verloren, was wir wollten. Gedanken wie „Es könnte ja noch etwas Besseres kommen" halten unser Flugzeug in der Warteschleife über dem Flughafen. Wir kreisen in der Luft und haben doch nicht vor zu landen. Dieses Hamsterrad ist aus Streben der Unverbindlichkeit geschweißt, seine unsichtbaren Gitter bestehen aus einem dichten Netz zahlloser Möglichkeiten. Festlegen? Nein, Danke. Es könnte ja die falsche Entscheidung sein.

Wir wollen das Nonplusultra und erblinden für den Zauber des Augenblicks, stünde die Chance unseres Lebens greifbar neben uns – wir würden sie übersehen, weil sie nicht im Fokus unseres Optimierungswahns liegt. Das erinnert an den Reisebericht eines fernöstlichen Meisters: „Ich investierte all mein Geld, um die Schönheiten dieser Welt zu schauen. Reiste von einem Ende des Horizonts zum nächsten. Als ich nach Jahren wieder zurückkam, bemerkte ich die schönste Blume auf dem Müllhaufen neben meinem Haus. Dort hatte ich sie übersehen." Friedrich Dürrenmatt formulierte es in seinem Drama „Die Physiker" so: „Je planmäßiger die Menschen vorgehen, desto wirksamer vermag sie der Zufall treffen."[11] Wir laufen Gefahr, vor lauter Planung unser Leben zu vergessen. Mittlerweile geben viele die Jagd im Strudel der unüberschaubaren Möglichkeiten auf und dem Zufall wieder eine Chance. Wer einen Partner finden möchte, quält sich nicht mehr mit Matchpoints im Internet ab, sondern wählt einen bewährten Weg und trifft andere Menschen wieder ganz klassisch beim Kaffeetrinken.[12] Amors Pfeile werden nicht nur im Internet verschossen, er ist mehr im wirklichen Leben unterwegs.

Dazu gibt eine faszinierende Anekdote, die mir vor längerer Zeit eine Klientin erzählt hat. Die hübsche Zahnärztin hatte ihre mittlerweile gut laufende Praxis eröffnet. Jetzt fehlte nur noch der Mann fürs Leben. Dieser Glücksgriff entzog sich allerdings hartnäckig seiner Vollendung. Obwohl in allen angesagten Singlebörsen vertreten, wollte und wollte sich der passende Partner bei ihr nicht einstellen. „Ich will raus aus diesem blöden Alleinsein", dachte sie. „Ich will heiraten und mit meinem Mann Kinder haben", wünschte sie sich. Von computergenerierten Partnervorschlägen genervt, war sie kurz davor, in Sachen Partnerschaft das Handtuch zu werfen. In der Tat erfüllte sie vier Kriterien, die ihr Glück auf dem Paarungsmarkt erschwert hatten: Promoviert, hübsch, blitzschlau, anspruchsvoll – dieser Vierklang weiblicher Persönlichkeitsentwicklung hatte – wie so oft – die Männer auf Distanz gehalten.[13, 14] Dann landete Amor einen Zufallstreffer.

Es war ein nebliger Novembernachmittag, als die Zahnärztin vor ihrem Haus in Richtung Auto ging. „Merkwürdig, der Wagen steht ja schief", dachte sie. In der Tat, der hintere rechte Reifen war platt, noch dazu war er ziemlich eng an den Bordstein herangequetscht. Zwar besaß die Medizinerin den Pkw bereits ein paar Jahre, Reserverad und Werkzeug hatte sie allerdings noch nie ausgepackt. Beides schlummerte originalverpackt in den Tiefen des Kofferraums. Der merkwürdige längliche Haken unter dem Werkzeug entpuppte sich als Schlüssel zum Lösen der Radmuttern. Ratlosigkeit wollte sich breitmachen, als plötzlich von hinten eine markante Männerstimme zu vernehmen war: „Wie kann man einen Wagen nur so nah am Bordstein parken. Setzen sie sich mal hinter das Steuer – Zündung rein, Gang raus, ich schiebe, damit wir Platz bekommen." „Blöder Kerl", war ihr erster Gedanke, und doch sah sie sich im Auto sitzen und den Anweisungen Folge leisten. „Haben sie kein Radkreuz? Dachte ich mir", war der nächste Kommentar des Mannes.

Dann setzte ein zarter Novemberregen ein. Unter dem Schirm der Zahnärztin löste er ächzend die festsitzenden Radmuttern mit seinem eigenen Radkreuz. Ab da war alles nur noch Routinearbeit. Den Wagenheber angesetzt, Rad gewechselt, Schrauben angezogen – fertig. Lediglich die Hände des Helfers starrten vor Dreck und Öl. „Sie waschen sich bei mir erst einmal die Hände, und ich koche uns einen Kaffee", im Verlauf des Radwechsels hatte sich die Stimmung der Medizinerin merklich aufgehellt. Mit aufgekrempelten Ärmeln und erhobenen Dreckhänden schlug der Helfer in der Not den Weg Richtung Badezimmer ein. Auf den Lippen die typische Männerfrage: „Haben sie vielleicht Kaltreiniger?"

Bald blubberte in der Küche das angekündigte Heißgetränk aus einer italienischen Edelkaffeemaschine. Doch plötzlich durchzuckte die Zahnärztin ein Gefühl der Peinlichkeit. Im Bad, dort, wo ein wildfremder Mann sich die Hände wusch, hing ihre Unterwäsche zum Trocken auf der Leine über der Badewanne: halterlose Strümpfe, Stringtangas in allen Formen und Farben sowie jene Helferlein der Lingerie, die der weiblichen Performance zu bestechender Überzeugungskraft verhelfen. Ihre Oma, Gott hab' sie selig, feuerte ob dieses Skandals als gefühlte Nervensäge im Ohr Salven der Vorwürfe ab: „Was soll nur der Mann von dir denken? So etwas hätte es bei uns nicht gegeben. Warte nur, bis Oma nach Hause kommt und das erfährt! Wie kannst du uns diese Schande antun?" Schamesrot wollte die Zahnärztin in der Erde versinken. Doch gab es dazu keinen Anlass.

Bald darauf kam der Radwechsler mit blitzsauberen Händen und Fingern aus dem Bad. Von der Wäsche auf der Leine hatte er im Eifer des Schrubbens nichts mitbekommen – Männer denken und arbeiten fokussiert. Als der technische Helfer in der Not sich am Küchentisch niederließ, schauten sich die beiden zum ersten Mal bewusst in die Augen. Es war ein tiefer Blick, länger als üblich, und zwei Herzen taten einen Sprung. Eine Woche und drei Candlelightdinner später waren die beiden ein Paar, nach einem halben Jahr haben sie geheiratet. Der Rest war Schmunzeln, bis die Zahnärztin noch einmal zu mir kam. „Das Verrückteste von allem: Raimund ist überhaupt nicht mein Typ – dachte ich. Jahrelang habe ich mich an bindungsscheuen Verrücktmachern abgearbeitet, die mich nach kurzer Zeit mit gebrochenem Herzen zurückließen." Es zeigt sich: Selbst erhöhte Wiederholungen des Erfolglosen führen nicht zum Ziel. Doch das Beste kommt zum Schluss. Die beiden Glücklichen wohnten nur zwölf Häuser voneinander entfernt seit Jahren in trauter Nachbarschaft. Wer ständig im Internet surft, trifft den Partner seiner Träume selten auf der Straße. Menschen ergreifen keine Chancen mehr, weil sie stets auf der Suche nach der noch besseren Gelegenheit sind. Fußball ist ja auch vor allem auf dem Platz …

Fast zwangsläufig entsteht beim Selbstoptimieren ein gewaltiger Frust. Das Angestrebte will sich ums Verplatzen nicht einstellen. Enttäuschend ist die Lektüre aus einer Welt, in der alles zu gelingen scheint. Auf dem Papier, in der Theorie, klingt es so einleuchtend. Was jene schafften, muss auch ich erjagen. Der Weg eines Gurus zeigt die Richtung: „Seht her, ich habe es geschafft. Folgt mir in die lichten Höhen meines Themen-Nirwanas. Tut, was ich Euch sage, und schon stellt sich der gewünschte Effekt ein."

Damit befinden wir uns auf dem gefährlichen Eis einer Denkrichtung, die als positives Denken durch die Welt geistert. Der positiv Denkende unterwirft sich einem bedingungslosen Machbarkeitswahn, der sich in Sätzen wie „Alles ist möglich!", „Sag ja zum Erfolg" oder „Sei ein Adler" ausdrückt. In der Welt des positiven Denkens scheint immer die Sonne. Ein Blick hinter die Kulisse des schönen Scheins zeigt bedrückendes. Labile und unkritische Menschen haben durch das positive Denken reihenweise den Bezug zur Wirklichkeit verloren. Schwächen werden ignoriert, Menschen über einen Kamm geschoren. Das brutale Fazit: „Wer es nicht schafft, ist selber schuld."

Die schnelle Lösung, der goldene Schuss ins Schwarze klingen schön, doch sind sie zu schön, um wahr sein zu können. Denn „mal eben schnell" und mit dem Besuch einiger Seminare lassen sich die Grundkoordinaten des Lebens nicht dauerhaft verändern. Zwar ist das möglich, doch wird es anstrengend. Da bleiben wir doch lieber auf der Couch und träumen weiter in den Paralleluniversen des positiven Denkens.

Ein Ausbruch aus dem Bestehenden ist möglich, doch anspruchsvoll. Er fordert uns eine Menge ab. So, wie es sein sollte, funktioniert das Leben meistens nicht. Selbst in Zeiten dauerhafter Lebensoptimierung können die ersehnten Erfolge nervenzerfetzend lange auf sich warten lassen. Via Smartphone werden mehrmals täglich Blutdruck, Schrittzahlen und Kalorienverbrauch gecheckt, dem Ziel eines minimierten Körperfettanteils steht nichts entgegen. Auf dem Papier schieben wir unsere theoretische Lebensdauer Tag für Tag in Richtung unseres 100. Geburtstages. Diese Daten übermitteln wir unserer Krankenkasse, die entsprechend unseren Tarif optimiert. Trotzdem stellen sich Glück und Ausgeglichenheit nicht ein. Je mehr wir planen, checken, analysieren, desto mehr schließt sich um uns ein unsichtbares Hamsterrad, das uns vom wahren Leben und spontanen Dasein abschirmt. Wir erstreben Perfektion und verlieren dadurch das, was wir heiß ersehnen, aus den Augen: Außergewöhnlichkeit und das Erkennen des passenden Momentes. Dieser lässt sich nicht planen, ist nicht perfekt. Er passiert uns vielleicht, wenn wir gänzlich unvorbereitet sind.

In der griechischen Mythologie gibt es dafür eine faszinierende Persönlichkeit: Kairos, der Gott des rechten Zeitpunkts. Im Ranking der Götterriege spielt er kurioserweise eine Nebenrolle. Kairos wirft keine Blitze, stellt keinem Weibsvolk nach, schwingt weder Hammer noch Dreizack. Doch wer sich mit ihm beschäftigt, stellt fest, wie vertraut uns sein Verhalten und Erscheinen sind. Kairos besitzt eine markante Besonderheit. Vorne auf der Stirn trägt er einen langen Zopf, während er am Hinterkopf vollkommen kahl ist. Aus Schultern und Fersen wachsen ihm Flügel. Schnell, rasend schnell, läuft er auf uns zu, so dass wir ihn und den richtigen Moment nur einen kurzen Augenblick von vorne bei den Haaren packen können. Läuft der Gott mit uns auf gleicher Augenhöhe, ist die Gelegenheit vorbei. Einen kahlen Schädel kann niemand festhalten. Es bleiben das Nachsehen und der Ärger darüber, dass eine Chance ungenutzt verstrichen ist. „Was du dem Augenblicke ausgeschlagen, bringt keine Ewigkeit zurück", formulierte schon Friedrich Schiller[15] in seinem berühmten Gedicht „Resignation". Sein Kollege Goethe sagte es positiv: „Doch der den Augenblick ergreift, das ist der rechte Mann."[16]

Seien wir ehrlich, wie oft lassen wir Chancen und günstige Momente ungenutzt verstreichen? Möglichkeiten, neu zu beginnen, einen neuen Partner zu finden, Erfahrungen zu sammeln, aus alten Gewohnheiten auszubrechen. Doch was tun wir: Wir bleiben sitzen in unserem Erfahrungsgefängnis. Obwohl Kairos in der Götterwelt der Griechen in der zweiten Liga spielt, haben die Psychologen nach ihm die Kairophobie benannt. Darunter verstehen Mediziner die Angst, Entscheidungen zu treffen.[17] In Kairos steckt mehr, als wir ahnen. Auf ihn lässt sich die Redensart, eine

„Gelegenheit beim Schopf" zu packen, zurückführen.[18] Gleiches gilt für den Ausdruck „auf Messers Schneide". Kairos wird oft mit einer Waage abgebildet, die er auf einer Rasierklinge balanciert.[19] Zur Begleitmusik dieses Gottes zählen Sätze, die jeder von uns kennt:

- Hätte ich doch!
- Warum habe ich nicht?
- Wie konnte ich nur!

Ausgesprochen und gedacht werden sie, wenn Kairos wieder einmal unaufhaltsam vorbeigeeilt ist. Er ist ein Sinnbild für verpasste Chancen. Wer das erkennt, könnte daraus lernen. Dies wäre ein klassischer Ausbruch aus den Mauern festgefahrener Verhaltensweisen. Es zu tun, ist schwer, sehr schwer. Wer Apple-Gründer Steve Jobs bei der Gründung seiner Firma 1000 Dollar Kapital geliehen hätte, wäre heute steinreich. Wir wünschen heute, dass wir damals dieses Wagnis eingegangen wären. Damals hätten wir das Investment abgelehnt. Was lässt uns zugreifen, wenn Kairos auf uns zurast, was hält uns davon ab?

Ähnlich tragisch berichtet mir ein Klient: Dessen Vater wurde von zwei Kaufleuten aus dem Ruhrgebiet Anfang der 1950er Jahre um einen Kredit in Höhe von 10.000 Mark gebeten. Die beiden hatten Großes vor, leider fehlte ihnen das nötige Kapital. Die Hälfte ihres Handelsunternehmens waren sie bereit, ihm dafür zu überschreiben – auf Lebenszeit. Besagter Zeitgenosse besaß die finanziellen Mittel, doch lehnte er ab. Ihm kam das Investment „zu unsicher" vor. So dümpelte sein Geld weiter mit bescheidenem Zins bei gefühlter Sicherheit auf irgendeinem Sparbuch dahin. Die beiden Mülheimer Kaufleute, ihr Name war Albrecht, ließen sich von der Absage nicht vom Kurs abbringen und bauten ihr Geschäft zum weltweit agierenden und milliardenschweren ALDI-Konzern auf. Wir ahnen, dass sich der verhinderte Milliardär täglich in den Allerwertesten beißt und wiederholen Kairos Begleitmusik:

- Hätte ich doch!
- Warum habe ich nicht?
- Wie konnte ich nur!

Gelegenheiten wie die beschriebenen bieten sich auch heute immer wieder. Sie zu nutzen oder zu unterlassen – das ist das Thema unserer Zeit. Wie das geht, wissen wir längst. Was brauchen wir, um es zu tun? Was hält uns davon ab? Das ist des Pudels Kern. Hier schlummert der Hase im Pfeffer und wartet darauf, zum Leben erweckt zu werden. Gelegenheiten sollten wir nutzen.

„Ich verdiene so viel, ich kann dein Leben kaufen."

Wofür reiht sich in unseren privaten Bibliotheken Ratgeber an Ratgeber? Beten wir jeden Tag auswendig gelernte Sprüche herunter, ohne dass sich in unserem Leben etwas verändert? Längst müssten wir uns Millionäre nennen, nur noch vier Stunden in der Woche arbeiten, 10.000 Freunde gewonnen haben, uns mit Legionen von Traumpartnern in des Lebens praller Süße suhlen. Es könnte so galaktisch sein, wir dem Elysium nahe, göttergleich in kosmischen Höhen. Zum Augenblicke möcht' man sagen, verweile doch, du bist so schön. Mit diesem Bewusstsein bis zur Überdosis motiviert, stürzen wir uns täglich auf unsere Perfektionierungsrallye, fahren wir mit Vollgas auf der Route in Richtung Selbstoptimierung. Doch leider irrt der Mensch – auch hier –, so lange er strebt. Die Höhenflüge ohne Substanz sind von kurzer Dauer.

Ab einer bestimmten Gehaltsklasse besteht die Gefahr, jegliche Bodenhaftung zu verlieren. Dazu zwei Fälle aus der Fußball-Bundesliga: Wie naiv muss ein Spieler wie Marco Reus sein, dass er jahrelang seelenruhig ohne Führerschein durch die Lande fuhr. Regeln, das scheint jenes störende Beiwerk für die niederen Schichten zu sein, die für die Masters of the Universe auf dem Weg zur nächsten Party nicht gelten.[20] Das Kuriose: Mehrfach war Reus durch zu schnelles Fahren aufgefallen, nie hatte jemand seinen Führerschein kontrolliert. Waren die Beamten blind, BVB-Fans oder beides? Erst bei einer Routinekontrolle am 18. März 2014 am Dortmunder Friedensplatz kam die Wahrheit ans Licht. Wahrscheinlich waren die Polizisten auf den auffälligen Aston Martin des Fußballers neugierig geworden. Reus präsentierte einen „gefälschten holländischen Führerschein" und kassierte dafür einen Strafbefehl vom Staatsanwalt in Höhe von 540.000 Euro.[21] Mittlerweile besitzt der Blondschopf einen regulären Führerschein.[22]

Erheblich rustikaler, doch umso bezeichnender waren die Kommentare des ehemaligen Bremer Bundesligaspielers Marko Arnautovic, als dieser vor Jahren in eine Polizeikontrolle kam.[23] Dem Enfant terrible des österreichischen Fußballs ging es nicht schnell genug, da rastete er aus: „Lecken sie mich am A…" soll er österreichischen Beamten gesagt haben und „Du hast mir gar nichts zu sagen. Ich verdiene so viel, ich kann dein Leben kaufen. Ich bin etwas Höheres als Du."[24] Möge der Himmel verhüten, dass der gute Marko jemals mit dieser Einstellung ein Gefängnis von innen sehen muss. Die Insassen würden ihn mit einfachen, aber wirkungsvollen Mitteln auf dem Wege seiner Bewusstseinsbildung und Reue intensiv unterstützen.

Wer dermaßen abgehoben durch die Welt zieht, für den sind Abstürze oder Krisen besonders dramatisch. Mit einem Mal entpuppen die Niederungen des Alltags etwas vollkommen anderes als die bislang vertraute

Aufreihung von Partys, Kohle und Erfolgen. Wir ahnen, dass tief in uns verborgene Kräfte schlummern, die uns aus der Bahn werfen können. Das macht uns Angst, das wollen wir nicht wahrhaben; also wird es verdrängt. Genau das darf nicht sein, ist in der Welt der 110-Prozent-Erfüller nicht vorgesehen. In den Sphären des positiven schönen Scheins strahlt die Sonne dauerhaft am Himmel der Glückseligkeit. Egal, ob sich der rauschverströmende Traum einem plötzlichen Ende nähert; wir geben nicht auf und wollen, dass die Party weiterläuft. Die Kulissenschieberei geht in die nächste Runde. Wir wollen unseren Erfolg erzwingen. Dafür scheint uns kein Weg zu weit:

- Gib niemals auf!
- Du musst nur einmal öfter aufstehen als hinfallen!
- Sag Ja zum Erfolg!
- Wer am Boden ist, kann nicht mehr fallen!

Die Liste könnte noch verfeinert werden. Aus einem „Alles ist möglich!" werden Gesetze universeller Machbarkeit abgeleitet. Die Welt aus den Angeln zu heben, erscheint lediglich als eine Frage der systematisierten Strategie und Organisation. Doch das ist ausgesprochener Schwachsinn und hochgefährlich. Es ist eben nicht alles machbar. Mag ich noch so oft gebetsmühlenartig formulieren, dass der Rhein Richtung Schweiz fließen möge, mein Wunsch bleibt unerfüllt. Das Wasser fließt zum Meer, nicht umgekehrt. Die Grundfesten für Erfolg wie Leichtigkeit lösen sich schnell in Wohlgefallen auf und erscheinen wie Außerirdische aus fernen Galaxien. Bei allem, was wir uns wünschen, gilt es stets, die Machbarkeit im Auge zu behalten. Das ist etwas vollkommen Anderes, als im Gefängnis der Gewohnheit zu bleiben. Oft unterschätzen wir, was wir mit den uns zur Verfügung stehenden Mitteln verwirklichen können. Genauso wie wir schnell überschätzen, was wir mit unseren Fähigkeiten stemmen können. Entwicklung braucht Zeit. Wer das erkennt, hat viel gewonnen. Langfristig, mit Ausdauer und Disziplin, lässt sich sehr viel mehr erreichen, als wir von jetzt auf gleich über das Knie brechen wollen.

Der Schalk Till Eulenspiegel[25] ließ einst vollmundig verkünden, er wolle zur Mittagszeit vom Dach des Magdeburger Rathauses fliegen. In Windeseile verbreitete sich die Nachricht, scharenweise strömte das Volk auf dem Marktplatz zusammen. Schlag Zwölf erschien Eulenspiegel wie verabredet auf dem Sims des Rathausdaches. Gemächlich breitete er seine Arme aus und begann mit ihnen wie ein Vogel mit seinen Flügeln zu schwingen. Gleich würde sich der Schalk in die Lüfte erheben, und den Gesetzen der Schwerkraft mit elegantem Fluge trotzen. Die Menge hielt den Atem an. Leider blieb die Sensation aus. Vom Rathausdach war nur ein schallendes

Gelächter zu vernehmen. „Ich habe gesagt, dann ich vom Rathausdach fliegen will. Ob ich es kann, das ist die Frage. Da ich kein Vogel bin, kann ich es nicht. Ihr glaubtet, dass ich der Welt größter Schalk bin? Ich sehe einen ganzen Marktplatz voller Narren vor mir. Jeder wollte glauben, was nicht sein kann." Der Schelm stieg vom Dach, murrend und fluchend zerstreute sich das Volk. Die Anekdote aus dem späten Mittelalter zeigt, wie schnell Menschen trotz erwiesenen Schwachsinns Bauernfängern auf den Leim gehen. Die Bereitschaft, etwas zu tun, mag noch so groß sein. Was zählt, ist die Fähigkeit, es zu können. Ist die nicht vorhanden, bleibt alles Mumpitz und Theaterdonner.

Die bittere Wahrheit – Idole sind auch nur Menschen

Viele von uns versuchen früher oder später, in die Fußstapfen unserer selbsternannten Vorbilder zu treten. Menschen, deren Lebensleistung uns besonders faszinieren. Seit die Menschen sesshaft wurden und vom Beruf des Jägers zum Ackerbau überwechselten, gehörten Bilder und Statuen zum frühgeschichtlichen Alltag. In der Zeit davor zeichneten die Menschen der Jagdkulturen mystische Figuren, halb Mensch, halb Tier, auf die Höhlenwände. Heute vermuten wir, dass sich die Steinzeitjäger der Cro-Magnon-Menschen damit geistig und körperlich auf eine erfolgreiche Hatz auf Mammut, Bison oder Hirsch eingestimmt haben. Wer die Höhlen von Lascaux in Frankreich besucht, kann sich von der Faszination begeistern lassen, welche diese Zeichnungen noch heute, nach zehntausenden von Jahren, ausstrahlen. Die Höhle gilt als „Sixtinische Kapelle der Höhlenmalerei".[26] Pablo Picasso soll nach einem Besuch in Lascaux selbstkritisch über seine Künstlerzunft gesagt haben: „Wir haben nichts Neues gelernt."[27]

Ob als Höhlenmalerei, Poster an der Wand oder als Selfie mit einem Superstar, die Kraft der Bilder fasziniert und prägt gleichermaßen. Jede Mutter, jeder Vater blickt verwundert auf die Postergestalten an den Zimmerwänden der eigenen Kinder. In schnellem Wandel hängen dort Persönlichkeiten, denen wir vielleicht nur ungern im Dunkeln begegnen würden. Bei meinem Schulfreund Peter schockte KISS-Frontmann Gene Simmons in voller Bühnenmontur von der Wand. Darunter hatte Peter „Sei wie er!" auf die Tapete gemalt. Schaurig, schaurig, als die finnische Hard Rock-Truppe Lordi 2006 mit ihrer Hymne „Hard Rock Halleluja" den Eurovision Song Contest gewann. Voller Freude hatten sich die Schlager- und Songfans europaweit vor dem Fernseher versammelt – und dann das. Doch allen im Hals steckengebliebenen Chips und Brezeln zum Trotz, die düsteren Buben aus dem hohen Norden fuhren den Sieg ein. Zahllose Senioren sahen den Untergang des Abendlandes als vollendet an.

Was dabei gerne vergessen wird: Zum Jubel der Jungen gehört die Empörung der Eltern. Auch an diesem Abend galt: Vorbilder faszinieren, regen emotional an. Mag das Haupthaar heute silbern sein, Wellen der Begeisterung und Ekstase haben Musik und Bühnenperformance schon immer ausgelöst. Die empörten Eltern von heute waren die kreischenden Fans von gestern. An diesem Phänomen haben sich die Generationen stets gerieben. Beim Geiger Nicolo Paganini schworen Zeitgenossen Stein und Bein, sie hätten den Leibhaftigen neben dem Saitenhexer auf der Bühne gesehen. Glen Millers Swing wurde von den Nazis als Negermusik tituliert. In den Hüftschwung von Elvis Presley wurden kommunistische Unterwanderungsversuche interpretiert. Die Musik der Beatles soll, rückwärts abgespielt, satanische Botschaften unter die Fans der Fab-Four gedudelt haben. Alice Cooper verriet mir einst, was jeder heute weiß: „Ich war noch nie ein Freund von Eltern."

Ein Fan, ob Wagner oder Heavy Metal, ist in den seltensten Fällen ein Mensch, der seine Leidenschaft zum großen Vorbild kritisch hinterfragt. Im rosaroten Fanuniversum erstrahlt kein Licht für einen realistischen Blick durch eine frisch geputzte Brille. Die Rollen sind eindeutig verteilt. Star ist, wer die Menschen in euphorische Höhenflüge versetzt, derweil die Fans sich aufs Kreischen und Jubeln beschränken. Kritik löst sich im allgemeinen Freudentaumel auf oder sie findet erst gar nicht statt.

Noch extremer ist dieses Verhalten bei Sekten. Wer einmal in deren Fängen gelandet ist, kommt, nach intensiver Gehirnwäsche auf Linie gebracht, aus eigener Kraft kaum wieder auf die geistige Freiheitshöhe der Vorsektenzeit. Glauben heißt eben, nicht zu wissen. Beweisführungen kann es nicht geben. Genau an diesem Punkt lauert eine Gefahr. Geht es um Glaubensdinge, werden wir emotional und öffnen unser Herz. Wir schießen uns lange, vielleicht jahrzehntelang, auf ein Thema ein, im heißen Bemühen, das gesetzte Ziel auf jeden Fall erreichen zu wollen. Meist ist die Botschaft schlicht, doch gleichzeitig paradiesversprechend: „Du musst nur dieses oder jenes tun, dann tritt das Gewünschte, Ersehnte oder Erhoffte ein." Zahlreiche Vorschriften regeln Wege, von denen auf keinen Fall abgewichen werden darf. Das würde bedeuten, die reine Lehre zu verfälschen. Stein für Stein wird so ein Paralleluniversum zusammengemauert, das mit der wirklichen Welt wenig Berührungspunkte bietet. Wie Lemminge jagen die Fans, die Gläubigen ihrem Meister nach. Egal wie lang der Weg, was zählt, ist das Erreichen – genau da liegt das Problem.

Bei einem Künstler ist für den Fan eine harte Landung auf dem Boden der Realität schwer auszuhalten. Kaum ein Star kann dem Anspruch als ganz normaler Mensch entsprechen. Irgendwann setzen die meisten Fans ihre rosarote Brille ab und erkennen: „Der oder die sind ja wie ich!" „Meine größte schauspielerische Leistung ist es, Brad Pitt darzustellen", soll Brad

Pitt einmal gesagt haben. Das bringt die Dinge auf den Punkt. Superstars sind Menschen wie wir; sie stehen nur im Rampenlicht der Aufmerksamkeit. Wie gerne möchten wir an ihren Erfolgen teilhaben. Und doch wird das nicht gelingen. In diesem Erfahrungsgefängnis können wir noch so lange absitzen und lauern. Bitterer ist die Erkenntnis, nach vielleicht jahrelangem Bemühen, den Zielen eines Gurus nicht näher gekommen zu sein. Wir haben alles versucht: Ihre Bücher gekauft und gelesen, Seminare besucht, DVDs und Vorträgen gelauscht. Als das alles nicht zum Ziel führte, wurde vielleicht die Richtung gewechselt, mit anderen Meistern und neuen Botschaften. Leider blieb der Durchbruch zur Erleuchtung, zum Erfolg, zum gewünschten Ziel aus. Wer Idolen nachläuft, rennt ins Leere.

Die Botschaft der Gurus: Wer keinen Erfolg hat, ist selber schuld

Nehmen wir einen meiner Klienten, nennen wir ihn Johannes. Bei ihm bestand der zurückgelegte Weg aus zahlreichen Versuchen, bei denen die letzten Reserven aktiviert wurden. Er hatte Zehntausende in Seminar- und Einzelausbildungen bei den Chakachaka-Propheten des späten 20. und frühen 21. Jahrhunderts ausgegeben. „Ich habe nichts ausgelassen, bin über glühende Kohlen gelaufen, habe mit meinem Hals Eisenstangen verbogen und Pfeile zerbrochen. Wenn ich Montagsfrüh nach einem Seminar wieder in meinen Betrieb kam, dachte meine Crew, ich hätte eine Schraube locker." Das ist die Stunde der Wahrheit, in der sich die Tragfähigkeit neugelernter Seminarweisheiten mit der harten Wirklichkeit des Alltags verbindet – zwei Welten prallen unsanft aufeinander. Was in der euphorisch aufgeladenen Stimmung eines Vortrags oder Seminars so traumhaft leicht erschien, verliert im Gegenwind der rauen Berufswelt schnell sehr viel Bewegungsdynamik. Dann ist der Frust riesengroß, die Ernüchterung der Erkenntnis niederschmetternd. „Wenn du keinen Erfolg hast, dann bist du eben selbst schuld, weil du es offensichtlich nicht richtig probiert hast. Der Trainer aber bleibt unfehlbar", beschreibt der Führungstheoretiker Oswald Neuberger, Professor für Psychologie an der Universität Augsburg diese harte Landung nach samtweichem Schweben.[28] Sein Tenor: Der Versagen werde dem Individuum in die Schuhe geschoben, wirtschaftliche und gesellschaftliche Umstände von Schuld freigesprochen.[29]

Exakt in dieser Zwickmühle steckte Johannes. Er kam sich vor wie auf einem Abstellgleis, an dessen Ende ein Prellbock jede Fahrt abbremst. Seine Perspektive war Stillstand; Motto: Beim nächsten Mal wird auch nichts anders. Dabei hatte sich Johannes mit der Zeit immer unwohler in seiner Situation gefühlt. „Mich haben zwei Dinge an dem Seminargedudel extrem gestört. Zum einen die fast schon militärische Gängelei mit dauernden Salven von Reizen und das überteuerte Angebot, ins spielerisch Infantile zurückfallen zu sollen. Es war schon komisch, gestandene Manager wie Fünfjährige herumspringen zu sehen." Doch der innere Zweifel war bei Johannes gepaart mit dem unbedingten Willen durchzuhalten. Tenor seiner Trainer: Gib jetzt nicht auf, du bist kurz vor dem Ziel. Irgendwann war allerdings die Zeit des Wortgeklingels vorbei. Wie Johannes später zugab, hatte er längst innerlich das Handtuch geworfen und wollte aufgeben. „Mental kam ich mir vor wie lebenslänglich hinter Gittern, das war Resignation pur – mein Eindruck: Das war's, bei mir wird das nichts mehr." Adler und Krieger hatten sich die Teilnehmer der Seminare genannt, Könige der Lüfte, die ihre Hühnerställe der irdischen Nichtigkeiten hinter sich lassen wollten – und jetzt das. Johannes gab sich und seinem Leben ein vernichtendes Urteil und setzte damit eine teuflische Spirale der Selbstabwertung ein Gang:

- Ich habe mich nicht genug angestrengt.
- Alle schaffen es, nur ich nicht.
- Ich bin bestimmt zu blöd dazu.
- Haben meine Eltern und Lehrer nicht schon gesagt, ich sei zu…

Der bittere Moment der Wahrheit für Johannes lässt sich mit einem Zitat des Psychotherapeuten Günter Scheich beschreiben: „Positiv-Denker sind perfekte Verdränger, weil nicht sein soll, was nicht sein darf."[30] Und: „Denken kann zudem keine Fähigkeiten, Erfahrungen und seelische Auseinandersetzungen ersetzen. Es ist nur eine Nussschale auf dem Meer der Seele."[31] Falsche Versprechungen von selbsternannten Gurus führen zu Enttäuschung und schließlich zu Resignation – es gibt kein Zaubermittel für Erfolg.

3.2 Der Showdown mit den sieben Gegnern unserer Entwicklung

Gewohnheiten bremsen. Auszubrechen ist schwer, doch möglich

Wer einen Wolkenkratzer bauen will, sollte viel Energie und Hirnschmalz auf das Fundament verwenden. Hier liegt die Essenz für Dauerhaftigkeit, entscheidet sich mit wachsender Höhe, ob wir auf Sand oder Fels gebaut haben. Wer Unternehmer seines eigenen Lebens werden will, kommt nicht daran vorbei, die tragenden Strukturen seines Daseins kritisch zu durchleuchten. Das geht am besten mit der Bereitschaft für den Blick nach innen. Bei Richtungswechseln zählt die Substanz des eigenen Lebensentwurfs. Wenn die Gebälke krachen, braucht es starke Motive, den Stürmen und Untiefen des Schicksals zu trotzen. Kurs halten, lautet dann das Gebot der Stunde. Tragfähige Ideen sind in diesen Augenblicken gefordert, die sich unserem Verstand noch verschließen. Unser Kopf erkennt erst zum Schluss, wohin die Reise geht. Was jetzt zählt, ist Kraft, deren Wurzel ihre Energie tief aus dem Unterbewusstsein bezieht. An diesem Ort arbeitet unser inneres Steuerungssystem, von hier werden Handlungen und Glaubenssätze gelenkt. Die Frage ist, auf welche Werte und Leistungsprinzipien wir uns ausgerichtet und eingestellt haben. Drehen wir mit voller Kraft voraus, ist der Rückwärtsgang eingelegt oder pfeifen wir mental so auf dem letzten Loch, dass jedes Schlagloch des Schicksals uns bremst?

Dem Unterbewusstsein ist es egal, wie stotternd oder geschmeidig es arbeitet. Er arbeitet so, wie es das für uns am besten hält. Wer etwas verändern will, und Veränderung ist jeder Zeit möglich, muss an dieser Stelle ansetzen. Was im Seminar noch so sehr einleuchtet, im Buch sich so nachvollziehbar liest, wird sauschwer, wenn wir es in unser Leben integrieren wollen. Als der weltberühmte Gitarrist Eddie Van Halen im Jahr 2009 die Auszeichnung erhielt, der vielleicht beste Saitenhexer seiner Art zu sein, offenbarte er einen tiefen Einblick in den Seelenkeller seiner wilden Rock 'n' Roller-Jahre: „Ich habe mit dem Rauchen, Saufen und Gitarre spielen begonnen, als ich zwölf war. Das Rauchen und Saufen habe ich 42 Jahre später aufgegeben. Meine Freunde, mein Sohn, mein Bruder und meine Ehefrau gaben mir den Grund, damit aufzuhören, mich selbst zu verarschen. All das ist erreichbar."[32]

Niemand weiß, welche Seelenqualen den Musiker angehalten haben, sich mehr als vier Jahrzehnte systematisch zuzudröhnen. Tatsache ist, dass es bei dem Gitarristen eines Tages um das nackte Überleben ging. Die Diagnose: Zungenkrebs. Spät, aber nicht zu spät, erwachte Eddie Van Halen aus dem Paralleluniversum seiner Süchte und steuerte einen neuen Kurs. Manchmal müssen wir den Leibhaftigen erst an der Kehle spüren, um zu begreifen: Jetzt oder nie – Raus aus dem Gefängnis des Bestehenden!

Diese Erkenntnis ist ein erster Schritt zum Richtungswechsel. Was vor uns liegt, ist alles andere als ein Selbstläufer. Es ist möglich und gleichzeitig schwer, sehr schwer. Zwischen Theorie und erreichte Ziele haben die Götter die Praxis des Lebens mit all ihren Fallstricken gesetzt. Gemeint sind jene Hindernisse, die sich uns immer wieder in den Weg stellen. Hier liegen unsere seelischen und biographischen Leichen im Keller.

Bleiben Sie locker, die hat jeder in seinen tieferen Etagen der Seele. Tief in den unteren Schichten unseres Unterbewusstseins schlummern sie in uns, sind ein Teil unserer Persönlichkeit, eine wesentliche Struktur unseres Selbst. Durch Erziehung, Biographie oder durch traumatische Erlebnisse sind sie uns innerlich eingebrannt worden. Sie liegen so tief in uns, dass wir von ihrer Existenz nichts oder wenig wissen. Aus diesem Grund heißt das Unterbewusstsein so. Was dort passiert, ist uns eben nicht bewusst. Das Teuflische: Viele kennen ihre düsteren Schatten gar nicht, trotzdem sind sie höchst wirkungsvoll vorhanden. Wer einen Ausbruchsversuch aus dem Gefängnis seiner Gewohnheiten wagt, muss sich mit ihnen auseinandersetzen und wissen, dass mit großer Gegenwehr zu rechnen ist.

Wenn es ans seelische Eingemachte geht, reagieren viele Menschen sehr ruppig. Ein typischer Kommentar: „Damit fangen wir erst gar nicht an!" Unterstützt wird dieser kraftvoll vorgetragene Satz mit einer wegwischenden Handbewegung. Warum das so ist? Ganz einfach, im Unterbewusstsein arbeiten Kräfte rund um die Uhr und merken genau, wenn es ihnen an den Kragen geht. Diese Mächte stehen unserem Erfolg entgegen, sorgen dafür, dass so viele Freigänge aus den Hamsterrädern unserer Alltagswirklichkeit scheitern. Willkommen beim Showdown mit den sieben Gegnern unserer Entwicklung.

Wie eine Terrorbande treiben sie ihr Unwesen. Die sieben Gegner unserer Entwicklung gehören zu jenen Verhaltensweisen der Menschen, mit denen auch der beste Versuch einen kläglichen Ausgang nimmt. Wie Verräter torpedieren sie Ansätze, zu neuen Ufern aufzubrechen. Und sie bringen die Traumwelten des positiven Denkens immer wieder zum Einsturz. Wir geben Vollgas, doch unser mentaler Antrieb stottert mehr und mehr, um schließlich, immer leiser werdend, innerlich abgewürgt zu werden. Mit einem resignierenden „Wusste ich es doch", erheben wir unser Scheitern zur Gesetzmäßigkeit. Der misslungene Versuch kommt uns vor, als hätten wir etwas Ungehöriges getan, das den Schatten eines schlechten Gewissens nach sich zieht. Spätestens jetzt hat das Hamsterrad uns wieder, der Ausbruchsversuch scheint zwecklos. Wenn sie gleich die Namen der sieben Gegner unserer Entwicklung lesen, wird es viel zustimmendes Nicken geben. Höchste Zeit, ihre Steckbriefe mit Bild und Beschreibung aufzuhängen, damit wir sehen, wie sehr sie sich in unserem Leben bereits breitgemacht haben. Bei den sieben Gegnern unserer Entwicklung handelt es sich um alte Bekannte, nach deren Präsentation ich jeweils Fragen stelle, die das Eigenbild schärfen sollen. Wenn es um Neuanfänge geht, bremsen wir uns selbst aus. Egal, wo wir hingehen, ob bei Tag oder Nacht, Hitze oder Frost – die gefürchteten Sieben sind stets bereits anwesend. Kapelle, ein Tusch, hier sind sie:

- Blindflüge
- 99-Meter-Läufe
- Saboteure
- Energievampire
- Minenfelder

- Verkennungen
- Erfahrungskerker

Blindflüge – die große Panik vor der Klarheit

Wer jemals im Cockpit saß, während das Flugzeug in eine Wolke oder Nebelwand flog, weiß, welche Ohnmachtsgefühle den Laien in diesem Zustand überkommen können. Im Schnee wird dieses Phänomen „Whiteout" genannt. Plötzlich ist überall nur noch Weiß, sonst nichts. Das ist ein Gefühl, wie in einer großen, mit weißem Nebel gefüllten Kugel zu sein. Vorne, hinten, links, rechts, oben und unten – es gibt nur Weiß. Lediglich die Füße schenken etwas Orientierung, dort ist unten.

Ich habe ein Whiteout in den Alpen erlebt. Beim Whiteout gibt es zwar Sicht, aber durch den Schnee und die diffuse Beleuchtung verschwimmen Schneedecke, Himmel zu einem weißen Nichts. Wir wollten neben einer Hütte einen Schneemann bauen. Der Pulverschnee war staubzart und schluckte jedes Geräusch. Während wir mit den Schneekugeln beschäftig waren, begann es zu schneien, gleichzeitig zog dichter Nebel auf. Eben hatten wir nur 30 Meter neben der Hütte gestanden, plötzlich war sie von einem weißen Etwas verschluckt. Nur anhand unserer Fußspuren fanden wir zurück. Erst zwei Meter vor der Hütte konnten wir deren Umrisse wieder erkennen.

So geht es jedem Blindflieger. Entweder führt die Orientierung in die Irre oder wir stoßen mit der Nase auf das Ziel, weil wir plötzlich davorstehen. Blindflüge sind ein typisches Verhalten, wenn unklar ist, wohin die Reise gehen soll. Wer sein Ziel nicht kennt, für den ist jeder Wind der falsche. So sagen es die Seeleute. Oft wird versucht, fehlende Ziele durch verdoppelte Anstrengungen herbeizwingen zu wollen. Das ist zum Scheitern verurteilt – ein Blindflug eben und operative Hektik in geistiger Orientierungslosigkeit. Ziele zu definieren, kann anspruchsvoll sein. Doch ohne sie geht es nicht. Irgendwas irgendwie auszuprobieren, ist wie das berühmte Stochern nach der Stecknadel im Heuhaufen. So werden das Scheitern zum System und ein Erfolg höchstens Zufall. Wer das Gefängnis seiner Gewohnheiten verlassen will, sollte sich zwangsläufig über seine Möglichkeiten im Klaren sein. Darüber nachzudenken, setzt die Dinge bereits in Gang. Was will ich bis wann erreichen, wofür und wie? Bereits diese Frage kann eine therapeutische Kreativität freisetzen oder für lähmende Beklemmung sorgen. Sich seine Ziele klar vor Augen zu führen, lässt uns erahnen, dass der Weg dornenreich sein wird.

Wir erinnern uns an den Krankenkassenvorstand. „Teaming ja, aber bitte nur ein bisschen. Machen sie bloß nicht die Pferde scheu." Das Grausen vor dem Anblick möglicher Wahrheiten stand ihm ins Gesicht geschrieben, ließ ihn erbleichen. Wichtig ist, sagen zu können, dass weder Kosten noch Mühen gescheut worden seien. Dieses Verhalten gaukelt eine trügerische Sicherheit vor. Wir glauben, die Dinge im Griff zu haben, ohne zu bemerken, dass sich das Flugzeug unseres Daseins in steilem Sinkflug befindet, der allmählich in einen Sturzflug übergeht. Hart wird es, sich als Exknacki eine ehrliche Tätigkeit zu suchen, aus einem Job einen Beruf werden zu lassen, der im besten aller Fälle etwas mit einer persönlichen Berufung zu tun hat. Da kann es Absagen hageln, die uns im Kern unserer Person tief verletzen, Zurückweisungen, die niemand gerne hat. Wer das nicht erleben will, nebelt seine Ziele ein, gibt ihnen Bandbreiten der Unwägbarkeit, um im Falle von Gegenwind und möglichem Scheitern bloß nicht vor die Wand zu laufen. Worte wie irgendwie, irgendwo, irgendwann, vielleicht und noch nicht werden zu den tragenden Säulen des Daseins.

In früheren Generationen waren die Dinge strukturierter, das Leben lief wie auf Schienen: Schule, Ausbildung, Beruf, Heiraten, Kinder, Enkelkinder, Rente. Wie ein Regenbogen spannte sich das Dasein von einem Ende zum anderen. Die einzelnen Phasen des Lebens waren vorgegeben wie das Amen in der Kirche. Heute befinden wir uns im dauernden Blindflug der Entscheidungsherausforderung. Hartnäckig säuseln uns Medien und innere Stimmen ein, dass alles noch viel umfangreicher verbessert werden könnte. „Diesmal lande ich das todsichere Ding" redet sich der Knacki ein, wenn er die Gefängnismauern hinter sich hat. Genau diese Einstellung bringt ihn mit hoher Wahrscheinlichkeit zurück in den Knast. „Viele Gefangene verlieren in der Haft den Sinn für jede Realität", beschreibt die Website knast.net mögliche schädliche Folgen des Strafvollzugs.[33] „Oft träumen sie von einer wunderschönen Zukunft nach der Inhaftierung, ohne an ihre negativen Erfahrungen in der Vergangenheit und praktische Probleme zu denken."

Die Möglichkeiten scheinbar endloser Selbstoptimierung steigen uns dies- und jenseits der Knastmauern zu Kopf; sie zeichnen den Zustand der Perfektion wie eine Fata Morgana an den Horizont. Wir müssen nicht in die Wüste gehen, um zu wissen, dass wir dieses Trugbild nie erreichen werden. Je mehr wir darauf zusteuern, desto stärker löst es sich in Nichts auf. Ein Teil von uns scheint dies zu erahnen und richtet unser Zielfernrohr stets ein bisschen in die Nähe des Angestrebten, doch eben nicht genau. Die Wirkung ist dieselbe: Knapp daneben ist auch vorbei. Wir haben innere Hemmungen, klar auf das Ziel zuzuschreiten, aus Angst vor dem, was wir finden könnten.

Wer Blindflüge verhindern will, stelle sich die folgenden Fragen, die ich in vier Gruppen aufteile:

Orientierungsphase:

- Wofür stehe ich?
- Was ist mir wichtig?
- Was kann ich besonders gut?
- Was ist meine Vorstellung vom Glück?

Startphase:

- Wo will ich hin und wofür?
- Was kann ich tun, um eine Vision 2020/2025 für mich zu erarbeiten?
- Wie klar und eindeutig sind diese Ziele definiert?
- Was brauche ich, um dies überzeugend nach außen zu tragen?
- Was ist meine Strategie diese Ziele zu erreichen?

Analysephase:

- Was gibt mir Gewissheit, dass ich in die für mich richtige Richtung gehe?
- Wo steckt bei mir – vielleicht noch – der Sand im Getriebe? Was tue ich, um dies zu beheben?
- Wie sehr bin ich von mir und meinem Können überzeugt?
- Welche Risiken gibt es?

Strategiephase:

- Was ist meine Strategie diese Ziele zu erreichen?
- Was mache ich selbst?
- Was delegiere und gebe ich an andere weiter?
- Was ist außerdem zu beachten?
- Woran würde ich bemerken, dass ich meine Ziele erreicht habe?

99-Meter-Läufe – die innere Bremse gegen das Ankommen

Warum trägt der 100-Meter-Lauf diesen Namen? Die Antwort erscheint banal, birgt jedoch das Potential zur psychologischen Tiefenentfaltung: Erst nach 100 Metern, keinen Zentimeter eher, ist dieser Lauf zu Ende. Seit langem gilt dieser Wettkampf als Königsdisziplin in der Leichtathletik. Das war bei Jesse Owens so, der 1936 bei der Olympiade die anderen Teilnehmer zu Statisten degradierte. In einen ähnlichen Olymp wurde Armin Hary erhoben, der 1960 als erster Mensch die 100 Meter in 10 Sekunden lief. Acht Jahre später knackte der Amerikaner Jim Hines diese Schallmauer und schraubte den Weltrekord auf 9,9 Sekunden. Um diese Fabelzeit zu unterbieten, hatten die Sprinter Jahrzehnte verbissen trainiert. Endgültig in den Status eines Masters of the Universe katapultierte sich Usain Bolt, der 2016 zum dritten Mal olympisches Gold über 100 Meter holte. Dieses

Kunststück hatte noch keiner vollbracht. Eines werden alle vier Athleten immer bestätigt haben und bestätigen: Der entscheidende Schritt ist derjenige, der über die Ziellinie führt. Er beendet die Jagd zum Ziel, macht Starter zu Finishern. Bis zu diesem Moment ist alles nur Anlauf und ein gewaltiger Einsatz von Energie. Oder haben sie schon mal jemanden gesehen, der schwungvoll startet, bei 80 Metern das Tempo rausnimmt, ausläuft und einen Meter vor dem Ziel stehen bleibt? Vorsicht, Vorsicht, Vorsicht! Wer jetzt vorschnell über einen 99-Meter-Läufer die Nase rümpft, bedenke, wie verbreitet dieses Verhalten ist. Es findet täglich in Beruf und Privatleben statt. Das Motto lautet: Angefangen, nicht beendet – so viel Energie verschwendet.

„Wir haben bei uns in der Firma eine Menge angeschoben und dann nicht mehr weiterverfolgt", beschrieb eine Gruppe von Monteuren auf einem Seminar den strategischen Alltag in ihrem Unternehmen. Kaum einem der Beteiligten, so mein Eindruck, war die gewaltige Verschwendung von Zeit und Arbeitskraft durch dieses Verhalten klar. Das änderte sich blitzartig, als ich den Einsatz dieser vergeblichen Bemühungen in Cent und Euro ausrechnen ließ: Arbeitstage, Planungen, Meetings wurden in geldwerte Zahlen umgerechnet. Jede Stunde, erschien als Wert in einer langen Liste. Das Ergebnis war niederschmetternd. Aufsummiert ergaben sich fünf- und sechsstellige Beträge. Die Belegschaft staunte Bauklötze, der Inhaber hyperventilierte und bekam fast einen Herzinfarkt. Plötzlich erschien die Hatz nach mehr Umsatz und Gewinn höchst relativ. Keine noch so ausgeklügelte Firmenstrategie, das war die bittere Erkenntnis dieses Tages, war in der Lage, produktiv aufzufangen, was aktuell durch die vielen 99-Meter-Läufe in diesem Unternehmen an Geld und Ressourcen versenkt wurde. Schlagartig änderte sich die perspektivische Frage von „Was werden wir tun?" in ein „Wofür tun wir etwas?", „Wie kommen wir zum Ziel?" und, viel wichtiger „Was werden wir zukünftig lassen?"

Es gibt eine verbreitete große Angst vor dem Erreichen. Eine innere Panik, die das Ankommen und Gelingen systematisch verzögert und uns gleichzeitig die Kraft für ein Überschreiten der Ziellinie raubt. Ausprägungen klassischer 99-Meter-Läufe sind nicht nur Planungsdesaster wie der unvollendete Flughafen Berlin-Brandenburg. Dieses Bauprojekt birgt das Potential, nie zu Ende gebracht zu werden. Doch so hoch müssen wir das Thema gar nicht hängen. Ausdauernde Zielverweigerung können wir täglich in jedem Büro erleben: überquellende Schreibtische und Organisationsdesaster. Stunden vergehen täglich mit Suchen, kaum jemand macht sich Gedanken über Strukturen, die ein systematisches Finden ermöglichen. Da wundern wir uns über den Berliner Flughafen? Mit dem Kommentar „Demnächst räume ich auf", widersetzt sich der Zielunwillige hartnäckig der Einsicht, Ordnung und Klarheit in seine Angelegenheiten zu bringen. In der Folge wachsen die Akten- und Papierberge weiter, verlieren sich Überblick und Strategie im ausufernden Chaos. Wer nicht willens ist, die Dinge zu Ende zu bringen, toppt dies meist mit makabren Sätzen wie: „Ordnung ist was für Doofe, das Genie überblickt jedes Chaos." Bis zur Resignation und einem „Da kann man nichts machen" ist es nicht mehr weit. Im Theaterdonner hektischer Betriebsamkeit verlieren sich schnell die Spuren dieser Verweigerung, weil bereits die nächste Sau durchs Dorf getrieben wird. So reiht sich eine Aktion an die nächste; allein die Resultate bleiben erschreckend überschaubar. Sätze wie „Bring es zu Ende!" oder „Schließe die Sache ab!" treiben den Ergebnisscheuen Perlen des Angstschweißes auf die Stirn. Aus dem Handgelenk feuern sie Salven der Vorwände, warum etwas jetzt und demnächst nicht getan werden kann. Würde die gleiche Energie für Klarheit eingesetzt, wären sie längst am Ziel.

Ich habe einen Klienten, der seinen Wagen vor der Garage parken muss. Diese ist so berstend mit dem Kram aus alten Tagen gefüllt, dass er seinen Pkw seit Jahren unter den Laternen vor seinem Haus parken muss. Der Höhepunkt ist jedoch ein aufgenieteter Blechvorsatz, der mit den Maßen ein mal ein Meter das Garagentor ziert. Der Grund für diesen Vorbau ist ein Anhänger im Inneren. Der ursprünglich zum Abstellen seines Firmenwagens vorgesehene Platz ist dermaßen prasselvoll, dass die Anhängerkupplung etwa einen halben Meter aus dem Garagengehäuse herausragt. Um das Tor schließen zu können, musste ein Schlosser für viel Geld besagten Vorbau aufnieten. Kostengünstiger wäre eine Entrümpelungsaktion gewesen, die hätte Raum zur Entwicklung geschaffen. Dieser jedoch entzieht sich der Laternenparker ebenso hartnäckig, wie er konsequent seine 99-Meter-Strategie weiterverfolgt. Letzten Monat hat er eine zweite Garage angemietet – den Wagen parkt er weiter unter den Laternen vor dem Haus. Das ist noch längst nicht alles. Seine Akten türmen sich im Büro meterweise auf, er schwört Stein und Bein, jedes noch so wichtige Detail mit einem Griff finden zu können. Kürzlich holte ich mir in der Küche seines Büros einen Kaffee und glaubte meinen Augen nicht trauen zu können. Der Backofen – ja, der Backofen - in der Küche war randvoll mit Akten! Kommentar meines Klienten: „Weißt du, ich backe so selten..." Wer Dinge nicht zu Ende bringt, verschwendet viele Ressourcen.

Wer 99-Meter-Läufe verhindern will, frage sich:

- Was brauche ich – Information, Motivation, Strategie – um meine Ziele zu erreichen?
- Welche Aspekte aus dem Selbst-, Zeitmanagement und der Organisationsentwicklung können mich unterstützen?

Saboteure arbeiten im Verborgenen. Selten werden sie gesehen, doch die Auswirkungen ihrer Aktionen können beachtlich sein. Ihr Wirken stört und zerstört Abläufe. Gelingen wird erschwert, wenn nicht gar verhindert. Saboteure interessiert es nicht, welche Trümmerlandschaft sie bei uns hinterlassen; was zählt, ist das Verhindern. Sie sind ein ernster Gegner jeder Gestaltungskraft. Eben haben wir unsere kleinen grauen Zellen noch zur Weißglut für eine frische Idee erhitzt, nahm das Neue, bisher Ungedachte greifbare Formen an. Doch dann reicht ein niederschmetternder Kommentar, plötzlicher Zweifel oder Gedanke, um das Kartenhaus des Wagnisses zum Einstürzen zu bringen. Saboteure sind unsichtbar, sie haben kein Gesicht, stellen sich selten einer direkten Auseinandersetzung. Wir können sie schlecht packen, trotzdem sind sie da. An dieser Stelle soll von Saboteuren einer besonderen Art die Rede sein. Anders als in Filmen oder beim Militär, dort wirken Saboteure von außen, richte ich den Blick auf jene Erfolgs- und Entwicklungsverhinderer, die Teil unseres Wesens sind. Gemeint sind die Gegner aus der eigenen Biographie, die uns so oft Hindernisse vor die Füße werfen. Saboteure sind das Hintergrundrauschen, das allen Entdeckern und Erfindern kraftraubend in die Ohren säuselt:

- Lass es sein!
- Das bringt nichts!
- Das wird eh nichts!
- Das kannst du nicht!
- Dafür bist zu alt, jung, klein, unerfahren, doof!
- Wer? Du als Mann/Frau willst das tun?

Die Liste der sabotierenden Sätze ließe sich lang fortsetzen. Wir sind ihnen täglich ausgesetzt. Auf der Arbeit, zu Hause, beim Sport, bei jeder nur erdenklichen neuen Idee. Saboteure lachen hämisch den Schriftsteller vor einem weißen Blatt Papier oder Bildschirm an, den Konstrukteur an der blanken Werkbank, den Künstler vor den ersten schöpferischen Schritten. Sie torpedieren unsere Kommunikation, unsere Tatkraft beim Verkaufen, Bewerben, in der Prüfung oder beim Flirten, wenn wir einen für uns hochspannenden Menschen für uns begeistern wollen. Sie sind der Blackout, der uns sprachlos macht, wenn es darauf ankommt, das Wort zu ergreifen. Im entscheidenden Moment schnürt es uns die Kehle zu. Bereits eine Viertelstunde später fällt uns ein, was wir sagen wollten. Wir können es, leider noch nicht in jenem Augenblick, in dem es darauf ankommt. Das ist wie bei dem Menschen, der glaubt, zu stottern und deswegen Hilfe sucht. „Stottern sie immer?“, fragt ihn der Psychologe. „Nein, nur wenn ich spreche", sagt der Klient, greift zur Gitarre und trällert dazu fehlerlos Lieder wie eine Nachtigall. Wir ahnen, dass wir es können, doch quält uns die Ungewissheit, diese Fähigkeit punktgenau abrufen zu können. Dadurch kann sich der Glaube an die eigene Unfähigkeit bis zur Unerschütterlichkeit auswachsen.

Saboteure treiben besonders starke, tiefe und kräftige Wurzeln, wenn es um das Verhindern von Entwicklung und Erfolgen geht. Je mehr wir uns bemühen, desto größer ist ihre Angriffsfläche. Sie haben viel mit einer selbsterfüllenden Prophezeiung zu tun, bei der wir schon vorher wussten, dass etwas Angefangenes nichts werden würde. Trotzdem: Wir sind ihnen nicht schutzlos ausgeliefert – das ist der springende Punkt. Über sie zu schreiben, bedeutet keinesfalls, sie herbeireden oder gar gutheißen zu wollen. Je mehr wir von ihrer Existenz und ihrem Wirken wissen, desto besser können wir lernen, mit ihnen umzugehen, sie in unserem Sinne zu nutzen. Sie sind da wie ein Schatten, den die Sonne wirft, nachdem sie aufgegangen ist. Wem das Tageslicht zu grell erstrahlt, der weicht ins Halbdunkel aus, um vor den direkten Sonnenstrahlen geschützt zu sein. Trotzdem bedarf es nur weniger Schritte wieder zurück ins leuchtend Helle. Wer dies weiß, kann es für sich einsetzen und nutzen.

Ein Klient saß vollkommen aufgelöst bei mir und legte die Bilanzen der zurückliegenden Jahre auf den Tisch. Die Umsätze seines Unternehmens aus dem produzierenden Gewerbe hatten mehrfach die Millioneneurogrenze angekratzt. War dies der Fall, hatte es jedoch stets einen Rückschlag gegeben. Die Umsätze waren zurückgegangen. Sägeblatt-Performance nannte der Mittvierziger dieses Phänomen. „Kaum sind wir auf dem Weg zur Umsatzmillion, passiert irgendetwas, das unseren Erfolg zurückgehen lässt."

Nachdem wir Märkte, Produkte, Kunden, Wettbewerber sowie sämtliche Abläufe im Unternehmen untersucht hatten, ohne eine Ursache für den Umsatzrückgang zu finden, kam mir eine Idee: „Wie wurde bei Ihnen zu Hause über Geld, Reichtum und Fülle gesprochen? Galten diese drei Dinge als segensreich oder als Auswüchse finsterer Mächte?" Lange dachte der Unternehmer nach. Seine Eltern waren stolz auf die Entwicklung ihres Sohnes, der sein Unternehmen mit eigener Hände Arbeit von der Pike aufgebaut hatte. Das konnte es nicht sein. Wir gingen eine Generation weiter zurück und nahmen die längst verstorbenen Großeltern ins Visier. Dort wurden wir fündig. „Mein Großvater mütterlicherseits war Kommunist und hat die Nazizeit nicht überlebt." Dann wurde mein Klient still. „Nein… das kann nicht sein… das ist doch nicht möglich." Fassungslosigkeit sah ich auf seinem Gesicht. Seine Oma mütterlicherseits hatte als Witwe die politische Linie ihres Mannes bis zu ihrem Lebensende knallhart weiterverfolgt. Der Unternehmer: „Mein Gott, was haben Oma und ich uns die

Köpfe heißgeredet. Sie empfand meine Pläne, einmal ein Unternehmen zu gründen, als Anmaßung. Zwanzig Jahre ist das her. Unternehmer seien Ausbeuter. Fuchsteufelswild hielt sie mir Vorträge über den Grundwiderspruch von Lohnarbeit und Kapital. Stets endeten ihre Tiraden mit dem gleichen Satz: Es fehlt bloß noch, dass du mal Millionär wirst."

Dieser Satz hatte sich als innerer Saboteur tief ins Unterbewusstsein meines Klienten eingegraben. Immer dann, wenn seine Firma dabei war, die Umsatzmillion zu knacken, entfaltete Großmutters Leitsatz seine Wirkung. Selbst wenn es von einer Umsatzmillion zum Millionär ein weiter Weg ist – er selbst war es, der dem eigenen Gelingen unbewusst Steine in den Weg warf. Als ihm diese Erkenntnis bewusst wurde, verlor sein Gesicht jegliche Farbe. Diesen Ausdruck seiner Bestürzung vergesse ich mein Lebtag nicht. Glaubenssätze entfalten noch aus dem Grab ihre Wirkung. Unter Hypnose konnten wir in wenigen Sitzungen diesen fatalen Einfluss auflösen. Von einer seelischen Zentnerlast befreit, legte sich mein Klient in seiner Firma ins Zeug. Aktuell bewegt sich sein Unternehmen in Richtung zwei Millionen Euro Umsatz. Natürlich lässt sich nur schwer beweisen, dass mein Klient meinetwegen erfolgreicher ist. Ob er sein Ziel auch ohne meine Entwicklungsimpulse erreicht hätte? Hier gilt das alte Bibelzitat – Glaube versetzt Berge. Wer glaubt, dass er es kann, der kann. Wer das nicht tut, dem gelingt es nicht. *Priming* nennen die Psychologen diesen Prozess, bei dem es um die „Grundierung unseres Denkens" geht.[34] Dies hat viel mit unserer Erziehung und Biographie zu tun. Woraus sind unsere Gedanken ausgerichtet – auf Probleme oder Lösungen?[35]

Wer im Hamsterrad des Misslingens steckt, frage sich: Worauf sind meine Gedanken ausgerichtet – auf Probleme oder Lösungen? Wie kann ich das Eine vom Anderen unterscheiden? Wie sind Korrekturen möglich?

Energievampire – die vielen Löcher im Tank der eigenen Kraft

Jeder von uns kennt Gespräche, die wie das folgende beginnen: „Hast du mal zehn Sekunden Zeit für mich?" Eine Stunde später ist der „Kurzzeitbesucher" immer noch anwesend. Noch schlimmer ist die gesteigerte Variante: In kürzester Zeit werden bei uns Sorgen, Probleme und Schwierigkeiten abgeladen, deren Überbringer – jetzt haben wir seinen Ballast auf dem Tisch – irgendwann befreit und beschwingt das Weite sucht. Das merkt sich dieser und kommt beim nächsten Mal mit größerem Gepäck ins Haus. Dummerweise entfaltet das Mitgebrachte gerade dann seine üble Wirkung, wenn der verursachende Besucher längst über alle Berge ist. Als würden düstere Wolken im Raume schweben, haben sich die Stimmung und Gefühlslage bei uns deutlich abgekühlt und eingetrübt. Die zugetragenen „Geschenke" wirken jetzt in unserem Leben negativ weiter und ziehen Kreise, die immer größer werden. Wem das widerfährt, der hatte Besuch von einem Energievampir. Sie umkreisen uns wie Insekten eine Lichtquelle im Dunkeln.

Wo Tatkraft, Dynamik und Erfolg wirken, sind die Kraftsauger erfahrungsgemäß nicht weit. Dabei verläuft ihr Handeln auf vorhersehbaren Bahnen. Ihr innerer Antrieb ist dermaßen schwach ausgeprägt, dass Energievampire ohne die Power von anderen wenig bis gar keine Eigeninitiative entwickeln. Wie Schmarotzer setzen sie sich ihren Wirten in den Pelz und saugen, saugen und saugen deren Energie in sich auf. Nach Gesprächen wie den gerade beschriebenen fühlen wir uns matt, hat sich die Erdanziehung scheinbar soweit verstärkt, dass wir langsamer gehen, sprechen und arbeiten.

Wer Energievampire in seinem Leben nicht bemerkt, dessen innerer Antrieb läuft unter Vollgas und doch gehemmt wie von einer angezogenen Handbremse. Auf zwei Gebieten wirken die Powersauger besonders entkräftend: Wenn wir in für uns falschen Umständen leben und arbeiten sowie uns mit den denkbar ungeeigneten Menschen umgeben. Wer im falschen Film lebt und arbeitet, wird seine Talente, Potentiale und Fähigkeiten nie zur möglichen Größe ausbauen und entwickeln können. Wir bleiben unter unseren Chancen, bemerken dies, sind frustriert und setzen eine Negativspirale in Gang, die uns wie ein Strudel in sich aufsaugt und die letzten Kräfte raubt. Ein typischer Gedanke im Zustand dieses Eingesperrtseins: Aus diesem Dilemma komme ich nie wieder raus. Dadurch verstärkt sich der Effekt, wir werden noch kraftloser. Irgendwann resignieren wir, schwenken eine weiße Fahne und werfen innerlich das Handtuch. Von diesem Stadium der Kraftlosigkeit ist es bis zur Depression und zum Burnout nicht mehr weit. Längst haben die Energievampire dies bemerkt und sind zu anderen vielversprechenderen Kraftquellen gewechselt.

War dies der Fall, ist es höchste Zeit für eine Bestandsaufnahme, einen klärenden Blick nach innen und eine kritische Schau von außen. Nach welchen Kriterien haben wir die Umstände unseres Lebens festgelegt: Beruf, Hobbys, Lebenspartner und Freunde? Gab es dafür einen Plan, eine Strategie, oder ließen wir die Dinge über uns ergehen, ergab sich alles ohne unser Zutun? Zu leben ist etwas anderes, als gelebt zu werden. Wer es stets nur den Anderen Recht machen wollte, kommt nie auf seinen eigenen Kurs.

Um dies zu erkennen, bedarf es eines kritischen Blicks von außen. Lösen wir uns vom eigenen Sein und betrachten wir unser Leben aus der Vogelperspektive. So wird klar, wie oft wir nicht unsere eigenen, sondern die Ziele und Strategien Außenstehender verfolgt und angewendet haben. Das ist die Grundvoraussetzung, um zu erkennen, wo unsere Bremsen und Blockaden liegen können. Aus dem Gefühl, eingesperrt zu sein, erwächst der Wunsch, diesem Gefängnis den Rücken zuzukehren und auszubrechen. Das ist möglich, doch geht es zunächst darum, zu klären, wie diese Gemengelage der Entkräftung zustande gekommen ist. Erst wenn uns die Umstände und Ursachen deutlich vor Augen stehen, können wir neue und bessere Wege finden und verhindern, wieder in den Netzen der falschen Gewohnheit hängenzubleiben. Wir brauchen den klaren Blick, der erkennt, wie die Dinge liegen. Was nutzt, was schadet uns? Dabei kann die positive Kraft des negativen Denkens helfen. Wir legen zunächst fest, was wir lassen. Ist das, womit wir unseren Lebensunterhalt verdienen, wirklich das, was wir wollen? Wenn ja, beglückwünsche ich Sie. Falls das nicht der Fall sein sollte, stellt sich die Frage nach möglichen Alternativen.

Wer sich um eine neue Arbeitsstelle bewirbt, sollte darauf achten, wie die Menschen in diesem Unternehmen ticken. In welcher Geschwindigkeit gehen sie? Wie viel wird gelacht, oder muss die Belegschaft dafür in den Keller gehen? Wie wohl fühlen sie sich in der Atmosphäre dieser neuen Umgebung? Achtet der Personalchef im Gespräch nur auf Sie und ignoriert die Kollegin, die frischen Kaffee bringt? Dann wird er das später mit Ihnen ebenfalls tun. Unser Unterbewusstsein schickt uns glasklare Signale und Antworten. Schenken wir ihnen Aufmerksamkeit! Was später zu einer Kündigung führt, etwa das ignorante Verhalten eines Vorgesetzten, nimmt unser Unterbewusstsein sofort auf. Leider wollen wir uns die Bewerbung und das Unternehmen oft schönreden und ignorieren dieses Gefühl. So treten wir Jobs und Arbeitsstellen an, bei denen uns Jahre später auffällt, dass wir von Anfang an so ein komisches Zwicken im Bauch hatten.

Gleiches gilt für die Wahl des Lebenspartners. Von einem dicken Bankkonto und imagereichen Posten geblendet, willigt eine Frau freudig ein in den Bund fürs Leben. Später darf sie feststellen, dass ihr Gatte es mit den Bilanzen nicht so genau nimmt, dafür aber öfter einen Abstecher über die Dörfer einschlägt. Der Gedanke, ob das alles stimmen könne, kam ihr gleich beim ersten Date. Die kleinen Macken unseres „Hasen" zeigen sich sofort, doch deren Tragweite fällt uns erst später auf. Was wir verliebt für sprühende Energie hielten, entpuppt sich Jahre später als die Nervensäge an unserer Seite. In Momenten wie diesen zerspringen die Gläser der rosaroten Brille, das geplante gemeinsame Altwerden löst sich in Wohlgefallen auf und gibt den Blick frei auf die ungeschminkte Wirklichkeit. Es folgen Rosenkriege und Trennungen, deren Folgen kaum beziffert werden können. Wenn das Boot des eigenen Lebens ständig Wasser zieht und nur durch energieaufwändiges Pumpen auf Kurs gehalten werden kann, ist die Stunde der Wahrheit gekommen. Befreie dich von dem, was dich herunterzieht.

Es ist höchste Zeit für die folgende Fragen:

- Welche Menschen in meinem Leben, Freunde, Kollegen oder Partner, bremsen mich, rauben mir Kraft für und in meiner Entwicklung?
- Wie wichtig sind diese Beziehungen für mich?
- Was sollte sich an ihnen ändern?

Minenfelder – die tickenden Zeitbomben unseres Daseins

Ohne es zu bemerken, irren viele von uns über seelische, private, organisatorische oder berufliche Minenfelder, laufen Gefahr, eher früher als später auf einen zerstörerischen Sprengsatz zu tappen. Partnerschaft, Zusammenarbeit, Gesundheit sind unsere heißersehnten Ziele. Gleichzeitig betreiben wir einen gefährlichen Raubbau mit diesen tragenden Fundamenten unseres Lebens. Wie oft werden Beruf und Karriere auf deren Kosten befeuert. So entstehen tickende Zeitbomben unseres Daseins, die wir täglich wie in einem Rucksack durch unser Leben schleppen. Es lebe der schöne Schein! Wir beißen die Zähne zusammen, erfüllen unsere Pflicht und halten durch. Von Erfüllung und Freude ist nicht die Rede. Trotzdem bekommt die schöne Kulisse mehr und mehr Risse. Diese möchten wir aus der Welt schaffen, wissen aber nicht, wie das gehen soll. Zu den „Lösungsversuchen" zählen Zerstreuung, Beschäftigung und Süchte, die mehr und mehr zum Hintergrundrauschen unserer Welt werden. Als wären sie der Preis, der für Erfolg und Entwicklung zu zahlen ist.

Wohl dem, der gesund und ausgeglichen, mit sich im Reinen ist, eine Tätigkeit ausübt, die seiner Berufung nahe kommt, das Ganze flankiert mit einem Leben in erfüllender Partnerschaft und echten Freunden. Hand aufs Herz: Wie ist das bei Ihnen? Schön, wenn die Familie einen Rückzugsraum für Regeneration und Freude bietet. Leider ist das nicht immer der Fall. Es ist schon schwierig, nach Feierabend in der eigenen Familie einen Rückzugsraum zu finden. Umso komplizierter wird es, wenn die Familie unternehmerisch verbandelt ist.

Mein Eindruck aus der Praxis: Zahlreiche Familienunternehmen zeigen eine andere, streitfreudige Wahrheit: Ihre Probleme stecken weniger in den Firmen, dafür aber oft in den Familien. Aus dem genetischen Netzwerk wird oft eine Schlangengrube der Konflikte. Wehe, wenn die Pfründe und Besitztümer nicht so aufgeteilt werden, wie die lieben Verwandten sich das ausgemalt hatten. Plötzlich sind alte Rechnungen zu begleichen, ziehen sich die Fronten in vielen verschiedenen Konstellationen über die Generationen hinweg: Väter und Töchter gegen Mütter und Söhne, nicht zu vergessen die Tanten, Onkel und Großeltern. Mit Macht wird, notfalls jahrzehntelang, gegeneinander statt miteinander gearbeitet. Der Wechsel der Generationen wird zum Schlachtfeld um das Rechthaben. Wenn es um die Kohle geht, werden aus Familienmitgliedern Intimfeinde. Ziel ist, die Gegenseite zu besiegen, egal mit welchen Mitteln. Mag die Firma durch dieses Treiben über die Wupper gehen, Hauptsache, wir haben es den anderen gezeigt.

Wir gehen mit uns um, als hätten wir dafür jede Menge Ersatz im Kofferraum unseres Lebens. Die Kerze unseres Daseins brennt längst an beiden Enden, und sie brennt mit hoher Geschwindigkeit. „Beruflich Profi, privat Amateur" lautet das Lebensmotto. Viele von uns spielen auf beiden Gebieten in den unteren Kreisklassen. Weil das so ist, orientieren wir uns gerne am Großen und Ganzen, gleichzeitig wird der Blick nach innen gemieden. Gerne erregt es uns, über den Klimawandel zu diskutieren, aber wer bricht dem Thema Gesundheit eine nachhaltige Lanze? Natürlich bedroht die Erderwärmung die Welt, doch es geht um jene Minenfelder, die täglich Breschen in unsere Gesellschaft schlagen. Wir haben uns so an die tickenden Zeitbomben gewöhnt, dass wir sie wie einen Kollateralschaden in den Ablauf unserer Welt mit einkalkulieren. Sind sie der Preis, dass wir, gefangen in unserem Dasein, nicht wissen, wie wir aus diesem Gefängnis ausbrechen können? Wer einen Blick auf den seelischen und körperlichen Zustand unserer Gesellschaft wirft, dem präsentiert sich Bedrückendes:

- Etwa neun Millionen Menschen leiden in Deutschland unter Burnout.[36] Wer oder was laugt diese Menschen aus?
- Jeder zehnte von uns hat eine psychische Störung.[37] Wer oder was hat sie so aus der Bahn geworfen?
- Herz- und Kreislaufkrankheiten gelten als Todesursache Nummer eins.[38] Testfrage: Wer kennt seine Cholesterin- oder Leberwerte?
- Bluthochdruck wird weltweit als die größte Gesundheitsgefahr angesehen.[39] Wer oder was lässt uns so gefährlich unter Druck stehen?
- Ein Drittel aller Deutschen ist gegen irgendetwas allergisch.[40] Woher kommt das?
- Mehr als 120.000 Menschen sterben in Deutschland jedes Jahr an den Folgen des Rauchens.[41]
- Rund 74.000 Deutsche trinken sich jedes Jahr zu Tode.[42] 1,3 Millionen gelten als alkoholabhängig.[43]
- Über zwei Millionen Deutsche gelten als medikamentenabhängig.[44]

Ohnmächtig scheinen wir im Knast dieser Verhaltensweisen und Krankheiten gefangen zu sein. Verstärkt wird dies durch eine Lebensweise, die lieber eine Pille einwirft, als der Wahrheit ins Auge zu sehen. Wir wissen das längst und greifen doch, gefangen in unseren Routinen, zur nächsten Tablettenschachtel.[45] Konstant steigen die Kosten für unser Gesundheitssystem, das längst ein Krankheitssystem geworden ist. Wir betäuben die

Symptome und Auswirklungen, ohne ihren Ursachen an die Wurzel zu gehen. Das lauter und lauter werdende Ticken unserer Zeitbomben überdröhnen wir, bis diese uns aus der Bahn werfen. Dann ist das Jammern groß. Reflexartig werden Worte wie hätte, wollte und könnte ausgesprochen. Wir sollten etwas ändern und tun, uns gar bewegen? Nein, lieber weiter mit Schmerzmitteln vor dem Fernseher hocken, als umzusetzen, was gut und nützlich wäre. Längst liefert die Flimmerkiste unsere tägliche Dosis stundenlanger Zerstreuung, die uns so trefflich in Traumwelten entführt, so merkt niemand, wie sehr die Hütte bei uns längst in Flammen steht.

Sie ist eines der größten Minenfelder unserer Zeit. Bei knapp vier Stunden pro Tag – vom Dreijährigen bis zum Greis – ist der durchschnittliche Fernsehkonsum im Lande angekommen – an sieben Tagen in der Woche.[46] Zeitplaner und Organisationsentwickler können jubeln. Es gibt sie also, die Acht-Tage-Woche. Wer seinen Fernseher abschafft, gewinnt durchschnittlich 28 Stunden Zeit, die sonst passiv abgesessen worden wäre. Während der Uniprofessor noch mit zweieinhalb Stunden auskommt, dümpeln die bildungsfernen Schichten sieben Stunden und mehr vor der Glotze.[47] Bitte beachten: Diese Zahlen beziehen sich auf den Fernsehkonsum. Die Verweildauer im Internet und vor dem Rechner kommt noch dazu. Kein Wunder, dass sich die mediale Welt längst zum Paralleluniversum ausgewachsen hat. Das wirkliche Leben findet mehr und mehr ohne uns statt. Wer vor der Glotze hängt, bekommt davon immer weniger mit. Ob Tatort, Germanys Next Topmodel, Deutschland sucht den Superstar, Lindenstraße, Dschungelcamp oder Traumschiff, dieser Verhaltensknast hält viele dauerhaft gefangen.

Preisfragen:

- Wie sieht es mit meinem Konsum von Medien, Alkohol, Tabletten oder Drogen aus?
- Welche Süchte bremsen meine Entwicklung?
- Welche dieser Zeitbomben ticken bei mir und drohen zu explodieren?

Verkennungen – das Universum der unterlassenen Chancen

Wir haben gelernt, dass Kairos, der Gott für günstige Gelegenheiten, rasend schnell auf uns zukommt und ebenso flink davonsaust, ohne dass wir ihn am Schopfe packen können. Wer seinen kahlen Schädel erblickt, hat bereits das berühmte Nachsehen, ist um die Erkenntnis reicher, dass diese Chance nicht mehr wiederkommt. Leider fehlt uns bei der nächsten Möglichkeit wieder der Mut zuzupacken. Was brauchen wir, um dann zuzugreifen, wenn sich Chancen der Entwicklung ergeben? Oft verkennen wir die Auswirklungen unseres Zögerns. „Hätte ich doch, wäre ich doch, warum habe ich nicht?“ Wer zurückschaut und feststellt, dass er in den entscheidenden Momenten gezögert hat, dessen Bilanz kann bedrückend ausfallen.

Es ist stets der Empfänger, der über die Bedeutung einer Botschaft entscheidet. Er legt fest, was verstanden wird. Wir können noch so geschliffene Reden schwingen, was davon ankommt, liegt nur bedingt in unseren Händen. Hier sprudelt eine Quelle für Missverständnisse. In vielen Partnerschaften lässt sich erleben, in welchen Paralleluniversen die Partner leben. Eine Seite predigt, die andere kommentiert mit „Ja, ja …“ Dies gilt auch für Beruf und Unternehmen. Was nützen das beste Produkt, die beste Idee, wenn Kunden und Kollegen nur Bahnhof verstehen? Wer weiß, worum es geht, lässt sich besser überzeugen als der Ahnungslose. Im richtigen Moment, das passend Überzeugende zu verkünden – darin liegt die hohe Kunst für Klarheit, auf der Vertrauen und Bindungen aufbauen.

„Ich scheitere jeden Tag auf höherem Niveau, lerne durch immer neue Fehler dazu“, berichtete mir Bergfex Reinhold Messner einst.[48] Natürlich, es gibt keine Garantie für ein Gelingen; trotzdem legt sich mehr und mehr Passivität über unser Dasein. So verstreichen Aussichten und Gelegenheiten, Neues auszuprobieren und zu unbekannten Horizonten aufzubrechen.

In „The Top Five Regrets of the Dying“ berichtet die Palliativpflegerin Bronnie Ware über ihre Erlebnisse und Eindrücke mit Sterbenden.[49] Jahrelang hatte sie erlebt und zugehört, was Menschen in ihren letzten Lebensaugenblicken bewegt. 2012 schrieb sie über ihre Erfahrungen ein Buch, das unter die Haut geht. Wenn der Tod am Krankenbett auftaucht, ist Kairos unwiederbringlich enteilt. Nichts geht dann mehr, der Rest wird Schweigen sein. Umso erstaunlicher, was Bronnie Ware aus ihrer Zeit am Sterbebett berichtet. Quälend kann die Frage bedrücken, woran sich die Hinterbliebenen erinnern werden, wenn ein Mensch gestorben ist. Gemeint sind nicht die Jubelarien am Tage der Beerdigung, da werden selbst ungeliebte Mitmenschen posthum seliggesprochen. Die Frage ist, was bleibt, wenn die ersten Blumen auf dem Grab verwelkt, die Trauerkränze abgeräumt sind? Jahre kann dieser Prozess dauern, ungeschminkt ist die Wahrheit seiner Erkenntnisse und Aussagen. Davor scheint es viele Sterbende zu schaudern. Sie spüren ihre vertanen Möglichkeiten, verflossene Zeiten, wissen, was sie anders machen würden; allein auf dem Sterbebett bleibt es unmöglich. Deswegen zählt das Jetzt. Tun wir es hier und heute.

Ich spreche mit meinen Klienten offen über diese Dinge. Nach anfänglich brüsker Ablehnung öffnet sich mein Gegenüber erfahrungsgemäß immer. Themen wie Tod und Sterben sind in unserem Kulturkreis negativ besetzt; also werden sie verdrängt, so lange es geht. Zu jedem System, sei es ein Mensch, eine Familie oder ein Unternehmen, gehört stets die Tatsache der Endlichkeit. Irgendwann sind die Dinge zu Ende, das ist der Lauf des Schicksals. Umso wichtiger ist, was wir mit der uns zur Verfügung stehenden Zeit anfangen. Oft hilft es, die Sache vom Ende her aufzurollen. Ich beginne die folgende Geschichte: „Stellen Sie sich den Tag ihrer Beerdigung vor. Ihre Angehörigen und Freunde sind gekommen, um Abschied von Ihnen zu nehmen. Gerade haben Ihr Sohn oder Ihre Tochter Ihr Leben in einer kurzen Rede Revue passieren lassen. Worüber haben sie gesprochen? Was war in Ihrem verblichenen Dasein so wichtig, dass es in diesen wenigen Minuten Erwähnung fand?" Das sind Momente der Stille, Augenblicke, in denen Kerle in Tränen ausbrechen, vom Weinen geschüttelt werden. Plötzlich tritt uns vor Augen, wie sehr wir vielleicht in unserem Leben falsch abgebogen sind. In Richtung von Zielen, welche den Einsatz nicht wert waren. So gnadenlos dieses Fazit sein kann, umso erhellender die Erkenntnis, dass eine Kurskorrektur sofort möglich ist. Mit einem Mal werden Potentiale und Fähigkeiten aktiviert, die, obwohl längst vorhanden, kaum angewendet wurden, die verschüttet unter vermeintlichen Sachzwängen, nicht davon träumen konnten, jemals aktiviert zu werden.

Was sich Sterbende wünschen, ist von bedrückender Klarheit und einer Tiefe, die überwältigt:[50]

- „Ich wünschte, ich hätte den Mut gehabt, mein eigenes Leben zu leben."
- „Ich wünschte, ich hätte nicht so viel gearbeitet."
- „Ich wünschte, ich hätte den Mut gehabt, meine Gefühle auszudrücken."
- „Ich wünschte mir, ich hätte den Kontakt zu meinen Freunden aufrechterhalten."
- „Ich wünschte, ich hätte mir erlaubt, glücklicher zu sein."

„Sich niemals von jemandem von dem abbringen zu lassen, was du machen willst"[51], ist der Rat der todkranken Grace. „Es gibt so viele Menschen, die durchs Leben gehen und die meiste Zeit Dinge tun, von denen sie glauben, dass andere sie von ihnen erwarten", schreibt die Palliativpflegerin Ware. Höchste Zeit, aus dem Gefängnis dieses Missverständnisses auszubrechen. 15 Jahre, so berichtet Ware, wartet Margaret auf die Pensionierung ihres Mannes, dann wird sie krank und stirbt. Ihr Ehemann John steht vor einem seelischen Trümmerfeld, „Natürlich habe ich meine Arbeit geliebt, aber wofür? Das wirklich wichtige – meine geliebte Margaret – habe ich aus den Augen verloren."[52] Wie eine Schraubzwinge legen sich diese Sätze um das eigene Herz. Bronnie Ware: „Fast alle haben zu viel gearbeitet und zu wenig gelebt – weil sie Angst hatten, nicht genug Geld zu verdienen oder ihrer Karriere wegen."[53] Rosemary war eine erfolgreiche Managerin, die das Scheitern ihrer Ehe nicht verwunden hat. Zunächst verbittert, erkennt sie erst kurz vor ihren Tod, wie sehr Ware Recht hat, wenn sie sagt: „Wir haben die Freiheit, zu wählen. Viele Patienten erkennen das erst zum Schluss. Sie stecken in alten Mustern und Gewohnheiten und dem Komfort der Gewohnheit." Wer sich so verhält, wie es – scheinbar – von ihm oder ihr erwartet wird, sollte erkennen: Dieser Weg führt in die Irre. Er ist weder zieldienlich noch nützlich. Werden wir uns darüber klar, was uns wirklich wichtig ist.

Preisfragen:

- Wie können wir Mut schöpfen, Kairos rechtzeitig beim Schopfe zu greifen?
- Was brauchen wir, um Chancen im richtigen Moment zu erkennen?
- Was lässt uns eindeutig kommunizieren und erkennen, wofür wir stehen?
- ist?

Erfahrungskerker – gefangen in Gewohnheit und Verhalten

Eine der stärksten Blockaden und Hindernisse auf dem Weg zur segensreichen Entwicklung des eigenen Lebens sind Erfahrungskerker. Von frühester Kindheit gehören sie zu unserem Leben, mit ihnen wachsen wir auf, ihre Leitsätze und Prinzipien steuern unser Dasein. Fast teuflisch ist die Tatsache, dass wir unsere Erfahrungskerker kaum bemerken. Locker überspringen ihre Themen Generation um Generation. So halten sich verzwergende Sätze à la „Mädchen tun dies oder jenes nicht" sowie „Ein Indianer kennt keinen Schmerz" für Jungen über die Jahrhunderte hinweg. Alte Verhaltensnetzwerke besitzen eine gewaltige Beharrungskraft. Davon kann jeder Knacki berichten, der frisch entlassen wird. Natürlich ist es leichter für ihn, kaum ist er draußen, wieder in den Fängen alter Milieus vor Anker zu gehen.

Womit die Eltern aufgewachsen sind, geben sie als geistiges Hintergrundrauschen an ihre Kinder weiter, diese wiederum an ihren Nachwuchs. So dreht sich diese Mühle stetig weiter, ohne, dass ihre Sinnhaftigkeit je in Frage gestellt würde. Das wäre nur möglich, wenn ein kritischer Blick von außen auf die eigene Situation geworfen würde. Dieser ist jedoch im Universum eines „Üb' immer Treu und Redlichkeit" nicht vorgesehen.

Drohend steht an die Wand geschrieben der folgende beklemmende Satz: „Was sollen nur die Leute denken?" Mit dieser Zeile wurden Generationen handzahm gehalten. Egal, ob ich saufe, meine Frau schlage, depressiv bin, mich morgen umbringen möchte – Hauptsache, der vor der Tür stehende Wagen ist gewaschen, der Vorgarten gestriegelt und der Rasen ist gemäht. „Seht her, bei uns ist alles in Ordnung!", lautet der stumme Schrei nach Anerkennung in Richtung Außenwelt. Doch wie es in einem selbst aussieht, diese Frage wird verdrängt, sie geht niemanden etwas an. Vor diesen schlummernden Leichen im Keller stecken wir so gerne den Kopf in den Sand, in der Hoffnung, dass sich dadurch die Dinge vielleicht ändern. Allein dieser Wunsch ist leider ein Trugschluss.

Erfahrungskerker sind uns anerzogen worden, sitzen so tief in uns, dass die wenigsten von uns sie jemals bemerken. Wie beim Mäuserennen laufen wir in engen vorgegebenen Bahnen in Richtung Käse und glauben, auf dem Weg zum Ziel alle Möglichkeiten dieser Welt zu haben. Wer die eigenen Kinder nach den Vorgaben seiner Ahnen erzieht, wünscht sich meist aus vollem Herzen das Beste und Schönste für sie. Im besten Glauben werden die Erfahrungskerker von einer für die nächste Generation weiter gezimmert. Es geht nicht darum, sie generell über Bord zu werfen. Nötig ist ein kritischer Blick, ob das, „was man halt so macht", noch zielführend ist. Mag der Satz „Einmal Daimler, immer Daimler" im Schwabenlande lange gegolten haben, heute werden die Karten neu gemischt.

Im Ruhrgebiet sind die Menschen über Generationen „auf Zeche" gegangen. Das Fördern des schwarzen Goldes war maßgeblich für den Wiederaufbau unseres Landes nach dem Krieg verantwortlich. Doch dem Bergbau an der Ruhr war kein ewiges Leben beschieden. Bereits Ende der 1950er Jahre wurden die ersten 100.000 Arbeitsplätze im Ruhrbergbau abgebaut. Geld wurde mit der Kohle unter der Ruhr nur bis 1968 verdient, dann musste der Staat ran und mit massiven Subventionen eine Industrie am Leben erhalten, die nicht mehr profitabel war. Das wussten alle. Schlagzeilen wie „Steinkohle braucht Verlässlichkeit" sollten davon ablenken. So gaukelte dieser Wirtschaftszweig den Menschen Vitalität und Sicherheit vor. In der Folge breitete sich ein Vollkaskodenken aus – niemand sollte ins Bergfreie fallen. Falls doch mal eine Krise aufkam, musste nur laut genug geschrien und demonstriert werden. Schon eilte ein besorgter Landesvater mit dem finanziellen Füllhorn heran. So wurde die Region bei Laune gehalten.

Als junger Tageszeitungsvolontär war ich einst bei der Lossprechung von 600 Auszubildenden des Ruhrkohle-Konzerns zugegen. Mit Knappenchor und mächtigem Orchestergebläse enterte der damalige Sozial- und Arbeitsminister das Rednerpult. Fulminant bracht er eine Lanze für den Bergbau an Rhein und Ruhr. Ein wichtiges Detail des Tages war jedoch gut zwischen den Zeilen seiner Rede versteckt. Alle 600 jungen Bergmechaniker wurden direkt in einer Beschäftigungsgesellschaft untergebracht; von den Bergbauunternehmen brauchte sie niemand. Sie waren in einem

Beruf ausgebildet worden, für den es längst keine Zukunft mehr gab. Wie er sich bei dem Gedanken an diese Wahrheit fühle, war meine Frage an den Minister bei der anschließenden Bockwurst mit Brötchen. Blutrot lief der Politiker an, raketenartig war sein Blutdruck in die Höhe geschossen. Worte wie „ungeheuerlich“, „unverschämt“ und „das sei die Höhe“ flogen mir um die Ohren. Kaum war ich zurück in der Redaktion, wurde ich zum Chefredakteur zitiert, dessen Wutausbruch eine ähnliche Argumentationskette präsentierte wie beim Minister zuvor. Verständnis zeigte erst mein Ressortleiter in der Wirtschaftsredaktion. Er war ein Urgestein, gefühlte drei Zentner schwer und die Ruhe selbst. „Sie haben natürlich vollkommen Recht mit ihrer Frage, Herr Kollege“, baute er mich wieder auf, „aber das können sie hier in dieser Region so nicht sagen. Diese Wahrheit will hier niemand hören.“

Heute sind Beweglichkeit und Offenheit für Neues wichtiger denn je. Wer Entwicklung will, kommt daran nicht vorbei; mag diese Erkenntnis auch noch so schmerzen. Branchen und Berufsbilder ändern sich in atemberaubender Geschwindigkeit. Dafür braucht es Kreativität. Sie ist jene wunderbare Fähigkeit, das Unstrukturierte und vermeintlich Chaotische zu gestalten. Bei ihr zählt das Prinzip „Versuch und Irrtum“ ebenso wie die Lust am Ausprobieren und die Bereitschaft, Fehler zu machen. Es ist höchste Zeit, die Dinge spielerischer anzugehen, ohne den verbissenen Willen, jeden Schuss ins Schwarze bringen zu müssen.

Wir dürfen stolz sein auf unser Ausbildungssystem. Ob gewerblich oder an der Uni, um diese Strukturen werden wir weltweit beneidet. Trotzdem ist es höchste Zeit, dieses System auf Sinnhaftigkeit und Zieldienlichkeit zu überprüfen. Mit einem „Das haben wir schon immer so gemacht“, kommen wir nicht mehr weiter. Wer so denkt, der steckt hinter mächtigen Mauern eines Erfahrungskerkers. Wir werden Geselle, Meister, Techniker, Betriebswirt im Handwerk, Ingenieur, Architekt, schreiben unsere Doktorarbeit, werden Professor. Stets lernen und entwickeln wir uns im Gewerk, auf einem Gebiet, einer Fakultät, werden dort besser und besser. Was wir benötigen, ist die Fähigkeit, unternehmerisch zu denken; sei es für eine Firma oder unser Leben.

In einem meiner Seminare für Selbstmanagement saß ein promovierter Biologe. Zehn Jahre hatte er an der Universität mit wissenschaftlicher Geistesschärfe brilliert, nebenbei geheiratet und zwei Kinder in die Welt gesetzt. Allein der Sprung in die Berufstätigkeit war dem arbeitssuchenden Akademiker noch nicht geglückt. Seine Familie und er lebten seit Jahren von Hartz IV. Trotzdem saß er auf einem sehr hohen akademischen Ross und war bei der Auswahl möglicher Arbeitsangebote äußerst wählerisch. „Ob das etwas für mich ist, bei meiner Ausbildung?“ war sein Kommentar zu vielen Stellenanzeigen, die wir gemeinsam durchgingen.

Hier saß ein Traumtänzer im Elfenbeinturm, der seine trostlose wirtschaftliche Situation hinter akademischen Worthülsen zu verstecken suchte. Wer über die Verdauungsgase amphibischer Schwanzlurche eine Doktorarbeit schreibt, sollte trotzdem seine Stromrechnung aus eigener Hände Arbeit bezahlen können. Das ist auch einem Doktor der Biologie zuzumuten – ich war der Überbringer dieser bitteren Botschaft. Es bedurfte in diesem Falle langer, teils rustikal geführter Gespräche, um von der Ausbildung zur Unbeweglichkeit zur Flexibilität für die Anforderungen des Arbeitsmarktes zu gelangen. In den zehn Jahren an der Uni hatte ihn niemand jemals gefragt, wie er mit seinem hochspeziellen Fachgebiet den eigenen Lebensunterhalt würde bestreiten können. Hier hatten seine Eigenorganisation sowie das Ausbildungssystem auf breiter Front versagt. Wer ohne Ziel, Strategie und Beweglichkeit vor sich hin studiert, darf sich nicht wundern, wenn sich die Karriere als Taxifahrer immer mehr in die Länge zieht. Immer noch erschallt, was unsere Ausbildung betritt, ein Dreiklang aus den folgenden Leitsätzen:

- Drück die Schulbank!
- Gib Gas und lerne!
- Finde eine sichere Arbeit als Arbeitnehmer!

Bis in die 1980er Jahre war dies mit Sicherheit ein Erfolg versprechender Weg. In Zeiten der Globalisierung bedarf diese Vorgehensweise allerdings einer gründlichen Tiefenkorrektur. Sonst sind wir auf dem direkten Weg in den nächsten Erfahrungskerker. Welchen Beruf Opa und Papa auch gehabt haben mögen, ob das für die Söhne, Töchter und Enkel noch gilt, ist die Frage. Heute werden die Karten auf dem Arbeitsmarkt komplett neu gemischt. Der Schuster, der bei den Leisten seiner Gewerkegewohnheit bleibt, ist nicht mehr zukunftsfähig. Trotzdem bietet seine Tätigkeit jede Menge Chancen, wenn er sein Handwerk zur Schusterkunst 2.0 erhebt – mit eigenem YouTube-Kanal, einer brillanten Homepage und einer App für die Fans exzellenten Schuhwerks. Das ist leider noch nicht Teil des Berufsbildes Schuster. Hier wird immer noch nach alter Väter Sitte gelehrt und gelernt. So kann das mit der Zukunft nichts werden.

Entscheidend ist der Blick nach vorne. Es bedarf einer kritischen Analyse, was vom ehemals Erlernten zukunftsfähig bleibt. Und es bedarf einer Vision, wo das Können eines Gewerkes dauerhaft gefragt ist. Dieses „Wo" bezieht sich heute auf den gesamten Erdenkreis. Handgefertigte rahmengenähte Schuhe gelten unter Geschäftsleuten als Statussymbol. Diejenigen Schuster, die dermaßen hochwertig arbeiten, fertigen in und für die Metropolen dieser Welt, können es sich leisten, ihre Kunden teilweise Monate auf das neue Schuhwerk warten zu lassen.

Individuelle Qualität lässt sich nicht beliebig vermehren und beschleunigen. Das kann bedeuten, dass unsere Handwerkskunst plötzlich außerhalb Europas hoch im Kurs steht. Ist das der Fall, dann sollte zugegriffen werden. Schon wieder spüren wir unseren Erfahrungskerker, der uns dafür die Energie raubt, uns mental verzwergt, die Ängste vor dem Neuen wachsen lässt. Mit diesen Themen müssen wir uns auseinandersetzen, ob wir das wollen oder nicht. Jeder Beruf, jede Tätigkeit, die automatisiert werden können, laufen Gefahr, früher oder später vom Kollegen Computer übernommen zu werden. Ob uns das passt, ist die falsche Frage. Ob und wann uns das betrifft, darum geht es. Nichts zu tun, hieße, die nächste Chance der Gestaltungskraft verstreichen zu lassen. Wir müssen schlauer und schneller sein. Ja, das nervt, ja, das ist unbequem, bedeutet, ständig in Bewegung zu bleiben. Und: Das kann in die Hose gehen. Trotzdem haben wir die Hand am Steuer, können wir den Kurs mitbestimmen. Wer auf dem Sofa in der Komfortzone eines „Das haben wir schon immer so gemacht" sitzen bleibt, hat schon verloren. Er wird zum Zuschauer, der sich den Kopf darüber zerbricht, welchen Knopf auf der Fernbedienung er demnächst drücken sollte.

Ich weiß, das ist starker Tobak, der vielen nicht schmecken wird. Doch welche Alternative könnte es dazu geben? Wer nichts tut, sorgt dafür, dass sich der Begriff „German Angst" noch weiter in unserem kollektiven Bewusstsein ausbreitet. Angst und Sorge sind die vielleicht wirkungsvollsten Erfahrungskerker, die uns binden und bremsen. Beide haben eine ganz wesentliche Eigenart. Sie sind ausschließlich das Ergebnis unserer Phantasie und beziehen sich stets auf die Zukunft. Angst kann ich nur vor etwas haben, das noch nicht stattgefunden hat. Ob es wirklich so passiert wie in der Vorstellung, ist die Frage aller Fragen. Düster, fast schwarz, sehen Gewitterwolken am fernen Horizont aus. Direkt über uns erschienen sie meist kaum grau und wesentlich weniger bedrohlich.

„Was habe ich mir in meinem Leben den Kopf zerbrochen und Sorgen gemacht. Das meiste von dem Befürchteten ist nie eingetreten." So hat es mal ein kluger Mensch ausgedrückt. Niemand sagt: „Ich habe so Angst, dass mich mein Chef letztes Jahr vor versammelter Mannschaft zusammengestaucht hat." Wer es so ausdrückt, erntet höchstens ein Lachen. Trotzdem: Wir erstarren durch die Angst vor dem, was kommen könnte, wie das Kaninchen vor der Schlange. Statt Flucht oder Angriff bleibt nur der Totstellreflex. Damit aber ist jede Handlungskompetenz dahin. Damit zeigt sich die doppelte Kraft und Perspektive unserer Erfahrungskerker. Je länger dies der Fall ist, desto mehr wird die Vergangenheit zur „guten alten Zeit" verklärt, umso größer werden unsere Ängste vor dem Neuen. „Was da alles passieren kann", bremst wie ein über unseren Köpfen schwebendes Damoklesschwert wirkungsvoll viele Versuche, zu neuen Ufern aufzubrechen. Um uns weiterzuentwickeln, müssen wir unser Leben lang offen für Neues bleiben, und dürfen uns nicht von Glaubenssätzen zurückhalten lassen.

Preisfragen:

- Wie offen bin ich für Neues und Unvorhersehbares?
- Wie sehr entspricht das, was ich lerne, meinen Fähigkeiten und Talenten?
- Was will ich mit meinem Beruf einmal erreichen?
- Welche Möglichkeiten und Alternativen könnten sich ergeben?
- Was hält mich gefangen?

3.3 Auf Freigang mit den sieben Partnern unserer Entwicklung

Bewährung für die Zukunft: Schritt für Schritt die richtige Route finden.

Wir alle wissen, dass wir in einer Welt der Dualitäten und Gegensätzlichkeiten leben: Gut – Böse, Mann – Frau, Licht – Dunkelheit. Stets gibt es zwei Teile, die sich zu einem Ganzen verbinden. Diese Polarität zieht sich wie ein roter Faden durch unser Dasein. Die eine Seite bedingt ihr Gegenüber, ergänzt sie zur Einheit. Entsprechend existieren neben den sieben Gegnern unseres Erfolges machtvolle Verbündete für uns – die sieben Partner unserer Entwicklung. Doch ein gemeinsamer Ritt mit diesen glorreichen Sieben wird alles andere als ein Zuckerschlecken werden. Mit jeder Meile des Vorankommens fordern sie uns Konsequenz, Ausdauer und Zielstrebigkeit ab.

Ihre Botschaften sind wie der Gesang der Sirenen, dem der listenreiche Odysseus lauschen wollte. Gleichzeitig wusste er von der diabolischen Kraft dieser säuselnden Fabelwesen. Der Erfinder des Trojanischen Pferdes ahnte, dass er mit blanker Willenskraft der Sogkraft der Sirenengesänge nicht würde widerstehen können. Folglich ließ er sich an den Mastbaum seines Schiffes fesseln und den Gefährten die Ohren mit Wachs verstopfen, derweil diese an der Insel der bösen Gestalten vorbeirudern würden. So ging der König von Ithaka in die Geschichte ein – als Einziger hatte er dem Gesang der Sirenen gelauscht und dieses teuflische Gesäusel überlebt. Bienenwachs und mächtige Taue waren für dieses Abenteuer seine Verbündeten. Sie hielten Schiffe und Gefährten auf sicherem Kurs, ohne sie hätten die Sirenen ein Blutbad unter den Griechen angerichtet. Ähnlich ist es mit den sieben Partnern unserer Entwicklung. Am stärksten spüren wir sie auf der Strecke, wenn wir wieder mal Gefahr laufen, vom Wege der Ziel-

dienlichkeit abzukommen. Wie Leitplanken schenken sie uns Bahnung und Struktur für den Weg zu unseren Zielen. Sollten wir vorübergehend eine Ehrenrunde in den Wiederholungsschleifen alter Gewohnheiten drehen, schenken uns die glorreichen Sieben Orientierung zurück auf den ursprünglichen Weg. Durch sie haben wir stets eine entscheidende Handbreit Wasser unter dem Kiel, damit unser Boot auch gefährliche Untiefen durchkreuzen kann.

Es liegt an uns, welche Absichten wir aus den Möglichkeiten ableiten, Glück und Zufriedenheit in unserem Leben erreichen zu wollen. Entscheidend ist, ob wir uns das vorstellen können und was wir bereit sind, dafür zu tun. Wir sind am Zug. Der Weg vorwärts wird hart, aber wir haben Verbündete. Täglich treffen wir auf die sieben Partner unserer Entwicklung. Sie sind uns bestens bekannt. Ergreifen wir die Gelegenheit beim Schopfe, geben wir ihnen ein Gesicht: *Klarheit, Zielausdauer, Schöpferkraft, Energiequellen, Entwicklungsfreiheit, Chancengebiete, Wissen.*

Klarheit – zu wissen, was, wie, wann und wofür?

Wie klar und eindeutig sind die Ziele und Überzeugungen meines Lebens ausformuliert, und wie unmissverständlich halte ich in Krisen daran fest? Ein guter Segler zeigt gerade bei widrigen Windverhältnissen, was in ihm steckt. Allerdings testet und verbessert er diese Fähigkeiten zuerst in flachen Gewässern und nicht gleich auf hoher See.

Wer weiß, was er will, gehört zu einer Spezies, die selten geworden ist. Sich zur Klarheit zu verpflichten, damit haben heute viele Menschen Schwierigkeiten. Vereinbarungen werden kurzfristig abgesagt, weil sich scheinbar bessere Möglichkeiten ergeben. Zurück bleiben diejenigen, die sich auf die ursprüngliche Abmachung verlassen hatten. Mit einer derartigen Oberflächlichkeit wollen wir uns alle Entscheidungsmöglichkeiten offenhalten, doch am Ende passiert gar nichts. Allein der Gedanke, sich entscheiden zu müssen, löst bei vielen Menschen das Gefühl aus, einen Kloß im Hals sitzen zu haben. Klarheit ist jene Eigenschaft, eine Nacht oder eine Zeit über die Dinge nachzudenken, bevor die Pflöcke eingeschlagen werden. In ihr liegt eine fernöstliche Gelassenheit, dass auch im Nichtstun nichts ungetan bleibt. So formulierte es der Philosoph Laotse im fernen Osten vor langer Zeit.[54]

Es ist eine Geißel unserer Zeit, dass mit steigender Zahl der Möglichkeiten die Bereitschaft immer weiter sinkt, sich festzulegen. In der Masse der Optionen verlieren wir die Übersicht. Im endlosen Strom aus Internet und Werbung glauben wir uns in einem nicht enden wollenden Fluss der Fülle. Nie war es wichtiger, sich Gedanken darüber zu machen, was wir wollen und was nicht. Eine Entscheidung reifen zu lassen, in dieser Metapher steckt eine tiefe Wahrheit.

So wie bei Johannes. Zwei Jahre hatte er – wieder mal – hinter Gittern gesessen. Dann drohten ihn die Netze des Verbrechens gleich nach der Entlassung wieder gefangen zu nehmen. Wie so oft sollte ein todsicheres Ding gedreht werden. Doch Johannes sagte wenige Tage vor dem Bruch seine Teilnahme ab, packte seine Sachen und zog in eine andere Stadt. Hier lebt er mittlerweile mit seiner Partnerin und hat ein Leben angefangen, dass sich vollkommen von dem des früheren Verbrechers unterscheidet. Durch Zufall erfahre ich davon. Johannes sitzt in einem meiner Kurse für Selbstmanagement und erzählt mir beim Mittagessen von seinem Leben. „Mitten in der Nacht hatte ich einen Gedanken wie eine Eingebung. Lass es sein! Entscheide dich für ein Leben in Freiheit, ohne die ständige Angst, wieder hinter Gittern zu landen. Plötzlich sah ich die Dinge glasklar – mein Leben und meine Ziele. Ehrlich gesagt, hatte ich mächtig die Hosen voll. Bis dahin kannte ich nur das Klauen und Einbrechen. Die größten Befürchtungen hatte ich vor den Hürden des Alltags im Leben außerhalt des Knasts. Das kannte ich kaum, die Panik davor war riesig. Der einfache Weg wäre die Rückkehr in den Knast gewesen. Damit kannte ich mich aus, das war meine vertraute Welt. Die Klarheit hat mir geholfen, meine Angst zu überwinden. Ich bin noch längst nicht dort, wo ich hin will, doch sehe ich meinen Weg vor mir. Ich habe mich für ihn entschieden und gehe auf dieses Ziel zu."

Fragen:

- Welche Ziele möchte ich in meinem Leben erreichen?
- Welche Schritte, Fähigkeiten, Entwicklungen sind dafür nötig?
- Welche Ziele sind umsetzbar, welche bleiben vielleicht Traumziele?

- ▶ Wie kann beides voneinander unterschieden werden?
- ▶ Was will ich in meinem Leben bewirkt haben – bis wann und wofür?

Zielausdauer – Die Kraft für den Weg bis zum Ankommen

Als ich noch Triathlet und Marathonläufer war, gab es bei uns im Verein den faszinierenden Begriff des Trainingsweltmeisters. Diese Zeitgenossen sorgten in den Trainingseinheiten für mächtigen Alarm und berichteten von ihren perfekten Vorbereitungen. Jenseits der Ziellinie wurden sie allerdings selten gesehen. Mal war ein Reifen geplatzt, hatten sie sich im Wasser verschluckt oder eine Blase am Fuß hatte ihren Zieleinlauf torpediert. Selbst zu meiner besten Marathonzeit war Olympiasieger Dieter Baumann mindestens doppelt so schnell wie ich. Damit beende ich meinen gewagten Vergleich. Doch bei Baumanns Debüt über 42.195 Meter wurden ihm ab Kilometer 35 die Beine schwer. Das geschieht vielen Läufern nach dieser Distanz. Wenige Kilometer vor dem Ziel gab Baumann auf, weil seine Zeit doch etwas langsamer geworden wäre als geplant.[55] Dieser Schmach wollte der in der Branche Schwabenpfeil genannte Weltklasseläufer aus dem Wege gehen – also blieb er stehen und brach seinen Lauf ab. Natürlich hat der Schwabe später in Spitzenzeiten die legendäre Strecke bewältigt. Sogar die 100 Kilometer von Biel bezwang er. Doch die Erfahrung zeigt: Das Leben ist wie ein Marathon. Auf der Strecke gilt es, viele Abenteuer zu bestehen, die im Vorhinein nicht absehbar sind. Zielausdauer zeugt von dem unbedingten Willen, zu finishen. Wieder hilft die Klarheit, ob das Angestrebte unser Bemühen rechtfertigt.

Es ist segensreich, festzulegen, wo wir an den Start gehen und wo wir Zuschauer bleiben. Sätze wie „Alles ist möglich" sollten schleunigst umgeschmiedet werden in Formulierungen wie „Wo ist es für mich sinnvoll, zu starten und anzukommen?" In der Begrenzung und dem Erkennen unserer Endlichkeit liegt eine gewaltige Kraftquelle, sonst verflüchtigt sich unsere Energie in alle Himmelsrichtungen ohne gewünschte Wirkungen. Es gilt, die Dinge auf den Punkt zu bringen. Wer seine Kräfte bündelt und konzentriert, kann tief in Chancengebiete vordringen und Dinge erreichen, die in weiter Ferne lagen. Je mehr wir unser Ziel im Auge haben, desto weniger Einfluss können Hindernisse entfalten. Die Flow-Forschung fand heraus, dass das Glück des Schaffenden auf der Strecke und kurz vor dem Ziel besonders groß sein kann.[56] Noch sind wir nicht angekommen, doch spüren wir ein erfolgreiches Vorankommen, das uns Kraft für das weitere Erreichen gibt. Aus dieser Fokussierung erwächst die Bereitschaft, die berühmte Extrameile zu gehen. Dafür Einsatz zu zeigen, das ist der anspruchsvolle Weg, doch er feuert uns an zum entscheidenden Sprung über die Ziellinie. Es ist leicht, die Flinte vorschnell ins Korn zu werfen.

Erst durch das Ankommen werden aus Einsatz Ergebnisse. Und: Erkennen wir unsere Grenzen an, um glücklich zu werden.

Fragen:

- Wie kann ich meine Ausdauer bis zum Ziel systematisch steigern?
- Über welche Schritte und Teilziele lässt sich das Angestrebte erreichen?

Schöpferkraft – der geistige Zündfunke für das Neue

Wer je vor einem weißen Blatt Papier, Keilrahmen, Konstruktionstisch oder Flipchart gestanden hat, weiß, wie schwer Kreativität sein kann. Das Neue lässt sich nur selten zwingen. Bis ein geistiger Funke die Temperatur zur vollen Zündkraft erreicht hat, kann es dauern. Es ist eine Frage der Übung und Ausdauer, beides braucht Kraft. Viele Künstler sind vor dem weißen Blatt Papier verzweifelt, durchlebten Albträume vor Angst, nichts hervorbringen zu können. Schöpferkraft ist energieaufwändig, das zeigt ein Blick in die Bibel. Gott schuf die Welt in sechs Tagen und war am siebten nach diesem kreativen Kraftakt ruhebedürftig. Zufrieden sah er, dass es gut war. Und: Er schaffte nicht alles auf einen Fingerschnipp gleichzeitig. Die Erde entstand Schritt für Schritt.

Schöpferkraft hat ihre Wurzeln in unserer Vorstellung. Wir sagen: „Ich sehe es vor meinem geistigen Auge." Noch kennen wir weder den Weg zu diesem Ziel noch die Art und Weise, wie sie Wirklichkeit werden könnte – doch die Vision, der Traum sind da. Sie kennen diese Momente nach dem Aufstehen oder kurz vor dem Einschlafen – wir sind noch wach, doch gleichzeitig in den Sphären einer Traumwelt. Was es dann in uns denkt, sollten wir segensreich nutzen.

Für Kinder sind Vorstellungen, Träume und Wirklichkeit eins. Was sie träumen, existiert für sie. Und wir? Wie ist das bei uns? Was blieb übrig von den Visionen unserer frühen Jahre? Welche verrückten Ideen sind Ihnen in wilder Kindheit durch die Gehirnwindungen geströmt? Viele von uns wollten Räuberhauptmann, Prinzessin, Feuerwehrmann und vieles mehr werden. Bei welchem Gedanken konnten sie damals vor Aufregung nicht mehr schlafen oder stillsitzen? Die Gestaltung unseres Lebens und unternehmerischer Erfolg hängen von der Fähigkeit ab, aus Vorstellungen mit Schöpferkraft Wirklichkeit werden zu lassen. Heißen wir sie in unserem Leben willkommen! In einem vorschnell als Schnapsidee verworfenen Gedanken schlummert vielleicht eine Zehn-Millionen-Euro-Idee. Vielleicht schrecken wir deshalb vor ihnen zurück, weil unser Zündfunke für das Neue erloschen ist?

Das ist so wie mit einer feuchten Packung Streichhölzer. Egal wie oft wir es versuchen, es wird uns nicht gelingen, eine Flamme zu entzünden. Das schaffen wir erst, wenn alles trocknen konnte. Was also ist zu tun, damit wir unser schöpferisches Pulver nebst Zündfunken trocken halten können? Vielleicht muss dafür beides neu erfunden werden. Lassen wir Vorstellungen und Träume gewohnte Schranken durchbrechen. Sie ermöglichen gedankliche Mischungen, aus denen etwas vollkommen Neues entsteht. Sturmstreichhölzer und Wunderkerzen brennen auch unter Wasser weiter. Wir haben unsere kindliche Kreativität verloren, aber die brauchen wir, um Großes zu vollbringen. Albert Einstein träumte, auf einem Lichtstrahl sitzend durch das Universum zu reiten. Mit diesem Bild näherte er sich der Frage, ob Materie und Energie Zustände des Ähnlichen sind. Das Ergebnis war seine berühmte Formel $E = m \times c^2$. Energie kann zu Materie werden und Materie zu Energie.

Fragen:

- Welche Kreativitätstechniken sind für mich die passenden?
- Was kann ich tun, um meinen Ideenreichtum anzuregen?
- Wie kann ich mich für das Neue und Ungedachte öffnen und begeistern?
- Wie sehr bin ich bereit, Gewohnheiten in Richtung Neuland zu verlassen?

Energiequellen – Antrieb und Ausdauer für Wege und Ziele

„Energie“ lautet der Befehl von Kapitän James T. Kirk auf der Brücke seines Raumschiffs Enterprise. Sofort zeigen die Triebwerke ihre Leistungskraft und katapultieren den interstellaren Flieger mit Warp-Geschwindigkeit durchs Universum. Wie schön, wenn's auf der Kinoleinwand so einfach ist. Im wirklichen Leben gestalten sich die Dinge anspruchsvoller. Energie ist jenes kostbare Gut, das unser Leben kraftvoll antreibt und mit Leidenschaft befeuert. Durch sie erhalten wir jene Impulse, die uns ausdauernd zu unseren Zielen führen. Was aber treibt uns an, lässt uns morgens aus dem Bett springen, dann weitermachen, wenn die Dinge schwierig und anspruchsvoll werden? Plötzlich geht es darum, welche Überzeugung wie ein kraftvolles Herz in uns schlägt. Wer das „Wofür“ seines Lebens und seiner Energie gefunden hat, kann manches „Wie“ und viel Gegenwind ertragen.

Ob Religion, Spiritualität, Gemeinwohl, unternehmerische oder persönliche Ziele – was immer das sein mag, ohne Energie werden wir das Angestrebte nicht erreichen. Wir tun gut daran, uns den Kopf darüber zu zerbrechen, welche Fähigkeiten in uns schlummern. Noch einmal zur

Erinnerung: Alles ist längst vorhanden, wartet nur darauf geweckt zu werden. Trotzdem wird es kein Selbstläufer, das kostet Kraft und Energie für stetes Lernen und Üben. Die Wiederholung ist die Mutter aller Dinge, sie fordert uns Leistung ab, die an die Substanz gehen kann. Wem jemals der Sprit im eigenen Pkw ausgegangen ist, der kennt das Gefühl der Ohnmacht, wenn die Maschine verstummt und der eigene Wagen langsam ausrollt. Ob wir wussten, wie es um den Füllpegel in unserem Tank bestellt war oder diesen schlicht ignoriert haben – mit einmal Mal geht nichts mehr, der Wagen steht. Wohl dem, der sich rechtzeitig darum kümmert, dass stets genug Sprit im Tank ist. Ähnlich verhält es sich mit unserem Umgang mit unserer Energie.

An den Anforderungen, die unser Beruf an uns stellt, können wir wenig ändern. Entscheidend sind die Phasen, in denen wir wieder Kraft schöpfen, das Handy ausschalten. Dann gilt es, den Kopf frei zu bekommen, vielleicht einen kritischen Blick auf das Bisherige zu werfen. Ob mit Lesen, beim Sport, Schach, Yoga, Golfen oder Sauna – die Möglichkeiten sind vielfältig. Im jugendlichen Überschwang glauben wir, dauernd Bäume ausreißen zu können, unser innerer Antrieb kommt uns vor wie eine Kraftquelle, die nie zu versiegen scheint. Das ist ein Trugschluss, auch diese Leistungskraft ist begrenzt. Je besser wir wissen, was uns Energie für unsere Ziele schenkt, desto mehr können wir deren Stellenwert für uns abschätzen. „Wohin die Reise geht, die Kohlen müssen stimmen", pflegte mein Großvater Franz als Dampflokführer zu sagen. Zwar gibt es diese schnaufenden Ungeheuer nicht mehr. Ihr Prinzip ist bis heute geblieben. Welche „Kohlen" uns befeuern und zu unseren Zielen bringen – ohne Energie geht es nicht. Wir können nicht immer nur powern, sondern müssen immer wieder unsere Akkus aufladen.

Preisfragen:

- Wie gut haushalte ich mit meinen Energiequellen?
- Wodurch und womit laden ich meine Akkus regelmäßig wieder auf?
- Welche Flamme brennt in mir und wofür?

Entwicklungsfreiheit – die Offenheit für neue Ufer

Wer neue Welten entdecken will, muss bereit sein, über den Horizont hinaus zu denken und zu segeln. Was immer dort gefunden werden kann, viel wichtiger ist die Tatsache, dass dabei die Ufer der alten Gestade aus dem Blickfeld verschwinden werden. Soweit das Auge reicht, gibt es nur Wasser – Salzwasser, das wir nicht trinken dürfen. Die Möglichkeit, eine Insel mit Süßwasser zu finden, wird überlebenswichtig. Umso größer das Abenteuer, wenn niemand sagen kann, wo und ob so ein Eiland auftauchen wird. So werden sich die Wikinger gefühlt haben, als sie auf offener See zunächst nach Island, dann nach Grönland und schließlich nach Neufundland segelten. Ob sie wirklich die Ersten waren, welche die Nordroute ins spätere Amerika entdeckten, wer kann das wissen. Vielleicht gab es Gerüchte vom legendären Grün- und Vinland, damals war das Klima in diesen Regionen noch nicht so kalt wie heute. Trotzdem, irgendwann stachen einige verwegene Pioniere in See und wagten den Aufbruch ins Ungewisse. Neugier und Mut siegten über Sorge, Angst und Befindlichkeit.

Damals wie heute erfordert die Offenheit, neue Ufer der Zukunft anzusteuern, radikale Prozessmusterwechsel und eine Neuorientierung. Wir sind mit immer neuen Anforderungen oder der Notwendigkeit größerer Leistungssprünge konfrontiert. Dadurch werden bestehende Verhaltensmuster infrage gestellt und müssen gegebenenfalls verlassen werden.[57] Eines ist gewiss: Das Neue stört oft und ist selten willkommen. Der Preis der Entwicklungsfreiheit ist der Widerstand, auf den sie stößt. Dieser Gegenwind ist so sicher wie das Amen in der Kirche. Entwicklungsfreiheit bedeutet, die Instabilität unserer Welt aushalten zu lernen, sie zu formen. Entscheidend sind das Handhaben von Eigendynamik und das Vermögen, sich selbst zu organisieren. Natürlich wird es kein Kuschelkurs wie früher im Windschatten der Vorausgehenden.

Ein gutes Beispiel für eine radikale Innovation, die zunächst auf Widerstand traf, ist die Einführung des Fosbury-Flops im Hochsprung. Jahrzehntelang hatten Hochspringer im Scheren- oder Straddle-Sprung die Latte überwunden. Sie übersprangen das Hindernis entweder mit aufrechtem Oberkörper oder bäuchlings. Der Ingenieur Richard „Dick" Fosbury präsentierte 1968 bei den Olympischen Spielen in Mexiko eine neue Sprungtechnik, indem er die Latte rückwärts übersprang. Angeblich waren die Trainer daran gescheitert, Fosbury beizubringen, „richtig", also bäuchlings, über die Latte zu springen. Sportwissenschaftler wollten sogar technisch beweisen, dass es nicht möglich sei, diesen neuen Stil erfolgreich einzusetzen. „Er springt wie jemand, der aus einem Fenster im 30. Stock fällt", ätzte ein Reporter. Fosbury wurde als „der faulste Springer der Welt" bezeichnet. Trotzdem gewann er mit 2,24 Metern die Goldmedaille. Sofort hatte sein Sprungstil einen neuen Namen: Fosbury-Flop. Heute springt jeder Athlet in diesem Stil. Es gibt keine andere Wettkampftechnik mehr im Hochsprung. Das Beispiel Fosbury zeigt uns, dass Entwicklungsfreiheit und radikale Innovationen oft sehr viel Zeit und Überzeugungsarbeit erfordern, um sich durchzusetzen. Viele Widerstände müssen überwunden, viele Anfangsfehler ausgemerzt werden. Wer etwas Großes erreichen will, darf sich nicht durch Glaubenssätze bremsen lassen.

Fragen:

- Wie offen bin ich für Neues und meine Entwicklung?
- Welche Strukturen und Systematiken brauche ich dafür?

Chancengebiete – Das Eldorado der Möglichkeiten und Potentiale

Die Baupläne unserer Möglichkeiten fangen da an, wo der Zollstock des Gewöhnlichen und Bisherigen aufhört. Dafür tragen wir Geniales in uns. Verstand und Herz als die beiden Pole unserer Schöpferkraft lassen sich systematisch als Motor für wirtschaftlichen oder persönlichen Erfolg nutzen. Der Strom unserer Lebenskraft kann zwischen Fühlen und Denken für Entwicklung, Kreativität, Glück und Erfüllung fließen wie aus einer Steckdose.

Alles, was wir für Karriere, unternehmerischen Erfolg und Entwicklung benötigen, besitzen wir bereits. Zu dieser Welt unserer Exzellenz und Spitzenklasse können wir Brücken bauen. Entscheidend ist, ob und wie wir diese Möglichkeit erkennen und nutzen. Heute wissen wir, welches Eldorado der Chancen und Fähigkeiten im Unterbewusstsein eines jeden von uns schlummert und darauf wartet, geweckt zu werden. Die Frage ist, wie wir damit umgehen und lernen, die Früchte unserer Talente zu säen, um sie später zu ernten. Nötig sind Struktur und Systematik, um zu erkennen, wo die Chancengebiete unseres Lebens liegen. Leider findet diese Analyse in Schulen, Betrieben und Universitäten viel zu selten statt.

Gleichwohl hat sich die deutsche Gründlichkeit bewährt, um unseren Potentialen auf den Grund zu gehen. Wo liegen diese genau? Und: Wo liegen sie nicht? Nirgendwo sind wir im Leben so gut und exzellent, wie auf jenen Gebieten, die unseren Veranlagungen entsprechen. Jeder von uns kennt Menschen, deren Außergewöhnlichkeit im Hobby und Privatleben mit hellem Licht erstrahlt, derweil sie ihren Lebensunterhalt mit einem profanen Brotberuf bestreiten. Welch eine Verschwendung! Die Woche über hangeln wir uns durch den Beruf, während nach Feierabend und am Wochenende das Herz unserer Leidenschaft für unsere Veranlagungen höherschlägt. Viele schrecken davor zurück, ihr Herzensthema zum Beruf zu machen. Meist erklingen Kommentare wie, das Ganze sei „irgendwie zu unsicher“. Doch wie könnte das der Fall sein, wenn wir voller Leidenschaft den Acker unserer Chancengebiete zur reichen Ernte führen? Nirgendwo sind wir besser als auf diesem Themenfeld.

Dort, wo wir das Gefühl haben, nicht zu arbeiten, sondern vom Strom unserer Talente geführt zu werden, liegen jene Claims, auf denen die Saat unseres Schaffens besonders reichhaltig keimen kann. Wohl dem, der sich mit ihnen auseinandersetzt und weiß, wo sie liegen. Es kann sein, dass es Zeit wird, den Kurs unseres bisherigen Lebens kritisch zu hinterfragen. Wenn wir das, was wir tun, wollen, sind wir frei. In diesem Satz steckt Sprengstoff, der den Strukturen des Bisherigen und immer Gleichen gefährlich werden kann. Die Erfahrung zeigt, dass es oft einer Krise als Ausholbewegung bedarf, um die eigenen Chancengebiete ins Visier zu nehmen. Das Schicksal schickt uns auf die Bretter, um uns zum Nachdenken zu bringen: Herzinfarkt, Tinnitus, Scheidung, Verlust des Arbeitsplatzes, Depression, Burnout – die Auslöser können vielfältig sein, doch sie können der Impuls sein, uns endlich mit dem Eldorado unserer Möglichkeiten auseinanderzusetzen. Wer über eine hohe Mauer springen will, muss weit zurückgehen, um Anlauf zu nehmen, damit er das Hindernis überwinden kann. Wir sind am besten bei Sachen, die wir mit Leidenschaft betreiben.

Fragen:

- Wo liegen meine Talente und Fähigkeiten?
- Was kann ich besser als alles andere?

Wissen – Der Schmelztiegel von Lernen und Erfahrung

„Lernen ist Erfahrung. Alles andere ist einfach nur Information." Wieder bringt es Albert Einstein auf den Punkt. Wo immer die Wissensgebiete der Zukunft liegen werden, um sie zu erschließen, braucht es Beweglichkeit, Neugierde, Lust am Ausprobieren und kritische Offenheit.

Dieser Spagat ist ein Zeichen unserer Zeit. Entscheidend ist, wie viel Hirnschmalz wir in Ideen, Dienstleistungen und Produkte umsetzen können. Auch der leistungsstärkste Motor nützt wenig, wenn seine Pferdestärken nicht auf die Straße gebracht werden können. Wir mögen Giganten des Wissens sein und laufen Gefahr, uns zu Umsetzungswichten zu verzwergen. Jeder von uns besitzt einzigartige Qualifikationen. Dinge, die niemand sonst so beherrscht; Talente, mit denen geglänzt werden könnte. Oft schlummern diese Möglichkeiten tief verborgen in uns; begraben unter einem Mantel der Angst, sich zu trauen. Unsere Fähigkeiten zu entwickeln, hieße, ein Wagnis einzugehen und zum Wissensreichtum der eigenen Persönlichkeit zu stehen. In diesem Schmelztitel entstehen die Mischungen für das Neue. In diese Welt des Wissens gilt es vorzudringen, ihre verborgenen Schätze zu heben. Für diese Expedition gibt keine DIN-Norm, Zertifizierung oder Ausbildungsverordnung, geschweige denn ein genaues Berufsbild. Der listenreiche Odysseus vertraute auf die Götter und sein intuitives Wissen. Damit brachte er Troja zu Fall, überlebte eine zehnjährige Odyssee nach Hause.

Vieles hat sich in den zurückliegenden 20 Jahren etabliert, das vorher so nicht existierte. Die Sozialen Netzwerke gab es noch nicht, Google war eine Firma für Freaks. Heute scheiden viele Menschen um die sechzig aus ihrem alten Beruf, um neu durchzustarten. Die einen, weil sie es wollen, die anderen, weil sie es für ihren Lebensunterhalt müssen. Mehr und mehr verbinden sich Berufs-, Lebenserfahrung und Lernwille zu einem fruchtbaren Boden, auf dem die frischen Triebe neuer Qualitäten keimen. Was immer uns die Politiker von sicheren Renten vorlügen, wir werden bis weit über unseren siebzigsten Geburtstag arbeiten müssen. Die Grundlage dafür ist Wissen. Ohne Erfahrung und Lernen ertrinken wir in einem Strom der Nachrichten. Wissen ist der Kompass, mit dem wir weitersegeln können, wenn sich die Nebel der Informationen über die Fluten gelegt haben. Unser Bildungssystem muss sich daran orientieren, wie Menschen ihre Hände und Hirnschmalz-Fähigkeiten dauerhaft erfolgreich einsetzen können – unabhängig vom Alter und dem einmal Erlernten. Der Glaube „Einmal gelernt, für immer gekonnt" ist passé. Unser Treibstoff für die Zukunft heißt Wissen. Wir lernen nie aus.

Fragen:

- Was mache ich aus dem, was ich kann?
- Wie systematisch erweitere ich durch Lernen mein Wissen und meine Erfahrung?

Was unser Leben bestimmt, liegt in hohem Maße in unseren Händen. Jetzt kennen wir Unterstützer sowie Gegner unseres Entwicklungsweges. Diese guten und schlechten Erscheinungen werden uns immer wieder über den Weg laufen, wenn es darum geht, sich für ein dauerhaftes Verbleiben in der Freiheit den Kopf zu zerbrechen. Damit der Freigang in das unbekannte Land der Zukunft ein dauerhaft erfolgreiches Unterfangen bleibt, müssen wir unsere Begleiter auf dem Weg dorthin kennen. Sie sind ständig in unserer Nähe, wir können sie nicht wegzaubern. Doch wir können lernen, sie zu erkennen, mit ihnen umzugehen und sie für uns nutzen.

4 Der Geschmack der grenzenlosen Freiheit

4.1 Gedanken sind machtvoll – nicht nur frei

Entwicklungsfreiheit ist ein weites Feld der Wissenschaft. Mag es auch lange gedauert haben, der Blick geht nach vorne, alte Denkweisen sind Schnee von gestern. Die moderne Hirnforschung zeigt faszinierende Ausblicke, die Kraft der eigenen Gedanken zieldienlich für zukünftige Herausforderungen einzusetzen.

Wir sind, was wir denken. Gedanken sind jenes geistige Kraftwerk, in dem die Impulse für unser Leben entstehen. Was wir uns vorstellen, entscheidet über die Richtung unseres Schicksals. Bevor ein Produkt entsteht, sei es eine Maschine, ein Kunstwerk oder ein geputztes Fenster, bestimmen die kleinen grauen Zellen in unseren Kopf, wo es langgeht. Doch es geht um viel mehr. In unserem Kopf passieren Dinge, ergeben sich Entwicklungsmöglichkeiten, die uns den Atem rauben können. Der beflügelnde Geschmack einer grenzenlosen Freiheit liegt in der Luft.

Die Träume aus dem Gewölbe unseres Schädels sind nicht nur Gedanken wie im berühmten Volkslied aus 19. Jahrhundert „Die Gedanken sind frei“. Was wir uns hier zusammenweben, sind Vorstellungen, die sich stärker vom Alltag unserer Gegenwart abheben, als uns dies vielleicht bewusst ist. Die bloße Imagination ist eine Seite unserer Geistesgüter – nur eine. Perspektiven eröffnen sich, die radikaler sind, als unsere Auffassungen über das Denken dies bisher zugelassen haben. Hier stößt die moderne Hirnforschung neue Tore auf, die zu ungeahnt weiten Horizonten einladen. Forschern gelang der Nachweis, dass bereits geistige Arbeit unser Hirn körperlich verändert.[1] „Was immer Sie sich in Ihrer körperlosen Fantasie vorstellen, hinterlässt seine körperlichen Spuren“, schreibt der Psychiater Norman Doidge.[2] Die Art und Weise, wie wir denken, was uns durch den Kopf geht, was wir lieben oder hassen, beeinflusst direkt unsere kleinen grauen Zellen. Diese vernetzen sich so, wie es unsere Vorstellung erfordert.

Doch welche Gedanken kreisen in unserem geistigen Universum? Was denkt es in uns? Wenn das so prägende Auswirkungen auf uns hat, verlieren Sätze wie „Gedanken werden wahr“ oder die berühmte sich selbst erfüllende Prophezeiung viel von ihrem esoterischen Nebel. So entstehen Gestaltungsmöglichkeiten, über die es sich länger nachzudenken lohnt. Plötzlich wird klar, welch massiven Einfluss wir auf unser Gelingen im Leben haben können. Zwar bedeutet dies noch lange nicht, dass alles möglich ist. Es lädt aber ein, sich klarzuwerden, was durch unsere Gedanken alles möglich werden kann. Wer die Gehirne von Taxifahrern, Musikern, Künstlern, Ingenieuren oder Physikern durchscannt, kann sehen, dass sich die Hirnzellen jeweils vollkommen unterschiedlich vernetzt haben.[3] Aus den etwa drei Pfund Masse, die in unserem Schädel wohnen, baut unser Denken durch seine geistigen Anforderungen ein vollkommen individuelles Organ.

Hirnforscher bezeichnen diese Fähigkeit als Neuroplastizität. Das Hirn ist kein statisches Organ, welches, einmal aufs Gleis geschoben, sich dem Altern so gut es geht widersetzt, um am Ende hoffnungslos zu verkalken. Dieses Bild entstammt dem Maschinenmodell und gehört ins Museum der Wissenschaft. Schön und logisch hatten sich die Vorgänge in unserem Kopf mit diesem alten Modell erklären lassen: Wir dachten, unser Hirn funktioniere wie ein Auto, das mit jedem Kilometer dem Tag seines Verfalls näherkommt – und jetzt das. Je tiefer wir in unseren Denkapparat schauen, desto umfangreicher präsentiert sich eine Vielfalt der Möglichkeiten und prachtvollen Anwendungen. 100 Milliarden Gehirnzellen besitzen wir. Im Gegensatz zu früheren Annahmen bilden sich in unseren Kopf ständig neue Zellen. Langsamer Abbau? Weit gefehlt! Allein die 30 Milliarden Nervenzellen der Großhirnrinde, so rechnet der Neurologe Gerald Edelman vor, seien in der Lage, eine Billiarde Verknüpfungen herzustellen.[4] Diese Zahlen lassen einen schwindelig werden. Edelman weiter: „Wenn wir die Anzahl der möglichen neuronalen Schaltkreise ermitteln würden, kämen wir auf hyperastronomische Größenordnungen: eine Zehn, gefolgt von einer Million Nullen. (Zum Vergleich: die Zahl der Teilchen im bekannten Universum beläuft sich auf eine Zehn mit 79 Nullen, plus/minus ein paar Zerquetschte).“[5]

Wer jetzt noch ruhig bleibt, dem präsentiere ich das nächste Highlight. Spezialisten wie Gerald Edelman gehen soweit, zu sagen, dass „es sich beim menschlichen Gehirn um die komplexeste bekannte Struktur des gesamten Universums handelt.“[6] Wir atmen ein, wir atmen aus, wir atmen weiter. Auf diesem soliden wissenschaftlichen Fundament basierend ahnt selbst der gedanklich Konservative, welches Eldorado der Entwicklungsmöglichkeiten wir ständig an Bord haben. Damit öffnen sich Horizonte, deren Weite dem einen oder anderen vielleicht bedrohlich erscheinen.

Unser Hirn, ein Problemlösungsorgan, dessen Struktur sich jeder noch so vertrackten Situation scheint anpassen zu können?

Argumente wie „Ich würde ja gerne, aber …“ oder „Ich konnte nicht, weil …“ verlieren ihre Wirkung, das Ausreden wird zukünftig schwerer werden. In diesem Reichtum der Aussichten müsste sich für jede noch so vertrackte Situation im Leben ein Lösungsweg finden. In der Tat, das Hirn findet einen Weg, auszubrechen. Es steht uns mit dermaßen vielen Trümpfen zur Seite, dass wir auch einem schweren Schicksal und widrigen Umständen Paroli bieten können.

Jammern war gestern. Schnuppern wir den Duft grenzenloser Freiheit, stoßen wir vor in Welten, in denen wir noch nie gewesen sind. Werden wir uns darüber klar, mit welchen außergewöhnlichen Gütern uns das Leben ausgestattet hat. Mit diesem Fähigkeiten Funken zu schlagen, bedeutet, Flammen des Neuen, Ungedachten und Nachhaltigen entzünden zu können. Das bedeutet gerade nach einem Scheitern, einer Kündigung, Depression, Burnout oder Verhaftung, dass die Dinge nicht endlos so weitergehen müssen. Unser Gehirn ist für alles gewappnet, wir müssen es nur nutzen.

Begeisterung befeuert unsere kleinen grauen Zellen

Unser Hirn wächst mit seinen Aufgaben und besitzt eine Anpassungsfähigkeit, welche die Grenzen unserer Vorstellungskraft sprengt. Möglich ist diese Entwicklungsfähigkeit, solange wir leben. Sicher, im reifen Alten von 80 Jahren lernen wir anders als mit 25, doch können die Senioren auf ein breites Erfahrungswissen zurückgreifen, das in den seltensten Fällen in Lehrbüchern nachzulesen ist. Neue Besen kehren gut und schnell, aber die alten Besen kennen die Ecken.

Lernen und Üben sind nur ein kleiner Teil dessen, was unser Leben ausmacht. Von entscheidendem Gewicht ist die Antwort auf die Frage nach dem Wofür. Wie sehr wir uns für Neues begeistern, entscheidet, mit welchem offenem Geist wir durchs Leben zu gehen. Dies ist nach Auffassung des Harvard-Psychiaters George Vaillant das wesentliche Fundament für Glück und Gesundheit auch im hohen Alter.[7] Mit der Harvard Study of Adult Development leitet Vaillant die umfangreichste und längste Untersuchung des menschlichen Lebenszyklus.[8] In dieser werden 824 Personen von frühester Jugend bis zu ihrem Lebensende wissenschaftlich begleitet. Einige von ihnen sind mittlerweile über 80 und werden seit mehr als sechs Jahrzehnten beobachtet.[9] Die Besonderheit: Die Untersuchten kommen aus drei verschiedenen Gruppen: Harvard-Absolventen, Bürger aus sozial schwachen Strukturen der Stadt Boston und Frauen mit einem überdurchschnittlichen Intelligenzquotienten.

Vaillant fand heraus, dass ältere Menschen im Laufe der Zeit neue Fähigkeiten entwickeln, die auf ihren Erfahrungen basieren, sie handeln weiser und sozial kompetenter als jüngere Menschen.[10] Entscheidend sei die Motivation, sich mit neuen Themen und Gedanken auseinanderzusetzen. Gasthörer an Universitäten jenseits der siebzig haben mir dies persönlich bestätigt. „Jetzt kann ich endlich das studieren, was ich immer erlernen und erforschen wollte. Vor 45 Jahren ging das nicht, da musste ich meine Familie ernähren." Es ist also möglich, selbst nach knapp fünf Jahrzehnten Verzögerung die Flamme der Leidenschaft für ein Herzensthema wieder zur vollen Hitze zu entfachen.

Entsprechend sollten wir uns Zeit lassen, wenn wir darüber nachdenken, für welches Thema unser Herz besonders freudig schlägt. Wer das tut, was er tun will, wird sich niemals gefangen im Job vorkommen. Dann schnuppern wir auch auf der Arbeit den Geschmack der Entwicklungsfreiheit.

Daraus ergibt sich eine weitere segensreiche Erkenntnis: Wir können unserem Leben immer wieder neue Richtungen geben. Als Gestalter haben wir stets die Möglichkeit, anders zu leben als bisher. Es lohnt, darüber nachzudenken. Niemand kann uns zwingen, zu neuen Ufern aufzubrechen, das Bisherige in Frage zu stellen. Das können nur wir selber tun, indem wir nachdenken, wohin die Reise gehen soll. Alternativen zum Gewohnten und Bestehenden haben eine umso größere Erfolgswahrscheinlichkeit, je mehr sie aus unserem Herzen erwachsen. Dort beginnt der Kurswechsel.

Viele stellen erst auf dem Weg fest, dass der Pfad ihres Schaffens keinen segensreichen Verlauf nimmt. Das ist vollkommen normal. Wir lernen durch das Prinzip „Versuch und Irrtum". Glücklicherweise muss, wer einmal falsch abgebogen ist, diese Straße nicht bis zum bitteren Ende weitergehen. Mit jedem Schritt ergibt sich die Möglichkeit, uns anders zu entscheiden. Wir können, gerade aus dem Knast entlassen, zwei Flaschen Schnaps in einer Tankstelle stehlen, um danach wieder schleunigst in die gewohnte Atmosphäre hinter Gittern zurückzukehren. Gleiches gilt für diejenigen, die im zähen Aushalten glauben, einen qualvollen Job mit grenzwertigen Vorgesetzten und Kollegen bis zum nächsten Magengeschwür ertragen zu müssen. Neue Wege erfordern Mut und Tatkraft. Ich bin stets verwundert, mit welcher Vehemenz derjenige, der mir eben noch die Ohren über seine grauenhafte Arbeit vorgeheult hat, genau diese verteidigt, wenn ich ihn über Alternativen befrage. Etwas ändern, Unwägbarkeiten ins Auge fassen, gar vorübergehend mit weniger Geld auskommen zu müssen? Plötzlich scheinen diese Schritte in eine segensreichere Zukunft jenseits des Vorstellbaren zu liegen.

Natürlich ist der Aufbruch zum Neuen nervig, hinterfragt das Bisherige, sind die Unwägbarkeiten gewaltig! Wer das bekannte Elend behalten will, verfolge unvermittelt seinen alten Kurs. Segensreicher ist es, über die noch unbekannten Möglichkeiten nachzudenken – in der Gewissheit, dass wir dafür mit unserem Gehirn einen mächtigen Verbündeten haben. Wir spüren, genau in dieser Sekunde, wie sehr und ob uns die Leitlinien und Glaubenssätze unseres Lebens unterstützen oder in unserer Entwicklung hemmen. Schreiten wir mutig voran oder bleiben wir zitternd dort stehen, wo wir sind? Wer in die Biographien erfolgreicher Menschen schaut, entdeckt, dass sich wahre Größe und Können oft erst in der Blüte der späten Jahre entwickelt haben. Im jugendlichen Alter von 90 Jahren entwarf der Architekt Frank Lloyd Wright das Guggenheim-Museum. Benjamin Franklin war 78, als er die Brille mit zwei Gläsern erfand.[11] H.C. Lehman und Dean Keith Simonton fanden in ihrer Kreativitätsstudie heraus, dass bei vielen der Höhepunkt der Schaffenskraft zwischen 35 und 55 Jahren liegt, ältere Menschen zwischen 60 und 80 zwar langsamer, doch so produktiv wie mit Mitte 20 sein können.[12]

„Wer sich als 80-jähriger Deutscher in eine knackige 65-jährige Chinesin verliebt und mit ihr ins Reich der Mitte zieht, spricht nach einem halben Jahr Chinesisch", resümiert der Hirnforscher Gerald Hüther.[13] Was wir lernen, ist das eine. Wie wir lernen, darum geht es. In welchem Zustand wir dies tun, das ist entscheidend. Wir lernen umso besser, je mehr wir für ein Thema brennen. Mit welcher Begeisterung dies geschieht, das ist des Pudels Kern.[14]In unserer Leidenschaft für ein Thema liegt der entscheidende Faktor für eine erfolgreiche Entwicklung. Allerdings ist das Gehirn kein Muskel, der sich einfach durch wiederholtes Training vergrößern oder in seiner Ausdauer verbessern lässt. Unser Hirn lernt besonders gut, wenn es uns buchstäblich „unter die Haut geht".[15] Bildung ist das, was mit Begeisterung in unserem Schädel abgespeichert wurde. Dann entsteht aus Wissen Erfahrung, die zum Teil unserer Persönlichkeit wird.

Viele von uns hatten Lehrer, durch deren pädagogisches Unvermögen unser Interesse an ihrem Fach dauerhaft gegen Null tendierte. Nach dem Verlassen der Schule versank der Stoff im Reich des Vergessens. Doch es gibt Ausnahmen, wenige, doch sehr markante. Mein alter Lateinpauker Paul Hungerberg war einer von ihnen. Mit seinen fünf Fächern Deutsch, Latein, Geschichte, Griechisch und Sport gilt er in der Geschichte des Münsteraner Schlaun-Gymnasiums bis heute als Legende. Er versetzte uns noch im Alter von 70 Jahren mit seinem Fach Latein in so flammende Begeisterung, dass unser Kurs ernsthaft vorhatte, die Sprache der Römer bis zum Abitur durchzuziehen. Wer nicht in Hungerbergs Kurs saß, hielt uns für nicht zurechnungsfähig. „Wie kann man so ein Langweilerfach auch nur eine Woche freiwillig weiterbelegen?" lauteten die Kommentare – sie kannten den Lehrer nicht. Der prüfte bereits Ende der 1970er Jahre fachübergreifend. Neben den Lateinübersetzungen beurteilte er unsere

Stilsicherheit in Deutsch. Als Drittes mussten wir das Übersetzte in den historischen Zusammenhang setzen. Als wir Cäsars Bericht über den Bau seiner Rheinbrücke nördlich der heutigen Stadt Koblenz übersetzten, organisierte er eine Stunde zusammen mit einem unserer Physiklehrer. Dieser erklärte uns das Bauwerk über den Rhein aus der Sicht seiner Fakultät. Während dieser Stunde wäre eine Stecknadel hörbar zu Boden gefallen, so gebannt lauschten wir dem Unterricht. Wir lernen immer am besten das, wofür wir uns begeistern.

Unser Gehirn ist plastisch, nicht elastisch

Davon können wir lernen und unsere Begeisterung hinterfragen, mit der wir leben und arbeiten. Auch einem scheinbar freudlosen Dasein können wir frischen Wind einhauchen. Entscheidend ist, wie wir denken. Was immer für Hirngespinste durch unsern Kopf kreisen, wir können ihnen ein festes Fundament für unser Leben schenken. Dann brechen Knospen des Neuen auf, wie sie Albert Einstein beschrieb: „Das Heil der Welt besteht nicht in neuen Maßnahmen, sondern in einer anderen Gesinnung.“[16] Unser Verhalten ist eine Folge der Haltung, mit der wir in unserem Leben unterwegs sind. Die gute Nachricht: Es gibt ihn also, den wissenschaftlichen Beweis, dass wir uns ändern können. Selbst die Skeptiker müssen vor diesen Erkenntnissen die Segel des Zweifels streichen, um gleich wieder ins wohlbekannte Horn des Nörgelns zu stoßen.

Leider ist unsere geistige Beweglichkeit keine Einbahnstraße zur positiven Entwicklung. Wenn wir unser Hirnschmalz so vielseitig einsetzen können, wie kommt es dann, dass wir regelmäßig hinter den Gittern unserer Routinegefängnisse sitzen? Diese Frage brannte Alvaro Pascual-Leone jahrelang auf den Nägeln.[17] Der Laborleiter am Beth Israel Deaconess Medical Centre, das zur medizinischen Fakultät der Harvard University gehört, hatte bewiesen, dass wir den Aufbau unseres Gehirns allein durch die Kraft unserer Vorstellungen verändern können.[18] Er kam zu einer bemerkenswerten Schlussfolgerung. „Das System ist plastisch, nicht elastisch“, beschreibt er unser Gehirn.[19] Im Gegensatz zu einem gedehnten Gummiband, das nach dem Auseinanderziehen wieder in einen Ursprungszustand zurückkehrt, bleibt das Gehirn in dem Zustand, in den es sich einmal entwickelt hat.

Pascual-Leone vergleicht unseren Denkapparat mit einem verschneiten Berg im Winter, über den wir mit einem Schlitten zu Tal fahren.[20] Felsen, Abhänge und Schneebeschaffenheit seien ebenso vorgegeben wie die Beschaffenheit unserer Gene. Bei der ersten Fahrt sehen wir zu, dass wir einigermaßen wohlbehalten unten ankommen. Das hat viel mit dem Zufall und unserem situativen Lenkvermögen zu tun. „Wenn wir den ganzen Nachmittag den Abhang hinunterrodeln, entstehen […] ausgefahrene Bahnen […]. Bestimmte Spuren sind festgefahren, und es ist schwer, wieder aus ihnen herauszukommen.“[21] So entstehen Wege der Gewohnheit, die uns wie die Schienen einer Eisenbahn in der Spur halten. Ein Kurswechsel nach links oder rechts scheint unmöglich. Es gibt Menschen, die sind nach dem Geburtsdatum in ihrem Pass alt, doch von sprühender geistiger Beweglichkeit. Gleichzeitig gibt es junge Erwachsene, die durch die Welt laufen, als seien sie längst geistig tot.

Es kommt also darauf an, wie wir unser Hirn fordern und anwenden. Das bestimmt jeder von uns individuell. Dem kreativen Menschen eröffnen die kleinen grauen Zellen stets aufs Neue frische Gedankentriebe für die Welt des bisher Ungedachten. Das ist allerdings kein Automatismus. Wenn man sein Denkorgan für anhaltend Gleiches und wenig Neues nutzt, folgt auch dem unser Hirnschmalz. Es baut autobahnbreite Gewohnheitsstraßen. Deren Leitplanken am Rande der Gedankenfahrbahn werden mit der Zeit höher und höher. Dieser Prozess der schleichend wachsenden Routinen vollzieht sich langsam und fast unmerklich. Irgendwann sperren uns die eigenen Gewohnheiten ein wie ein unsichtbares Gefängnis. Ein Beispiel dafür ist die Art und Weise, wie wir als Kinder erzogen wurden. Was in dieser Zeit als Glaubenssätze auf uns eingeprasselt ist, prägt uns in späteren Jahren mit Macht. Sie bestimmen unser Leben, aus diesen Melodien werden viele Symphonien des Gelingens oder Scheiterns komponiert. Selbst wenn wir diese kaum spüren, ist ihr Einfluss gewaltig. Aus diesem Grund gestaltet sich ein Kurswechsel, der die Bahnen alter Routen verlässt, so anspruchsvoll. So möglich er ist, so hoch ist der Einsatz, der erforderlich ist.

Aus einem vermeintlich freien Willen, noch blind für die prägenden Kräfte unserer Biographie, entstehen immer gleiche Verhaltensweisen. Wir tun das, was wir kennen und als gegeben ansehen. So empfinden wir unsere Jagd im Hamsterrad der Gewohnheit als normal, glauben fest, dass durch größeren Einsatz in dieser Zwickmühle ein Vorwärtskommen möglich sei. Welch ein Irrtum! Wir hängen uns mächtig rein, doch am Ende ist es lediglich ein rasender, kräftezehrender Stillstand. Wir wiederholen das, was sich bereits als wirkungslos erwiesen hat, allerdings mit größerem Krafteinsatz. So sind ein steigender Frust und wachsende Erschöpfung vorprogrammiert. „Kaum hatten wir das Ziel aus den Augen verloren, verdoppelten wir unsere Anstrengungen“, beschrieb der US-Schriftsteller Mark Twain dieses Verhalten.[22] Jeder, der schon einmal vor einer verschlossenen Tür gestanden hat, kennt das. Wir haben die Klinke heruntergedrückt, wissen, dass sich die Tür so nicht öffnen lässt. Doch was tun wir? Wir versuchen mit mehrfacher Wiederholung und mehr Kraft, ein Ergebnis zu erzwingen. Dieses Verhalten ist nicht logisch, sondern psycho-logisch.

„Klappt etwas nicht auf Anhieb, dann mach das, was du immer gemacht hast, nur ein wenig heftiger."[23]

Hier liegt die Ursache, weshalb Erscheinungen wie Burnout sich zur Geißel für breite Teile der Leistungsträger ausgewachsen haben. Wie ein Damoklesschwert am seidenen Faden hängt sie über den Köpfen derer, die sich besonders reinhängen. Mit Leidenschaft legen diese sich in die Riemen ihrer Karriere. Leistung, das scheint jene geheimnisvolle Währung zu sein, in welcher der Lohn der Zufriedenheit ausgezahlt wird. Leider kommt der Zahltag selten. Derweil erfüllt eine dunkle Ungewissheit den Raum. Jeden Augenblick kann die Klinge niedersausen. Resignation breitet sich aus, die sich in Sätzen wie diesen ausdrückt: „Das ist halt so. Das ist der Preis meines Jobs. Wenn's mich erwischt, war ich halt nicht stark genug."

Dieses Denkens sitzt tief. Darüber wird nicht gesprochen. Wer dies täte, würde sich der Gefahr aussetzen, als Schwächling oder Versager abgestempelt zu werden. Stresskrankheiten werden als Kollateralschäden unserer Gesellschaft empfunden und als unabwendbar angesehen. Wen „es erwischt", der trudelt tiefer und tiefer in einen Strudel massiver Selbstabwertung. Über Zuwachsraten oder mögliche Rückgänge, was die Zahl der seelisch und körperlich Erschöpften angeht, wird in der Wissenschaft kontrovers diskutiert. Simulant und Schwächling oder nicht, lautet die quälende Frage, auf welche die Forschung keine zufriedenstellende Antwort gibt. Ein Phänomen wie Burnout ist bis heute ein Zankapfel unter Medizinern und Juristen. Über die Frage, ob Burnout eine Krankheit ist oder nicht, wird leidenschaftlich diskutiert – leider bislang ohne erschöpfende Ergebnisse.[24] Ein Schelm, der Böses dabei denkt. Tatsache ist und bleibt: Für den, den es trifft, können die Auswirkungen verheerend sein. So hetzen wir weiter im kreisenden Gefängnis unserer Gewohnheit, blind für die Erkenntnis, dass eine Seite offen ist, dort mögliche Alternativen zum zermürbenden Treiben auf uns warten. Diesen Knast könnten wir verlassen, doch hält er uns mit einer größeren Kraft zurück, als dies Mauern aus Beton und Gitter aus Stahl tun könnten. Was wir kennen, gibt uns Struktur, gaukelt eine trügerische Sicherheit vor und hemmt gleichzeitig unsere Entwicklung. Im Alltag äußert sich das durch bekannte Sätze wie diese:

- Das haben wir schon immer so getan!
- Damit fangen wir gar nicht erst an!
- Was Hänschen nicht lernt, lernt Hans nimmermehr!!

Wie sehr unser Handeln von der Art und Weise, wie wir denken, beeinflusst wird, erzählt der Witz der drei Hammerwerfer, den mir Bernhard Trenkle 2014 auf dem Heidelberger Kongress „Mentale Stärken" erzählte[25]:

Während einer Olympiade kämpfen drei Athleten beim Hammerwerfen um die Medaillen. Als erster tritt Gregory Iwanowitch aus Sibirien an. Er ist ein Riese von Mann, gestählt vom harten Überlebenskampf in den russischen Weiten. Jeder seiner Schritte ist voller Energie. Er lässt den Hammer kreisen und schickt ihn mit einem markigen Urschrei auf die Reise. Als sich die Kugel in den Rasen bohrt, hat der Russen einen neuen Olympiarekord geworfen. Die Menge im Stadion jubelt. Vor laufender Fernsehkamera kommentiert der Russe in gebrochenem Deutsch seinen Wurf: „Habe ich geworfen mit Kraft. Ohne geht in Sibirien nix. Meine Mutter kocht Borschtsch, Energiesuppe, die Erfolg möglich macht." Als nächster ergreift Samuel Silverstein aus Idaho in den Vereinigten Staaten den Hammer. Er ist noch größer als der Russe und ein wandelnder Berg aus Fleisch. Er wirbelt den Hammer, als sei dieser eine Erbse, dann lässt er das Sportgerät mit einem tiefen Brüllen fliegen. Weiter als jemals zuvor durchschlägt der Hammer die Grasnarbe – Weltrekord! Das Publikum tobt, die Stimmung im Stadion vibriert. Der Fernsehreporter kann es kaum fassen, was der Dreizentner-Mann aus den USA ins Mikro spricht: „Das war great, a good job. Mein Erfolgsgeheimnis: Hard work und viele T-Bone-Steaks." Dann wird es still, der letzte Wettkämpfer greift zum Hammer. Erwin Klaputschinski aus Sachsen ist körperlich das krasse Gegenteil seiner Sportkollegen. Klein, schmächtig, mit unsicherem Gang. Doch dann: Nach nur einer Umdrehung schickt er den Hammer höher und weiter als die beiden Sportler zuvor. Das Publikum ist sprachlos. Klaputschinski wirft den Hammer über das Stadiondach hinaus. Die Menge rastet aus, wildfremde Menschen fallen sich jubelnd in die Arme. Zitternd vor Aufregung fragt der Reporter den Deutschen nach dem Erfolgsgeheimnis für diesen Jahrhundertwurf. Klaputschinski sächselt: „Mein Opa war arbeitslos, mein Vater war arbeitslos. Beide haben mir die folgende Lebensweisheit mit auf den Weg geben: Wenn dir einer einen Hammer in die Hand gibt, der nach Arbeit aussieht, schmeiß ihn so weit weg wie möglich." Es liegt an uns selbst, ob wir dem Drang nachgeben, unser Leben und Denken immer nach den gleichen Schienen auszurichten.

Es wird höchste Zeit, dass wir uns klarmachen, mit welchen Zusammenhängen das Denken unser Dasein und unsere Entwicklung steuert. Die Art und Weise, wie wir uns unsere Zukunft vorstellen, beeinflusst maßgeblich, auf welche Art wir erfolgreich mit den Anforderungen unseres Lebens umgehen. Wer sein Leben als irdisches Jammertal auffasst, für den ist der Acker stets voller Disteln und Dornen, auf dessen Scholle wir im Schweiße unseres Angesichts unser Brot verdienen dürfen. Bei genauerem Hinsehen stellen sich die Dinge allerdings in viel besserem Licht dar. Natürlich wachsen Disteln und Dornen auf unserem Acker, doch wir haben ihn gepflügt, gepflegt und gewässert. Dort wächst es sich besser als auf dem kargen Fels in der Wüste. Wäre ich eine Distel, wählte ich auf einem gepflegten Acker mein Zuhause.

Kein Wunder, dass uns bei der Arbeit der Schweiß ausbricht. Bei jeder Bewegung auf unserer Erde kämpfen wir gegen die Schwerkraft an. Sie macht unseren Körper leistungsfähig. Ohne Gravitation altern wir schneller, werden unsere Knochen brüchig. Vier Wochen krankfeiern im Bett raubt uns mehrere Lebensjahre. Ein Leben im Schlaraffenland wäre ein kurzes Dasein. Überfressen, von Langeweile und Bewegungsmangel gequält, würden wir vorzeitig das Zeitliche segnen. Wir brauchen den Gegenwind des Daseins, dazu gehören Schweiß, Disteln und Dornen. Sie feuern unser Hirnschmalz auf Betriebstemperatur, sodass wir Maschinen entwickeln, die dem Gestrüpp den Garaus machen. Am Widerstand wachsen wir, steigen wir auf wie ein königlicher Adler. „Lernen ist wie rudern gegen den Strom. Sobald man aufhört, treibt man zurück", beschrieb der britische Komponist Benjamin Britten diesen Vorgang.[26] Ja, das ist schwer, anstrengend, vielleicht nervtötend. Doch um wie viel größer werden dadurch unsere Entwicklungsmöglichkeiten!

Seit vier Milliarden Jahren gibt es Leben auf der Erde. Überlebt haben jene Spezies, die mit den Lebensumständen des jeweiligen Zeitalters klargekommen sind. Anpassen oder Aussterben, so lautet das Gesetz des Lebens. Für diesen Weg hat uns die Evolution das vielleicht größte Geschenk des Universums präsentiert – unser Gehirn. Was dort zwischen den Nervenbahnen und Netzwerken hin und hergeschickt wird, entscheidet in hohem Maße über den Gang der Dinge auf unserem Planeten – im Guten wie im Schlechten. Werfen wir einen Blick unter die Schädeldecke.

Je reibungsloser unsere Lebensenergie zwischen Verstand und Unterbewusstsein fließen kann, desto besser. Dann sind wir im Lot, Kopf und Bauch werden zu Teamspielern für ein gelingendes Leben. Jeder kennt Menschen, denen die Dinge mit schlafwandlerischer Sicherheit von der Hand gehen. Deren „Ich" des Kopfes und das „Es" des Unterbewusstseins spielen auf faszinierende Weise im Duett. Je mehr wir während unseres Tuns spüren, dass wir auf einem guten Weg zum Ziel sind, desto mehr befeuert dieser Gedanke unser Schaffen. Wir kreisen in einer Schleife positiver Rückkopplungen, weiter und weiter kommen wir voran. Künstler vergessen während ihrer Arbeit Zeit und Raum, Chirurgen zeigen durch ihre Kunst dem Tod die rote Karte, Bergsteiger wachsen im Angesicht des Gipfels über sich selbst hinaus. Nach Stunden schauen wir auf, haben plötzlich Hunger und stellen fest, dass es dunkel geworden ist. Der Tag ist an uns vorübergezogen, ohne dass wir davon etwas mitbekommen haben.

„Auf ihren Peitschenknall machen alle Königstiger Männchen."

Flow hat der Glücksforscher Mihály Csíkszentmihályi diesen Zustand benannt.[27] Zwischen den Extremen der Langeweile und Überforderung sieht er für jeden Menschen einen Weg, dessen Form und Bandbreite von unserem persönlichen Leistungsvermögen abhängen. Flow-Kanal nennt er diesen Pfad, auf dem wir unser Ziel erreichen. Diese Route ist eine hervorragende Orientierung. Bei welchen Tätigkeiten empfinden wir ein Gefühl des Flows? Wir können gar nicht früh genug damit anfangen, Antworten auf diese Frage finden zu wollen. Unabhängig von Herkunft, Bildung, Alter und dem Bisherigen zeigt uns der Flow-Kanal ein Szenario des Gelingens. „Was bringt Dein Herz zum Singen?" fragte Kirchenvater Augustinus. Wo Körper, Geist und Seele im Gleichklang schwingen, haben wir einen breiten Zugang zu unseren Talenten. „Es geschah wie von selbst", beschreiben Menschen den Zustand des Flows. Darum geht es. Dieses „Es" ist eine gigantische Quelle der Energie und Kreativität, die uns zu neuen Horizonten führt, uns Grenzen sprengen lässt. Höchste Zeit, dieses Flow für uns und unsere Entwicklung zu nutzen. Hier beginnt ein Freigang, der Grenzen sprengen kann. An diesem Punkt setzen Psychologie und Glücksforschung mit Fragen an, die über den weiteren Verlauf unseres Lebens entscheiden können:

- Welche Dinge gehen mir leicht von der Hand?
- Wo liegen meine Stärken und Talente?
- Wie systematisch setze ich diese für mich ein?

Wie betriebsblind wir für unsere Fähigkeiten sein können, zeigt das folgende Beispiel. „Ich bin problematisch. Wer soll mich als 48jährige Hausfrau schon nehmen?", seufzte eine Kursteilnehmerin. Drei Söhne im Alter von 24, 22 und 18 Jahren hatte sie allein erzogen. Zwei von ihnen studierten, der Jüngste bereitete sich auf das Abitur vor. Für die drei Jungs hatte sie ihren Beruf als Bürokauffrau aufgegeben. Ja, ich gebe es zu, ich wollte sie provozieren, als ich sie fragte: „Keiner von den dreien dealt, ist drogensüchtig, verhaltensauffällig oder schläft unter Brücken?" „Nein, was soll diese unverschämte Frage?", brauste sie auf. „Ich bin stolz auf meine Jungs. Aus denen ist etwas geworden." „Natürlich", antwortete ich, „trotzdem glaube ich, dass ihnen noch nicht klar ist, welch tolle Lebensleistung sie mit ihren Jungs geschaffen haben. Sie haben drei Buben erfolgreich zu Männern erzogen, allen Pubertätsgewittern, Testosteronanfällen und Hengstparaden zum Trotz. Das gelingt nur mit einem ausgesprochenen Organisationstalent. Nichts davon steht bislang in ihrem Lebenslauf. Mit ihrem Erfahrungswissen können sie jede Männerabteilung in einem

Unternehmen leiten. Auf ihren Peitschenknall machen alle Königstiger Männchen.“ Die Frau erbleichte mit großen Augen. Stille. „Das … ist jetzt ein Scherz, nicht?“ „Nein, das ist mein voller Ernst. Was sie geschafft haben – Menschenführung, Improvisationstalent, Durchsetzungsstärke – ist in vielen Unternehmen Mangelware. Es ist höchste Zeit, dass sie sich dieser Fähigkeiten bewusst werden.“ Es dauerte ein paar Tage, bis diese Botschaft in ihrem Herzen angekommen war. Drei Monate später trat sie eine neue Stelle in einem inhabergeführten mittelständischen Unternehmen an.

Damit wir uns klar verstehen: Im Mittelpunkt stehen stets der Mensch und sein Weg zur Entwicklungsfreiheit. Es geht nicht darum, die letzten Prozente Leistungskraft aus uns herauszuquetschen. Dann hätten wir die Schraube des kapitalistischen Wahnsinns nur ein paar Umdrehungen weiter gedreht. Ziel ist vielmehr, zu einer größeren Gestaltungsfähigkeit im Sinne der eigenen Talente und Potentiale zu kommen. Also, raus aus dem Arbeitsknast und dem Gefängnis eingefahrener Gewohnheiten und auf zu neuen Ufern. Entwicklung bedeutet, Menschen im Rahmen ihrer Veranlagungen, Talente und Potentiale bestmöglich zur Seite zu stehen. Wir lernen ein Leben lang, müssen nicht im Alter von acht Jahren Abitur machen. Also bitte keine Sechsjährigen mit Japanisch quälen. Kommende Nobelpreisträger tragen diese Auszeichnung selten im zarten Kindesalter auf der Stirn geschrieben. Leben heißt Entwicklung; geben wir den Dingen die dafür nötige Zeit.

Ich habe Feinmechaniker in der Produktion erlebt, die zu ihren Werkstücken und Werkzeugen eine fast körperliche Beziehung pflegten, deren Qualitäts- und Detailfanatismus für Außenstehende kaum nachzuvollziehen war. Genau das bildete ihr Alleinstellungsmerkmal, welches sie aus der Masse hervorhob. Diese Spezialisten arbeiteten wie in Trance, als seien sie nicht von dieser Welt. Trotzdem floss ihr Tun ganz aus ihrem inneren Zentrum heraus. Für jeden Außenstehenden war ersichtlich, hier arbeiten Kopf und Bauch als Team, hier kombiniert sich ein tiefes Erfahrungswissen mit den Erfordernissen für die jeweilige Anforderung und Lösung. Dies zu beobachten, hatte eine fast spirituelle Seite. Immer wieder zwang die Aufgabe die Feinmechaniker zu höchstem Einsatz, alles wurde ihnen abverlangt. Am Ende hatten sie ihr Werk auf einem Weg vollendet, der zuvor von ihnen noch nie beschritten worden war.

Menschen in Momenten wie diesen erleben zu können, hat etwas Faszinierendes. Körperlich haben sie alles gegeben, sind extrem erschöpft. Gleichzeitig empfinden sie eine Zufriedenheit, die Energiewellen an die Außenwelt schickt. Diese Menschen sind ganz bei sich und empfinden eine innere Herzensruhe, die sich aus einem tiefen Wohlbehagen speist. Bei vielen von uns tritt dieser Flow aus dem Einswerden mit dem eigenen Schaffen viel zu selten ein. Wer dessen Gesetzmäßigkeiten kennt, kann sie wie Pferde vor die Kutsche seiner eigenen Entwicklung spannen. Dann ist es nicht einmal nötig, eine Peitsche zu schwingen. Die Pferde laufen mit Lust und Leidenschaft von selbst, lenken den Wagen in Richtung unserer Freiheit.

Dieses Ziehen an einem Strang ist die Essenz des Erfolgs. Doch leider liegen Kopf und Bauch oft im Dauerzwist, wollen wir immer wieder mit dem Verstand unser viel schnelleres Unterbewusstsein überlisten. Beide erledigen vollkommen unterschiedliche Aufgaben für uns. Trotzdem sind sie Teil unseres Seins. Wollen wir lernen, sie zu nutzen, müssen wir bereit sein, beide in ihrer Verschiedenheit zu verstehen. Gerade in ihrer Gegensätzlichkeit liegen ein Reiz und ein Kontrast, den wir für uns nutzen können. Der Methodenspezialist Peter Kruse definiert es so: „Wenn wir mit völlig neuen Anforderungen oder Notwendigkeiten großer Leistungssprünge konfrontiert werden, dann müssen wir, um Erfolg zu haben, bestehende Verhaltensmuster infrage stellen und gegebenenfalls verlassen. Gefordert ist dann eine radikale Neuorientierung und Neuordnung: Innovation.“[28]

Arbeiten Kopf und Bauch im Team, kann ein Strom der Entwicklung und des Neuen zwischen ihnen fließen wie zwischen den Polen einer Batterie und beispielsweise eine Leuchte zum Strahlen bringen. Möglich wird dies, wenn es einen Plus- und einen Negativpol gibt. Auf diese Weise kann der fließende Strom Licht erzeugen. Zwischen zwei gleichen Polen fließt kein Strom, erst recht nicht, wenn beide gegeneinander kämpfen. Jeder von uns hat das tausendfach erlebt: Diäten, Sport, Gewohnheitswechsel, Rauchen – der Geist war willig, wollte die Dinge grundlegend verändern, doch das Fleisch des Unterbewusstseins schlug vollkommen andere Wege ein. Wir rauchen immer noch, wiegen mehr als zuvor, das Joggen fiel aus, gekaufte Bücher blieben ungelesen. Dies geht so lange, bis wir irgendwann entnervt die Rat gebenden Bücher in die Ecke werfen und aufgeben mit Sätzen wie:

- Es wird halt nichts.
- Ich kann es nicht.
- Meine Eltern haben schon früh zu mir gesagt, dass es nicht klappen kann.

Diese Äußerungen verfestigen sich zu Glaubenssätzen, deren Leitplanken sich auf der Strecke immer enger zusammenziehen. Links und rechts von ihnen erschnuppert unsere Nase zwar den verlockenden Duft der Freiheit, doch will es uns nicht gelingen, aus dieser Zwickmühle zu entkommen. Damit das möglich wird, ist es Zeit, das eigene Denken kritisch zu durchleuchten, Fragen zu stellen, aus welchem Grund die Leitplanken unserer Gewohnheits-Autobahn eng und enger wurden. Dies, so lautet die gute

Nachricht, ist weder Schicksal, noch findet es zwangsläufig statt. Wir sind die Baumeister. Aus unserer Hände Arbeit entstehen sowohl die Straßen als auch deren Begrenzungen an den Seiten. Genauso, wie wir sie enger setzen, können wir sie weiten, öffnen und neue Entwicklungsmöglichkeiten erschaffen. Gedanken sind machtvoll – nicht nur frei:

- Welche Gedanken gehen mir durch den Kopf?
- Welche Glaubenssätze prägen mein Leben?
- Wie habe ich gelernt, darüber nachzudenken?

Diese Fragen werden erfahrungsgemäß viel zu spät im Leben gestellt. Dabei müssten sie früh zum Teil unserer Ausbildung und Entwicklung gehören. Dort, wo wir angeblich für das Leben und nicht für die Schule lernen, werden sie selten gestellt. Perspektive? Fehlanzeige! Unsere Lehr- und Lernanstalten sind zu statischen Gebilden verkommen, in denen uns geistige Beweglichkeit systematisch abtrainiert wird. Als „Bulimielernen" für Prüfungen wird dieses Vorgehen bezeichnet.[29] Wir blasen unser Kurzzeitgedächtnis für eine Prüfung auf, um danach die Luft der Fakten wieder abzulassen – Hauptsache bestanden. Kann auf diesem Weg etwas Großes und Außergewöhnliches entstehen?

Viele Genies waren im Leben erfolgreich nicht wegen, sondern trotz der Schule. Wir Menschen scheinen erstaunlich widerstandsfähig zu sein, wenn wir den Geschmack der grenzenlosen Freiheit und Entwicklungsmöglichkeiten auf der Zunge spüren. Dies hängt wesentlich von der Frage ab, wie sehr es ein Mensch schafft, seine Leidenschaft für das Neue zu wecken und zu erhalten. Gute Zensuren entscheiden nur wenig über den späteren Erfolg im Leben.[30] Seit Jahren stellen Unternehmen fest, dass sie sich auf Zeugnisnoten weniger und weniger verlassen können. Eine glatte Drei in Mathe und Deutsch auf dem Abschlusszeugnis eines späteren Auszubildenden stellten sich im ersten Ausbildungsjahr als zwei sichere Fünfen heraus. Diese Erfahrung sammelte ein Unternehmer, mit dem ich seit Jahren zusammenarbeite. Als dieser den verantwortlichen Lehrer zur Rede stellte, lautete dessen Kommentar: „Mit zwei Fünfen hätte er doch nie eine Lehrstelle bekommen." Auch bei Musterschülern gibt es ähnliche Enttäuschungen. Plötzlich stellt sich ein 1,0-Examenskandidat als menschlich sehr spezieller Zeitgenosse heraus, dessen Auftreten so gar nicht zur Belegschaft einer Firma passt.

Was ein Mensch vermag, lässt sich selten über die Note auf dem Examenszeugnis oder Meisterbrief feststellen. „Können Sie sonst noch etwas, oder sind Sie nur ein guter Schüler gewesen?" lautet plötzlich eine Frage beim Einstellungsgespräch. Zensuren sind Rückmeldungen über den aktuellen Stand des Wissens, mehr nicht. Längst entscheiden immer mehr jene

Fähigkeiten und Talente, die sich parallel zum Schulalltag herausgebildet haben. Wie können wir dafür unsere Flamme der Leidenschaft befeuern – und womit? So lautet die Frage aller Fragen. Was nützen gute Schulzeugnisse, wenn wir auf dem Weg dahin unsere Lust am Leben, an unserer Kreativität, dem Lernen verlieren? Bildung findet jeden Tag statt, nicht nur in Betrieben, Schulen und Universitäten. Wie also denkt es dafür in uns, laufen die Vernetzungen im Gehirn ab, die dafür verantwortlich sind? Es ist nicht einfach, aber wir können die eingefahrenen Bahnen der Glaubenssätze verlassen.

4.2 Widerstände überwinden: Verantwortung übernehmen, auch wenn es schwierig wird

Die Welt entsteht in unserem Kopf. Über welchen Sinneskanal wir einen Impuls von außen erhalten, ist zweitrangig. Entscheidend ist, wie unser Gehirn damit umgeht, was es daraus konstruiert.[31] Eine objektive Wahrnehmung gibt es nicht. „Gewohnheitswirklichkeit" nennt der Wirtschaftswissenschaftler Bernd Schmid diesen Vorgang.[32] Jeder Mensch nimmt seine Umgebung individuell wahr und erzeugt daraus seine eigene Welt: Der frisch Verliebte anders als derjenige, den Zahnschmerzen plagen. Wem die Arbeitsstelle gekündigt wurde, dem stellt sich die Welt anders dar als dem Erfinder, der gerade die Idee seines Lebens hatte. Was von den Geschehnissen draußen entscheidend ist, bestimmt jeder von uns ganz persönlich für sich.

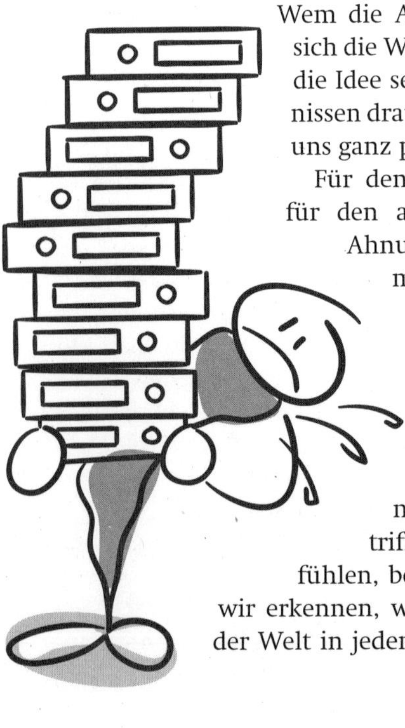

Für den einen ist Eleonore eine hübsche Frau, für den anderen die nervende Schwiegermutter. Ahnungslos schmachten Frauen einen charismatischen Mann an, für sein Team ist er der psychopathische Chef. Es kommt darauf an, wie wir dies nutzen und mit unserem Erleben verbinden. Dinge haben keine Bedeutung, Bedeutung wird gegeben.[33] Wir erzeugen unser Erleben selbst, jeder von uns für sich. Ob etwas wichtig ist oder nicht, bestimmen wir selbst.[34] Gleiches trifft darauf zu, ob wir uns fähig oder unfähig fühlen, bestimmte Tätigkeiten auszuführen. Wenn wir erkennen, wie jeder von uns seine persönliche Sicht der Welt in jedem Augenblick neu erzeugt, bietet sich die einmalige Möglichkeit, den Blick zu weiten und jene Erscheinungen ins Auge zu fassen, die wir Problem nennen.

In der Tat, da jeder seine Wahrnehmung selbst erzeugt, erstreckt sich diese Konstruktion auch auf jene Erscheinungen, die wir als unveränderbar ansehen. Das wird viele von uns grämen, doch es ist so. Genauso wie wir die Welt um uns erzeugen, erschaffen wir unsere Probleme. Sie sind eine ähnlich selbstgeschaffene Wirklichkeit wie die Tatsache, ob wir jemanden mögen oder nicht. Natürlich sollen der Schmerz und das Leid, die unsere Probleme verursachen, auf keinen Fall gering geschätzt oder gar lächerlich gemacht werden. Im Gegenteil, es gilt sie zu würdigen. Jeder kennt das ohnmächtige Gefühl, von einem Problem übermannt zu werden, mit dem Eindruck, ihm willenlos ausgeliefert zu sein. Wer das erlebt, für den scheint die Welt zusammenzustürzen – nichts geht mehr! Trotzdem geschieht dies, weil wir die von uns selbst erzeugten Probleme ständig aufrechterhalten.[35] Niemand tut dies bewusst, es geschieht unwillkürlich.

Um das verstehen zu können, ist ein Blick nötig auf die Art und Weise, wie ein Problem entsteht. Besuchen wir unsere Werkstatt, in der wir ausdauernd jeden Tag unsere Zwickmühlen aufs Neue zusammenschrauben. In diesem Gang liegen große Chancen. Denn das Schnittmuster und der Bauplan für ein Problem sind identisch mit denen für eine Lösung. Jetzt aber rein in die Problemschmiede!

Um ein Problem zu erzeugen, ist etwas Grundsätzliches nötig. Wir müssen unser Erleben aufteilen in einen gewünschten und einen ungewünschten Teil. Das Grundprinzip lautet: So, wie etwas ist, soll es nicht sein! Ohne diesen Satz kann es kein Problem geben. Dazu ein Beispiel. Wer im Büro seine Arbeit im eigenen Rhythmus erledigt, dabei akzeptiert, dass er nie perfekt sein wird und daraus innere Zufriedenheit schöpft, der bekommt niemals ein Problem. Das ersteht erst, wenn wir dem gegenwärtigen Ist-Zustand einen herausfordernden Soll-Zustand gegenüber stellen.

Ein zweiter Schritt zum Problem ist, diesen Soll-Zustand so festzulegen, dass wir ihn mit unseren vorhandenen Fähigkeiten und Ressourcen nicht erreichen können. Damit legen wir den Grundstein für das ein Problemfundament, auf dem wir das Haus der überfordernden Dinge, Stein um Stein, Stockwerk um Stockwerk hochmauern können. Auf diese Weise beginnt sich das Hamsterrad eines Problemlösungsmarathons zu drehen. Jahre und Jahrzehnte arbeiten wir uns an selbst erzeugten Problemen ab, deren Vorhandensein wir als Schicksal oder als „von außen“ kommend empfinden. Wir kämpfen mit einem Thema, ohne zu erkennen, dass wir die Paten sind, die es stets neu aus der Taufe heben. Mit jedem Satz „Ich will es anders, als es gegenwärtig ist“, geht das Treiben in die nächste Runde. Denn: „Man kann kein Problem erleben, ohne eine Zielvision aufgebaut zu haben, von der ein gelebter Ist-Zustand abweicht."[36] Aus diesem Zustand heraus aktivieren wir Kräfte, um vom Ist zum Soll zu gelangen.

Damit beginnt oft ein Teufelskreis, der sich zu einer stets enger werdenden Schlinge zuzieht. Immer wieder stemmen wir uns mit Macht gegen ein Problem, opfern mehr und mehr Energie und versuchen, eine Lösung auf jenen Wegen herbeizuführen, über die es nicht geklappt hat, nicht klappen kann. Wie die Griechen vor Troja belagern wir die Mauern unseres Problems im Irrglauben, mit den bisher wirkungslosen Methoden einen Erfolg erzielen zu können. Zehn Jahre haben die Griechen für die Erkenntnis gebraucht, dass sie auf dem Wege der Belagerung Troja nicht würden erobern können. Die Zeitspanne, die bis zu der Erkenntnis vergeht, dass auf dem bisherigen Weg keine Lösung erreichbar ist, kann sich zermürbend in die Länge ziehen. So wie bei den Griechen. Jeder zweite Kämpfer des griechischen Heeres war in dieser Zeit gefallen.[37] Erst mit dieser Erfolglosigkeit des Bisherigen im Rücken hatte der listenreiche Odysseus die Chance, für seine Idee mit dem hölzernen Pferd Gehör zu finden.

Aus meiner Erfahrung nährt sich ein Problem weniger aus dem Ist-Zustand, sondern aus der Tatsache, dass mit dem angestrebten Soll-Zustand ein Ziel gesetzt wurde, das zu erreichen nicht möglich ist. Hier kreist eine teuflische Zwickmühle; wehe dem, der drinsteckt. Wir versuchen den Spagat vom Ist zum Soll mit Lösungsversuchen, die nicht zum Ziel führen, und halten weiter am Erstreben des Unerreichbaren fest. Paul Watzlawick hielt 1987 dazu seinen legendären Vortrag „Wenn die Lösung das Problem ist".[38] Aus den gescheiterten Lösungsversuchen entwickeln sich niederschmetternde Rückkopplungen und massive Abwertungen: „Ich schaff es halt nicht. Ich bin zu blöd. Ich habe es gewusst." Diese Bezeichnungen werden von uns als unumstößliche Wahrheiten in den Raum gestellt. Sie sind es aber nicht. Wir sind nicht zu blöd, wir machen uns auf willkürlichem Wege dazu. Eine erste Auswegmöglichkeit ist das Setzen von Zielen, die wir mit den uns zur Verfügung stehenden Möglichkeiten und Fähigkeiten erreichen können. Das vielleicht jahrelang anvisierte Sehnsuchtsziel muss nicht gleich aufgegeben werden. Er wird ergänzt um verschiedene erreichbare Teilziele, die sich vielleicht sogar in Richtung des großen Ziels orientieren. Ein Problem ist reine Ansichtssache.

Lassen wir den Vorgesetzten aus der Hose springen

Der buddhistische Mönch Thích Nhất Hạnh hat in seinem Meditationszentrum Plum Village in der Nähe von Bordeaux extra Verstärker installieren lassen, um das Klingeln des Telefons in einer Höllenlautstärke über das gesamte Gebiet seines Zentrums erschallen zu lassen. Von wegen klösterliche Ruhe! Wer das zum ersten Mal erlebt, dem sträuben sich die Nackenhaare. Die Mönche sehen das allerdings vollkommen anders. Jedes Klingeln wird als Einladung zur Kurzmediation verstanden. Bei jedem Läuten lassen sie automatisch ihre Arbeit ruhen, treten einen Schritt zur Seite, atmen dreimal aus und wieder ein. Dann fahren sie mit ihrer vorherigen Tätigkeit fort. Es könnte auch ein gewaltiger Gong erschallen, das ist vollkommen egal. Was immer erklingt, wird als Ausholbewegung zur inneren Einkehr genutzt. Dieser Umgang mit dem Telefonklingeln muss den Besuchern immer wieder erklärt werden. Sonst reagieren sie mit Unverständnis und Ablehnung. Sie kommen, vom Alltag zermürbt, ins Plum Village, um Ruhe und Frieden zu finden, und dann das…

Trotzdem ist das verstärkte Gebimmel ein gutes Beispiel dafür, wie wir mit Außenreizen umgehen, diese in unserem Sinne nutzen zu können. Telefongeklingel ist ein Reiz, auf den wir mit tausenden verschiedenen Vernetzungen antworten können. Welche Bedeutung wir ihm geben, hängt von uns ab. Unsere Reaktion im Sinnen von „Störung“ oder „Stress“ eines Telefons erzeugen wir selbstorganisiert von innen heraus. Wie im Meditationszentrum in Frankreich mit einem akustischen Signal umgegangen wird, zeigt, welche vielfältigen Gestaltungsmöglichkeiten wir gerade mit vermeintlich typischen Stresssituationen haben.

Ein Gedankenbeispiel: Jedes Mal, wenn Ihr Vorgesetzter „aus der Hose springt“, lassen sie ihn machen. Sie treten einen kleinen Schritt zur Seite und atmen dreimal ein und dreimal aus. Sein cholerischer Anfall ist Ihre Einladung zu innerer Ruhe. Was zunächst wie eine Schnapsidee erscheint, funktioniert. Was wir brauchen, sind entsprechende Anlässe und Übung. Beides finden wir in unserem stressigen Berufsleben mit Sicherheit reichlich. Fassungslos sehen mich meine Klienten an, wenn ich ihnen von dieser Technik berichte. Widerwillig beginnen sie zunächst, doch mit wachsender Routine verdichten sich diese neuen Gewohnheitsnetzwerke in ihrem Gehirn mehr und mehr. Ich habe Klientinnen, die freuen sich bereits auf den Moment, in dem ihr Chef wieder ausrastet.

Das ist die Freiheit zur eigenen Entwicklung, die ich meine. Das ist der Ausbruch aus dem Arbeitsknast. Wir nutzen die Dinge, die wir nicht ändern können, in unserem Sinne neu. Wieder schreibt der Alltag in den Unternehmen die besten Geschichten: Eine Klientin arbeitet als Büromanagerin in einem Konzern und hat mit mir zusammen hochwirksame Verhaltensweisen erarbeitet, die Marotten ihres Geschäftsführers für sich und ihre Kolleginnen angenehm und erträglich zu machen: „Die meiste Zeit habe ich bei unserem Chef das Gefühl, keinen Erwachsenen, sondern einen fünfjährigen Jungen in kurzen Lederhosen vor mir zu haben. Wir konnten uns das alle nicht vorstellen, der Chef ist 49, doch er verhält sich wie ein Kleinkind. Wenn nicht alle nach seiner Pfeife tanzen, tobt und bockt er rum wie eine Mischung aus dem Suppenkasper und Rumpelstilzchen. Seit meine Kolleginnen und ich ihn uns in kurzen Lederhosen vorstellen, haben seine Wutanfälle schon fast eine unterhaltsame Note bekommen. Fast hätte eine von uns kürzlich dabei gelacht. Und: Die Art, wie wir mit ihm umgehen, ist in hohem Maße eine erweiterte Form der Kronjuwelenpolitur. Das hat ungeahnte Vorteile. Er bemerkt sie nicht, und doch: Am Ende des Tages handelt er genauso, wie wir es uns von ihm wünschen. Wenn er dann mal wieder aus dem Beinkleid springt, lassen wir's gut sein. Es ist ja nur die kurze Lederhose eines fünfjährigen Jungen." Da hat's keine Fragen mehr.

Unsere Gegenwart und Zukunft bieten reichhaltige Gestaltungsmöglichkeiten. Je mehr wir sie uns bewusst machen, desto höher die Chancen, sie zu verwirklichen. Welche Zukunft vor uns liegt, kann niemand abschätzen. Egal, ob sich hinter uns geräuschvoll die Tore eines Gefängnisses schließen oder wir am frühen Morgen mit weichen Knien unsere ungeliebte Arbeit antreten. Der Ausgang von beidem ist und bleibt ungewiss. Für welchen der zahlreichen Wege sollen wir uns entscheiden? Wollen wir weiter so handeln wie bisher? Dann bleibt es beim Zustand der Gefangenschaft in den alten Mustern und Gewohnheiten. Wir ertragen den Wutanfall eines Vorgesetzten in der bisher üblichen Duldung. Auf diesem Weg ändert sich nichts. Der Knacki sitzt schnell wieder hinter Gittern, und wir ärgern uns stumm einem wachsenden Magengeschwür entgegen.

Vom „ja, aber" zum „ja, und"

Trotzdem haben wir immer Wahlmöglichkeiten, neue Wege und Alternativen zum Gewohnten und Bisherigen aufzeigen. Der Knacki geht seinem Fallmanager bei der Arbeitsagentur und beim Jobcenter so lange auf die Nerven, bis er endlich seinen Lebensunterhalt mit ehrlicher Arbeit verdient. So kann aus einem Gefangenen dauerhaft ein Ex-Knacki werden, der täglich den Geschmack der grenzenlosen Freiheit schnuppert. Wie oben beschrieben, lernt eine Büromanagerin, die Marotten ihres Chefs so zu nutzen, dass Magengeschwüre und Depression außen vor bleiben. Das klingt so leicht und ist doch höllisch schwer. Meine Klientin bekam hektische Flecken und einen Schweißausbruch, als ich ihr den besagten neuen Weg vorschlug, die Wutanfälle ihres Vorgesetzten zu nutzen. Zigmal haben wir das zu zweit geübt, dann fasste sie Mut, es zu tun. Stets gilt es, Widerstände zu überwinden, die sich uns in den Gewohnheiten bekannter Routinen in den Weg stellen. Diese alten Pfade laden sie immer und weiter ein, sie sind zur einsperrenden Gewohnheit geworden; das macht sie für unsere Entwicklung und Zukunft so abträglich. Es braucht viel Mut, dem unqualifizierten Kommentar eines Vorgesetzten über die eigene Person entgegenzutreten. Schweigen, Demut und Aushalten sind der Weg des geringsten Widerstandes.

Einen Quantensprung ermöglichen Sätze wie dieser: „Ich bin offen für konstruktive Kritik, und ich möchte nicht, dass über mich und mit mir in diesem Ton gesprochen wird." Damit schlagen wir Pflöcke des Neuen ein, geben den Kollegen oder Vorgesetzten ein klares Zeichen: Bis hier hin und nicht weiter! Entscheidend in unserem geäußerten Satz ist das Wort „und". Es verbindet seine beiden Teile, hebt sie auf gleiche Ebene. Nutzen wir das teuflische „aber", überstrahlt der zweite Teil das zu Beginn geäußerte.

Probieren Sie es aus. Erfühlen Sie den Riesenunterschied zwischen einem „ja, aber" und einem „ja, und". Momente wie diese werden zur Gratwanderung unserer Verhaltensweisen für den Alltag und unsere Zukunft. Wir sind immer Teil eines Systems, etwa auf der Arbeit, in der Familie oder in unserer Freizeit. Systeme tendieren dahin, ihre Muster und Abläufe stabil und gleich zu halten. Durch diesen Homöostase genannten Zustand entstehen Orientierung und Sicherheit.[39]

Da unsere Umwelt sich ständig ändert, etwa durch Wettbewerb, sind für jedes System gleichzeitig Musteränderungen, die Morphogenese, nötig, da es sonst nicht überleben kann. Wir wissen: Das einzige Beständige ist der Wandel. „Wer einigermaßen der Gleiche bleiben will, muss sich ständig verändern."[40] Natürlich steigt in den Augenblicken der Veränderung unser Blutdruck. Körper und, Geist werden in Handlungsbereitschaft versetzt. Wir haben Verantwortung für uns übernommen, verlassen die Welt des Gewohnten, die Zone der Routine, und begeben uns auf Neuland. Die Frage ist, in welchen Tonlagen unser inneres Orchester dazu spielt. Welche Bilder laufen vor unserer Gedankenleinwand ab? Wie fühlt sich das an, wie schmeckt uns das? Was denkt und bildert es in uns? Hängt der Himmel voller Geigen oder ziehen düstere Gewitterwolken auf? Dafür müssen wir wissen, wie wir Menschen ticken. Wer die Wechselspiele zwischen Verstand und Unterbewusstsein kennt, der besitzt einen entscheidenden Zugang zur Schatzkammer der in uns schlummernden Fähigkeiten. Um zu wissen, wie Kopf und Bauch zusammenarbeiten können, müssen wir ihre Eigenarten und Verhaltensweisen kennen. Brechen wir auf zu einer Expedition in das geheimnisvolle Land der Hypnose und Trance. Strategien zur Problemlösung können erarbeitet und dann regelmäßig abgerufen werden.

4.3 Das Geheimnis hypnosystemischer Entwicklung

Milton H. Erickson – der Mozart der Kommunikation, der Einstein der Praxis

Mit Beginn der 1980er Jahre präsentierte der Milton Erickson-Schüler Gunther Schmidt eine neue Kombination aus der Entwicklungsarbeit, Supervision und Hypnosetherapie nach Erickson – den hypnosystemischen Ansatz für Therapie und Beratung. In diesem hypnosystemischen Ansatz werden die Schwerpunkte der verschiedenen Modelle zu neuer Wirksamkeit kombiniert. Um alles besser verstehen zu können, erkläre ich zunächst die Begriffe und werfe einen Blick zurück ins 20. Jahrhundert.

Der Begriff Supervision kommt aus dem Lateinischen und bedeutet Überblick. Bei dieser Technik betrachten und hinterfragen Menschen ihr Tun und Denken von einer höheren Ebene. Als würden sie sich selbst wie mit einer unsichtbaren Drohne im Berufs- und Privatleben beobachten. Wer das tut, hat eine sehr hohe Wahrscheinlichkeit, die Hamsterräder und Zwickmühlen zu erkennen, in denen er steckt. Motto: Ich kann ein Problem nur lösen, wenn ich mich selbst von dem Problem löse und es aus größerem Abstand untersuche. Ein Klient brachte das Bild der Drohne ins Spiel, seitdem spreche ich von der Drohnenebene. Systemische Entwicklungsarbeit wirft einen Blick auf die Zusammenhänge, in denen sich die Mitglieder bestimmter Gruppen bewegen. Dies können Kollegen, Familienmitglieder oder Freunde sein. Ziel ist, herauszufinden, wo es beim gemeinsamen Miteinander knirscht, zu Konflikten kommt und wie diese gelöst werden können.

Milton H. Erickson (1901–1980) war ein amerikanischer Arzt und Pionier der modernen Hypnose- und Psychotherapie, der mit seiner Arbeit revolutionär neue Wege ging. Erickson stellte den Menschen und dessen Fähigkeiten zum Lösen seiner seelischen Themen und Befindlichkeiten in den Mittelpunkt. Aus der Frage: „Was ist Ihr Problem, wo liegen seine Ursachen?", formte Erickson aufbauende Sätze wie diesen: „Wie können Sie das Vorhandene, Ihre inneren Fähigkeiten und Potentiale aktivieren, um ein erfülltes und glückliches Leben zu führen?" Ericksons ungewöhnliche, die damals üblichen Verfahrenswege sprengenden Methoden stießen von offizieller Seite jahrzehntelang auf wenig Gegenliebe. Das hat sich geändert zum Positiven geändert: „Sigmund Freud war der Einstein der Theorie, Milton Erickson ist der Einstein der Praxis".[41] Gregory Bateson gab Erickson den Titel „Mozart der Kommunikation".[42] Erickson gilt heute als geistiger Vater verschiedener wissenschaftlicher Ansätze: Der lösungsorientierten Kurztherapie (Steve de Shazer), der strategischen Therapie (Paul Watzlawick, Jay Haley) sowie der systemischen Therapie (Helm Stierlin,

Heidelberger Schule). Richard Bandler und John Grinder, die Erfinder des Neurolinguistischen Programmierens (NLP), waren Schüler von Milton Erickson. Die verschiedenen Richtungen seien nur der Vollständigkeit halber genannt. Tiefer in die Materie einzusteigen, würde den Rahmen dieses Buches sprengen. Während NLP keinerlei wissenschaftlichen Begründung sucht, findet die Hypnotherapie im Rahmen der Psychotherapie Anwendung. Und dies mit guten Erfahrungen bei somatischen Krankheiten sowie Abhängigkeiten, wie der Wissenschaftliche Beirat Psychotherapie (nach § 11 PsychThG) feststellte. Der hypnosystemische Ansatz basiert auf drei Grundannahmen:[43]

- Alle Abläufe im Leben sind Ausdruck von Mustern und Verhaltensnetzwerken; etwa die Art, wie wir kommunizieren, emotional und körperlich auf etwas reagieren (Körpersprache, Mimik, Atmung).
- Lebende Systeme (Familien, Paare, Gruppen, Teams, Unternehmen) organisieren sich selbst von innen heraus (autopoietisch). Erleben wird von innen heraus erzeugt. Es steht nie fest und ist ein Ergebnis des jeweiligen Moments.
- Wenn Erleben auf Verhaltensmustern basiert, die immer wieder aus und in der jeweiligen Situation erzeugt werden, sind Veränderungen durch das Bilden von Unterschieden möglich. Dazu ein Beispiel: Ein Kunde reklamiert einen Auftrag. Für den, der dafür verantwortlich ist, baut sich eine stressende Situation in folgenden Schritten auf:

1. Ein Kunde reklamiert, ist sauer, reagiert ungehalten.
2. Bei dem dafür Verantwortlichen entstehen Druck und Stress.
3. Aus diesem Zustand heraus ruft der Verantwortliche den Kunden an.
4. Die Debatte um eine Lösung ist rustikal bis nervenaufreibend.
5. Kunde und Verantwortlicher finden eine gemeinsame Lösung.

Diese fünf Schritte verweben sich schnell zu einem festen Verhaltensmuster und inneren Netzwerk. Bald reicht ein Anruf des Kunden, um diesen inneren Film automatisch in Gang zu bringen. Wie anders wäre das Erleben, wenn wir die fünf Punkte wie die Bestandteile eines Cocktails in einem Mixer durchmischen und in eine andere Reihenfolge verrühren. Das tue ich als „Barmixer von Wirklichkeiten“ in meiner Arbeit fast jeden Tag. Mit dem Ablauf 5, 4, 3, 2, 1 würden sich sofort unser Erleben und unser Verhalten ändern. Wir stellen uns vor: erst finden wir eine gemeinsame Lösung, dann reklamiert der Kunde, die Debatte beginnt, wie stehen im Stress und rufen mit diesem Gefühl den Kunden an. Durch diese Musterunterbrechung bekommt der Ablauf eine fast schon komische Note.

Ändern wir die Abläufe weiter, ergeben sich anderen Reihenfolgen, die wiederum unsere Verhaltensnetzwerke beeinflussen.

Verständlich ist der Wunsch, der reklamierende Kunde möge sich in Luft auflösen. Doch das ist und bleibt eine Illusion. Wir können ihn ebenso wenig aus der Welt schaffen, wie wir ein sogenanntes Problem „wegmachen" können. Nichts können wir beseitigen. Allerdings können wir unsere Verhaltensnetzwerke wie oben beschrieben auftrennen, neu verhäkeln und zusammenfügen. Als würden wir einen Pullover aufribbeln und aus der gleichen Wolle ein neues Bekleidungsstück stricken. Als kleiner Junge habe ich meine Oma dabei oft beobachtet. Geduldig löste sie die Maschen eines zu klein gewordenen Pullovers und wickelte die Wolle über einen Rahmen. Anschließend wurde die Wolle mit Wasser gesprüht. Auf diese Weise wurde der Faden wieder schön glatt und konnte anschließend neu verstrickt werden. Meine Oma kannte das nicht anders. Das Alte wurde aufgetrennt und zu etwas Neuem zusammengesetzt. Übernehmen wir das Prinzip. Das gleiche Material kann immer wieder neu zusammengesetzt und genutzt werden.

Hypnosystemisch zu arbeiten, bedeutet, aus der Erstarrung eines Phänomens wieder in fließende Bewegungen zu kommen. Ein Problem wird weder bekämpft noch ignoriert. Es wird als Ausholbewegung genutzt, um wieder Handlungskraft für Entwicklung zu bekommen. Die zentrale Frage lautet: Wie kann es gelingen, einen Menschen wieder so zu befähigen, dass er aus der eigenen Entwicklung selbstständig Kraft für seine Aufgaben zurückgewinnt? Empowerment, Selbstbefähigung, nennen die Psychologen diese Eigenschaft.[44] Ein guter Persönlichkeitsentwickler und Supervisor macht sich zügig überflüssig. Sonst besteht die Gefahr, dass Abhängigkeiten entstehen. Viele Menschen gehen jahrelang jede Woche eine Stunde zu ihrem Therapeuten, ohne dass sich in ihrem Leben viel ändert. Da ist es legitim, die Sinnfrage nach der Wirksamkeit zu stellen.

Entwicklungsarbeit, wie ich sie verstehe, zielt darauf ab, den Menschen schnellstens in diesen Zustand des eigenverantwortlichen Schaffens zurückzuversetzen. Jeder von uns kennt unsere archaischen Grundmuster. Wenn uns eine Situation überfordert, reagieren wir mit drei tief in uns verankerten Verhaltensweisen: Kampf, Flucht oder Totstellen. Was geschieht, überfordert in Sekundenbruchteilen unseren Verstand, das Unterbewusstsein schaltet auf Überlebensmodus. Diese drei tiefsitzenden Verhaltensmuster mögen unseren Vorfahren in der Steinzeit deren Überleben gesichert haben. Auf heutige Situationen im Berufsleben übertragen, sind sie nur bedingt hilfreich. Aus einem Jahreszielgespräch, einer Präsentation vor dem Vorstand oder einem Bewerbungsgespräch möchten wir vielleicht flüchten, allein wir können es nicht. Sich totzustellen, ist ebenso wenig zieldienlich, wie den nervenden Gesprächspartnern an die Kehle zu gehen.

Die beschriebenen Situationen sind typisch für das Verhältnis unseres Verstandes zum Unterbewusstsein. Unser Kopf und Bauch liefern sich einen täglichen Kleinkrieg. Rational wünschen wir uns ein bestimmtes Verhalten, doch in der Tiefe unseres Unterbewusstseins lauert der innere Saboteur, der vollkommen andere Ziele im Schilde führt. Das Ich in unserem Kopf will etwas, doch das Es in unserem Bauch wirft uns Knüppel zwischen die Beine. Da unser Unterbewusstsein immer schneller ist als der Kopf, nützen auch die besten Gedanken nichts. Das kann frustrieren und zermürbt auch den ausdauerndsten Zeitgenossen. Gleichzeitig ist das niederschmetternde Ergebnis nicht verwunderlich. Wie sollen Kopf und Bauch zusammenarbeiten, wenn sie ständig die Streitäxte kreuzen? Hier setzt die hypnosystemische Arbeit an. Sie zielt auf das systematische Arbeiten mit unwillkürlichen Prozessen.

Um zu testen, wie wenig unser Verstand gegen die blitzschnellen unwillkürlichen Prozesse „andenken" kann, versuchen wir jetzt alle, nicht an einen grünen Elefanten zu denken. Wer doch an den bunten Rüsselträger denkt, muss zehn Euro bezahlen. Ich fordere Sie auf, dies nicht tun! Nein, kein Elefant! Das Tier soll verschwinden, weg sein! Was passiert? Jeder von uns muss zehn Euro auf den Tisch legen. Wie trotzdem Prozesse aus dem blitzschnellen Unterbewusstsein entwickelt werden können, zeigte Gunther Schmidt mit seinem Postkutschenbeispiel, das Ablauf und Handhabe unwillkürlicher Prozesse erfrischend bildhaft veranschaulicht:[45]

Zu den thematischen Grundfesten eines guten Wild-West-Films zählt die Tatsache, dass in vielen Filmen dieses Genres der Postkutsche irgendwann die Gäule durchgehen. Die vier oder sechs Pferde, die das Gefährt ziehen, stehen für unsere unwillkürlichen Prozesse. Nachdem Indianer oder Banditen den Kutscher vom Bock geschossen haben, rast die Kutsche, meist besetzt mit zarten Damen, führerlos auf einen Abgrund zu. Als Rettung naht, Glückes Geschick, am Horizont der Held. Der gibt seinem Zossen die Sporen und jagt mit Affenzahn heran, bis er auf Höhe der rasenden Pferde angekommen ist. In gleicher Geschwindigkeit reitet er neben ihnen her, greift in die Zügel eines der Tiere und zieht so die panischen Vierbeiner Stück für Stück von ihrem Kurs Richtung Abgrund fort.

Dieses Andocken in gleicher Geschwindigkeit wird im NLP „Pacen" genannt. Der Vorgang geschieht auf gleicher Augenhöhe, im gleichen Tempo. Der Retter unterbricht das Muster des aktuellen Ablaufs und gibt der Kutsche und ihren Pferden einen neuen Verlauf. Auf keinen Fall stellt er sich den Tieren entgegen mit Sätzen wie diesen: „Nein, nein, es besteht kein Grund zur Sorge. Bitte anhalten! Verhaltet euch ruhig!" Zwecklos wäre ebenfalls die Aufforderung aus dem Autogenen Training „Ihr seid ganz entspannt. Die Hufe sind schwer." In all diesen Fällen würde das Gegenteil des Gewünschten erreicht. In ihrem rasenden Lauf ist es nicht möglich, die herrenlose Kutsche einfach zu stoppen. Das mag rational sein, bliebe aber ohne positives Ergebnis. Von den Aufforderungen zu noch wilderer Panik angetrieben, würden die Gäule einen Zahn zulegen, den Retter überrollen und noch schneller in Richtung Abgrund jagen. Dieses Beispiel zeigt, dass und wie es möglich ist, die rasend schnellen unwillkürlichen Prozesse zu lenken. Allerdings muss das auf andere Art und Weise geschehen, als die Hände zu heben und zum Anhalten aufzufordern.

Wer jemals versucht hat, einem Depressiven durch frohe Worte Mut zuzusprechen, wird feststellen, dass diese Aufmunterungen genau das Gegenteil des Gewünschten bewirken. Je positiver die Botschaft, desto negativer ist ihre Wirkung. Aus den wiederholt gehörten Sätzen „Die Welt ist schön, und alles wird gut" hört der Depressive immer die gleiche niederschmetternde Kunde: „Ich habe es gewusst, mit mir stimmt's nicht. Ich bin der letzte Eimer, der es nicht schafft." Aufforderungen wie „Es besteht kein Grund zur Panik" oder „Beruhigen Sie sich doch erst einmal" bewirken das Gegenteil des Gewünschten – das innere Rasen wird vergrößert, die Ruhe ist dahin. Klienten, die sich auf eine Präsentation vor einer größeren Gruppe vorbereiten müssen, trainiere ich für ihre Performance, in dem ich mit ihnen vor eine noch größere Gruppe von Menschen trete. Hand in Hand gehen wir vor die Gruppe, die Klientin hat schweißnasse und eiskalte Hände. Ließe ich sie los, würde sie direkt hinter der Bühne verschwinden. Dieses unvermeidliche Gefühl nutzen wir als Ausholbewegung zur Kompetenzentwicklung. Ich frage sie: „Auf einer Skala von 0 bis 10, 0 steht für Ausgeglichenheit, 10 bedeutet schwerstes Lampenfiber, wo stehen Sie aktuell? Je nach Typ und Charakter kann die Antwort bei 11 liegen. Dann geht das Bühneninterview weiter:

- Wo sitzt ihre Angst, vorne oder hinten, oben oder unten?
- Wie nehmen Sie diese wahr? Wo stärker, wo weniger?
- Hat Ihr Lampenfieber eine Farbe? Wenn ja, welche?
- Wie fühlt es sich an? Hat es vielleicht einen Geschmack oder Duft?
- Wie ist Ihre Atmung? Geht sie leicht, geht sie schwer?

Nach fünf Minuten Bühnengespräch hat sich erfahrungsgemäß auch das größte Nervenbündel schrittweise an die Situation gewöhnt. Der dann abgefragte Wert des Lampenfiebers sinkt auf der Skala zwischen 5 und 7. Damit liegt er exakt in dem Bereich, der für eine gute Konzentration, Dynamik und einen energetischen Vortrag nötig ist. Es kann auf der Bühne nicht um Entspannung gehen, das wäre ein Missverständnis. Es geht um eine bestmögliche Mischung von Konzentration und Entspannung. Ich gehe voll in meinem Tun auf, ohne verspannt oder verkrampft zu sein. Gleichzeitig habe ich jenen erhöhten Adrenalinpegel, der mich in der nötigen Aktionsbereitschaft hält. Wer tiefenentspannt auf die Bühne geht, liefert keinen packenden Vortrag ab, redet die Zuschauer höchstens in den Schlaf.

Was also sind die unwillkürlichen Prozesse, die bisher in uns so viel Unerwünschtes hervorrufen konnten? Es ist schwer, sie zu erkennen und steuern, doch es ist möglich. Nötig ist dafür die Willenskraft für Ausdauer und stetige Wiederholung. Milton Erickson setzte mit seiner Arbeit Maßstäbe. Seine Arbeit zielt auf eine optimale Fokussierung von Aufmerksamkeit für den jeweiligen Zusammenhang auf allen Sinnesebenen. Deswegen habe ich auf der Bühne nach Farbe, Geschmack, Erscheinung und Duft des Lampenfiebers gefragt. Natürlich hat Lampenfieber weder Geschmack noch Geruch. Trotzdem nimmt es jeder Mensch die Anspannung auf der Bühne individuell über einen seiner fünf Sinneskanäle wahr. Welcher das ist, verrät uns das Unterbewusstsein. Wir müssen es nur fragen. Wenn wir unsere Verhaltensmuster ausbrechen, können wir unsere Ängste überwinden.

Hypnose und Trance – Der Zugang zum Eldorado unserer Potentiale

Wer Begriffe wie Trance und Hypnose in den Raum stellt, erzeugt damit sehr oft fragende und besorgte Gesichter. Gleichzeitig erleben wir, dass viele Menschen im selben Moment auf Distanz gehen. Mir wollten Gesprächspartner schon nicht mehr in die Augen sehen, nachdem ich ihnen erzählt hatte, dass ich regelmäßig Hypnose zur Entwicklungsarbeit einsetze. Seit René Descartes uns mit seinem berühmten Satz „Ich denke, also bin ich“ auf das hohe Ross der Verstandesschärfe gesetzt hat, glauben viele, die Welt rein rational erklären zu können. Descartes nahm an, dass Körper und Geist zwei voneinander getrennte Welten seien – ein phänomenaler Irrtum. Bereits der Blick in unser Gehirn in den Kapiteln zuvor hat gezeigt, dass wir trotz unserer Geisteskraft fast immer anders ticken, als wir uns das wünschen. Fühlen ist der wesentliche Faktor unserer Geisteskraft. Vor allem bei Männern fällt die Reaktion oft sehr ablehnend aus, wenn Themen wie Emotion, Hypnose und Trance angesprochen werden. Über Generationen sind Jungen und Männer zum Kämpfen, Siegen, Erfolg haben und Weiterziehen erzogen worden. Von Einfühlsamkeit war selten die Rede. Deswegen fällt es vielen Männern sehr schwer, sich ihre inneren Befindlichkeiten einzugestehen und sie anzusprechen. Über Fehler und Schwächen auch nur nachzudenken, wird oft als persönliche Niederlage empfunden. „Männer werden nicht depressiv. Männer bringen sich um.“ In diesem Satz steckt die Wahrheit einer fehlgeleiteten Erziehungstradition. Natürlich wissen wir Männer das. Geblieben ist der Unwille, sich seelisch in die Karten gucken zu lassen. Dort hat die männliche Abneigung gegenüber der Hypnose ihre Wurzeln. Augenblicklich stehen Ängste und Befindlichkeiten im Raum; Sorgen, dass persönliche Dinge angesprochen werden und auf den Tisch des Hauses kommen könnten. Instinktiv erahnen wir tief verborgene Themen, die bislang in den seelischen Keller unserer Seele verdrängt wurden und manchmal Jahrzehnte unerreichbar schienen. Dort, in den untersten Sohlen versteckt, dachten wir, sie endgültig losgeworden zu sein. Welch ein Trugschluss! Mit einem Mal stehen sie mitten im Raum. Die Kommentare können rustikal bis aggressiv sein:

- Damit fangen wir erst gar nicht an!
- Ich halte von diesem Psychogedudel gar nichts.
- Ich würde ja nie zu so einer Psychotante gehen.
- Hypnose? Sind Sie wahnsinnig? Hinterher verrate ich meine Passwörter.

Diese Reaktionen sind verständlich, weil sehr viel, was über Trance und Hypnose gesagt wird, ausgesprochener Schwachsinn ist. Wenn von beiden Begriffen die Rede ist, offenbart sich meist ein gefährliches Halbwissen, gepaart mit mystischen Begebenheiten und Hörensagen. Diese haben jedoch in den meisten Fällen die Erzähler selbst nie erlebt, Mythen und Legenden weben eine Phantasiewelt, die einen prickelnden Schauer über den Rücken jagt, während sie gleichzeitig eine knisternde Spannung und Neugier erweckt.

Eine der prägenden Szenen für Hypnose stammt aus dem Zeichentrickfilm „Das Dschungelbuch“ von Walt Disney nach Erzählungen von Rudyard Kipling. Mit säuselnder Stimme und flirrendem Blick hypnotisiert die Schlange Kaa das Menschenkind Mogli. „Hör mir zu …“, beginnt der Spaß, an dessen Ende der Junge wie ein willenloses Etwas durch den Dschungel schleicht. Diese Szene ist markant, hat allerdings mit Hypnose wenig zu tun. Da Millionen von Kindern und Erwachsenen den Film gesehen haben, springt diese Szene sofort in uns an, wenn die Rede auf Hypnose kommt. Ein Übriges trugen die Dr. Mabuse-Filme und Begriffe wie „von Moskau ferngesteuert“ aus der Zeit des kalten Krieges bei. Wissenschaft, Medizin und Psychologie verstärken diesen Wissensnebel bis heute weiter, da es viele verschiedenen Definitionen von Trance und Hypnose gibt – von einheitlicher Begrifflichkeit keine Spur. Das macht aber nichts. Trance und Hypnose gehören zu uns wie unser Atemrhythmus und unser Herzschlag. Jeder von uns erlebt diesen Zustand mehrmals täglich, beide sind ein vollkommen natürlicher Zustand und ein Teil unseres Lebens. Um Hypnose zu erleben, sind weder Dr. Mabuse noch die Schlange Kaa nötig. Wir hypnotisieren uns selbst den lieben langen Tag durchs Leben. Die Frage ist nicht ob, sondern lediglich wie oft und wie umfangreich.

Was verwirren mag, lässt sich einfach erklären. Unser Leben, Lernen und Erleben wird erzeugt durch das Ausrichten von Aufmerksamkeit. Was im Fokus unserer Sinne liegt, nehmen wir war. Was nicht im Zielfernrohr unserer Wahrnehmung liegt, findet praktisch nicht statt. Energie fließt immer dorthin, wo die Aufmerksamkeit liegt. Das lässt sich an drei Beispielen gut erklären:

Gebannt haben wir im Gartenstuhl ein spannendes Buch gelesen. Fasziniert von der Handlung vergaßen wir um uns Zeit und Raum. Abends stellen wir erstaunt fest, dass die Sonne uns die Haut verbrannt hat und uns sieben Mücken gestochen haben. Nichts davon haben wir beim Lesen bemerkt.

Kinobesucher brechen ob der herzzerreißenden Handlung auf der Leinwand in Tränen aus. Ist doch alles nur ein Film? Nicht für unser Gehirn und Unterbewusstsein. Beide reagieren, als säßen wir mitten in der Handlung.

Fasziniert und gebannt schaut ein Mann dem wiegenden Gang einer hübschen Frau nach. Im gleichen Moment läuft er krachend vor eine Straßenlaterne. Während eine Beule an seinem Kopf anschwillt und ihn in die Wirklichkeit zurückholt, fragen sich die Umstehenden, ob mit diesem Zeitgenossen alles seine Richtigkeit hat.

Alle drei Beispiele zeigen, was passiert, wenn wir unsere Aufmerksamkeit bündeln. In jedem dieser Fälle handelte es sich um eine Trance, eine gedankliche Fokussierung, wie wir sie tagaus, tagein erleben. Dieser Zustand unseres Bewusstseins gehört zu uns wie die Luft zum Atmen. Begreifen wir Hypnose und Trance als Partner. Hypnose ist der Weg, dessen Ziel eine Trance ist. Es geht darum, einen Wachzustand mit einer konzentrierten, auf wenige Inhalte ausgerichteten Aufmerksamkeit zu erreichen – eine hypnotische Trance. Diese kann mit Entspannung zu tun haben, muss es aber nicht.

Räumen wir gleich mit einem der größten Mythen auf, die über Hypnose und Trance existieren: Beide funktionieren nur, wenn wir sie zulassen. Mein Einverständnis vorausgesetzt, kann ich mich hypnotisieren lassen – nicht umgekehrt. Niemand kann gegen seinen Willen zu Trance und Hypnose gezwungen werden.[46] Wie die Forscher Humberto Maturana und sein Schüler Francesco Varela herausfanden, erzeugt jeder von uns sein Erleben von innen heraus.[47] Es ist nicht möglich, jemanden von außen dazu zu zwingen. Meinen Klienten gegenüber spreche ich eine Entwicklungseinladung aus. Ob sie angenommen wird oder nicht, entscheidet mein Klient, nicht ich. Ich begleite Menschen dabei, wenn sie es zulassen, bei mir in Hypnose zu gehen. Natürlich muss jetzt der Einwand hinsichtlich der

Hypnoseshows kommen. Auch dort gelten die eben beschriebenen Regeln. Allein durch den Kauf einer Karte habe ich unterbewusst meine Einwilligung gegeben, mich eventuell von einem Faxenmacher auf der Bühne vorführen zu lassen. Wer sich nicht hypnotisieren lassen will, bleibt zu Hause. Und natürlich testet ein Showhypnotiseur vorher ausgiebig, wer im Publikum für seine Botschaften besonders empfänglich ist. Genau diejenigen holt er auf die Bühne. Oft habe ich in Hypnoseshows in der ersten Reihe gesessen und den Hypnotiseur auffordernd angesehen, mich auf die Bühne zu holen, wenn dessen Blicke über die Anwesenden schweiften. „Der ist der Letzte, den ich nach vorne hole", wird sein innerer Gedanke gewesen sein.

Auf den Beruf, ein Unternehmen oder den Sport bezogen nützt Entspannung überhaupt nichts. Hier benötigen wir Leistungsfähigkeit, durch die Kompetenzen aktiviert werden, so wie wir sie für unsere Ziele benötigen. Entscheidend ist eine optimale Balance zwischen Spannung und Entspannung, durch die wir in schnellster Weise und kraftvoll handeln können. Dieser als Eutonie bezeichnete Zustand ist ein fließender Prozess, der uns in die jeweils nötige Handlungsfähigkeit und Leistungsbereitschaft versetzt.[48] Es geht um den bestmöglichen Mix der Potentialaktivierung für die zu lösende Aufgabe, eine Herausforderung, die vielleicht eine neue Kombination aus bewussten und unbewussten Fähigkeiten nötig macht. Entspannung allein ist nicht zieldienlich, wenn es darum geht, Fähigkeiten abzurufen. Ein Fußballprofi, der total entspannt über den Platz läuft, landet in der dritten Mannschaft. Für ihn ist entscheidend, dass er im richtigen Moment jene Kompetenzen und Reflexe aktiviert, die den Ball in die Maschen des Tors fliegen lassen. Was im Training tausendfach geübt wurde, entscheidet in Bruchteilen von Sekunden ein Spiel.

Eingestimmt in diese Leistungstrance werden die Spieler durch ihren Trainer in der Kabine oder durch ein paar mitreißende Worte im Mannschaftskreis, bevor ein Elfmeterschießen beginnt. Die gesamte Aufmerksamkeit wird auf einen Punkt gebündelt – auf den Ball, der am gegnerischen Torwart vorbei ins Netz gedroschen werden soll. Spieler, die beim Elfmeterschießen antreten, wirken oft so, als seien sie überhaupt nicht auf den Platz. Sie befinden sich in einer Trance, ganz auf den Torschuss fokussiert. Mit ernstem Röhrenblick konzentrieren sie sich auf den Schuss, Stadion und Zuschauer werden ausgeblendet. Im Fernsehen oder auf YouTube lassen sich diese Elfmeterdramen wunderbar nachvollziehen. Die einen sind eiskalt, den anderen schlottern die Knie. Vor allem zeigt sich, dass dies keine Selbstverständlichkeit ist, wie schwer es für die Spieler sein kann, alles Unwichtige auszublenden. Plötzlich wird der Torwart riesengroß und das Tor winzig klein. Selbst gestandenen Profis flattern die Nerven und sie verschießen ihren Elfer. Niemand ist davor gefeit. Das passierte dem Bomber Gerd Müller sowie Uli Hoeneß und Sebastian Schweinsteiger. Manche Fußballer schießen zum Niederknien faszinierende Freistöße. Wie er das seinen Spielern beigebracht habe, wurde einst der Trainer Jürgen Klopp zu einem Freistoßtor von Marcel Schmelzer gefragt. Klopps Antwort: „Wenn ich wüsste, wie das geht, würde ich selber schießen."

Unser Lernen, Verhalten und Gedächtnis bezieht sich immer auf den jeweiligen Wirkungszusammenhang.[49] Da ist es sinnvoll, wenn das Gelernte dorthin modelliert wird, wo es später angewandt werden soll. Daraufhin zu trainieren, bedeutet, die Erfolgswahrscheinlichkeit deutlich zu erhöhen. Gelingt das, ist der Moment gekommen, in dem Sportler über sich selbst hinauswachsen, scheinbar Übermenschliches erreichen. Doch wir sollten bedenken, dass in einem solchen Fall jene Fähigkeiten abgerufen werden, die Jahre, vielleicht Jahrzehnte geübt und trainiert worden sind. Im Training tausendfach wiederholte und verbesserte Fähigkeiten werden im Bruchteil einer Sekunde abgerufen und führen zum Erfolg. Bewusstsein und Verstand haben damit wenig zu tun. Wer Fußballer fragt, wie ihnen ein komplizierter Torschuss gelungen sei, bekommt meist eine nüchterne Antwort: „Ich hab' halt geschossen."

Um es gleich zu sagen: Hypnose hat nichts mit Schlaf zu tun, selbst wenn der Name von dem griechischen Wort Hypnos für Schlaf abgeleitet wurde. Hier hat der britische Arzt James Braid im Jahre 1846 eine bis heute fatale Entwicklung eingeleitet.[50] Obwohl der Begriff bereits früher in Frankreich aufgetaucht war, trug Braid maßgeblich zu seiner Verbreitung bei. Der Brite wählte die Bezeichnung Hypnose, weil viel des Verhaltens seiner Klienten ihn an schlafähnliche Zustände erinnerte. Als er später einsah, dass der von ihm beschriebene Bewusstseinszustand mit Schlaf wenig zu tun hat, war es zu spät. Der Ausdruck Hypnose war in der Welt. Zwar versuchte er, das aus seiner Sicht passendere Wortungetüm Monoideismus zu etablieren – sein Bemühen war vergeblich.

Bis heute glauben viele Menschen, dass sie in einer Hypnose „weg" sein müssten und von ihrer Umwelt nicht mehr viel mitgekommen würden. Diese von Gunther Schmidt als „Sakral-Hypnose"[51] bezeichnete Trance versetzt uns vielleicht in den Zustand einer wunderbaren Entspannung. Doch wofür kann ich dies in meinem Alltag, Beruf und Unternehmen nutzen? In Bewerbungs-, Reklamations- oder Vorstellungsgesprächen sicher nicht. Wo gibt es Situationen, in der wir ständig tiefenentspannt sind? Die sind auf unser Leben bezogen eher die Ausnahme. Ziel ist, in stressenden und herausfordernden Situationen des Alltags handlungsfähig zu werden und zu bleiben. Dann, wenn uns das Herz in die Hose sinkt und das Wasser in den Schuhen steht, schlägt die Stunde der hypnotischen Trance. Sie macht uns leistungsbereit und handlungskompetent, dann, wenn wir es brauchen, für die Ziele, die wir uns gesetzt haben. Die deutsche Milton

Erickson-Gesellschaft betont, dass „jeder Mensch einen schier unerschöpflichen Erfahrungsschatz hat, mit dem er anstehende Probleme bewältigen kann. Eine Störung ist häufig durch Starrheit in der Einstellung, Unbeweglichkeit und geringe Umstellungsbereitschaft von Denk-, Emotions- und Verhaltensmustern gekennzeichnet. Diese gilt es [...] zu durchbrechen."[52] Genau an diesem Punkt müssen wir ansetzen. Indem wir uns über unsere eigenen Verhaltensweisen klarwerden, wachsen die Chancen, die Fesseln des Gewohnten zu sprengen und aus dem Eingesperrtsein zu neuen Entwicklungschancen zu gelangen. Verhaltensstarre, das Beharren auf dem Gewohnten, ist eine nicht nur für uns typische Ausprägung.

Paul Watzlawick, der inzwischen verstorbene Schüler von C.G. Jung, Psychotherapeut und Kommunikationswissenschaftler, formuliert es 1987 so: „Mensch wie Tier haben die fatale Eigenschaft, an einmal erarbeiteten, einmal gefundenen Lösungen stur festzuhalten, und zwar auch dann, wenn die Umweltbedingungen sich schon so weit geändert haben, dass die Lösungen, die einmal die bestmöglichen, vielleicht die einzig möglichen waren, nicht mehr zutreffen. Auf diese Weise wird die Lösung zum Problem."[53] Die fatale Neigung, an dem festzuhalten, was sich einmal als erfolgreich erwiesen habe, verfestige das Problem bis zur Unauflöslichkeit. Als Beispiel führt Watzlawick das Verhalten von Killerameisen im Urwald Südamerikas an. Deren Volk baut keine Behausungen, sondern ist immer als Ganzes unterwegs. Obwohl jedes einzelne Tier nur etwa 100.000 Neuronen besitzt, handele das Volk in der Gemeinschaft, als „wäre eine höhere Intelligenz am Werke."[54] Diese Zusammenarbeit sei hocheffektiv, aber dann extrem gefährlich, „wenn sich die Vorhut der Nachhut anschließt und ein tödlicher Strudel entsteht. Ameisen orientieren sich nach dem Geruch und marschieren sich dann zu Tode. Dafür hat das System keine Sicherheiten."[55] Ein ähnliches Verhalten können wir in Verwaltung, Bürokratie und Unternehmen immer wieder erleben. Ein System kreist um sich selbst, ist nur noch mit sich selbst beschäftigt. Die Frage nach Sinn, Wirkung oder Ergebnissen ist zweitrangig.

„Wir scheitern an einer Lösung, in dem wir uns Bedingungen und Einschränkungen auferlegen, die das Problem gar nicht hat. So liegt die Unmöglichkeit der Lösung im Versuch ihrer Lösung."[56] In seinem Buchklassiker „Anleitung zum Unglücklichsein", der erstmals 1983 und inzwischen in zig-fachen Auflagen veröffentlicht wurde, erzählt Watzlawick die Geschichte eines Mannes, der dauernd in die Hände klatscht.[57] Auf den Grund seines Tuns angesprochen, antwortet er: „Mit meinem Klatschen vertreibe ich die Elefanten." Als ein Beobachter sagt: „Aber hier gibt es doch gar keine Elefanten", antwortet der Klatscher: „Na, sehen Sie, es wirkt." Durch die Vorstellung, mit Klatschen Elefanten vertreiben zu können, wird das Problem zementiert. Physik-Nobelpreisträger Max Born brachte es 1964 auf den Punkt: „Ich glaube, dass Ideen, wie absolute Richtigkeit, absolute Genauigkeit, endgültige Wahrheit, Hirngespinste sind, die in keiner Wissenschaft zugelassen werden sollen.“[58] Kreativität und Genialität, so Watzlawick, würden dann beginnen, wenn es gelänge, aus diesem Rahmen der festgehaltenen Ansichten herauszuspringen. Der Weg zu derartigen Lösungen widerspräche dem gesunden Menschenverstand.[59] Es bedarf einer Menge Mut und Energie, diesen Quantensprung zu neuen Ufern zu wagen. Die Mauern dieses Gewohnheits- und Lösungsgefängnisses sind hoch und dick, doch sie lassen sich überwinden.

Um diesen in uns schlummernden Schatz zu heben, bedarf es einiger Kniffe und neuer Wege, die sich von unseren bisherigen Mustern der Lösungsversuche unterscheiden. Eines vorweg: Es wird anspruchsvoll, verlangt ausdauernden Einsatz – und es ist möglich. Diese gute, kraftgebende Nachricht sei gleich an den Anfang gesetzt. Sie kann nicht oft genug wiederholt werden. Deswegen sollten wir sie uns genüsslich auf der Zunge zergehen lassen. Viele von uns haben sich in jahre- und jahrzehntelangem Bemühen abgearbeitet - an sich selbst und ihren Themen und Zielen, für die Karriere und das Privatleben. Viel Kraft und Energie sind wirkungslos abgeflossen, am Ende stehen Frustration und Ermüdung. Wir wollten Zeit sparen für mehr Gestaltungsraum, versuchten händeringend mit legaler Arbeit unseren Lebensunterhalt zu bestreiten, durchliefen die Stahlgewitter von nervenden Vorgesetzten und Kollegen, träumen jahrelang vom Ausbruch aus dem Arbeitsknast – doch wenig, meist nichts, hat sich geändert. Abwertende Eigeneinschätzungen wie „Ich schaff es halt nicht“ oder „Ich bin halt zu blöd“ geben unserem Ego endgültig den Rest. Unser Selbstvertrauen löst sich in Wohlgefallen auf. Wir gehen mental auf dem Zahnfleisch.

Wer Menschen im Zustand des Burnouts oder der Depression beobachtet, erlebt Zeitgenossen, die nur noch ein schwacher Schatten ihres einstigen Selbst sind. Dieser Eindruck ist mächtig, scheint selbst die besten Fähigkeiten und Talente zu überdecken; trotzdem stimmt er nicht. Zur Erinnerung: Unser Erleben wird erzeugt, von uns. Wahrgenommen wird das allerdings vollkommen anders und es klingt so: „Mein Chef war gemein, meine Kollegen sind fürchterlich, ergo muss ich mich jetzt verletzt, depressiv oder klein fühlen.“ Unsere Körperreaktionen, verspannte Nackenmuskeln, Herzrasen, Schweißausbrüche, und Gedanken nehmen wir wahr als etwas, das von außen auf uns einprasselt. Doch dieses Erleben wird immer von uns, aus unserem Inneren heraus erzeugt. Es ist ein Riesenunterschied, ob jemand von sich behauptet „Ich kann nicht“ oder „Ich kann jetzt im Moment nicht“.

An diesem Punkt setzt die hypnosystemische Arbeit an. Der Satz „Ich kann nicht“ ist eine niederschmetternde Konstruktion einer persönlichen

Wirklichkeit. Wer das von sich sagt, bei dem geht so schnell nichts mehr. Wird dieser absolute Satz um den zeitlichen Einschub „im Moment" erweitert, wird dadurch sofort ein anderes Erleben erzeugt. Aus der Sackgasse eines „es geht nicht" ergeben sich Perspektiven und Entwicklungsmöglichkeiten. Längst sind wir noch nicht dort, wo wir hinwollen, doch sind die vermeintlich unüberbrückbaren Leitplanken unserer Negativ-Fokussierung aufgebrochen für neue Wege und erste Alternativen zum Bestehenden.

„Da alle Wahrnehmungen immer Ausdruck der schon beschriebenen neuronalen Netzwerke[…] oder von Muster-‚Geweben' sind, wobei sich alle miteinander verknüpften Elemente dieser Muster ständig wechselseitig beeinflussen, genügt es oft schon, nur ein Element oder wenige Elemente eines Musters zu ändern, um dennoch das ganze Muster ‚in Bewegung' zu bringen und (oft auch sehr nachhaltig) wirksame verändernde Umfokussierungen mit Zugang zu gewünschten Kompetenzen zu erreichen."[60]

Ein Unternehmer beklagte sich bei mir über seinen von ihm empfundenen Energiemangel. Mit der gesamten Bandbreite seiner Mimik und Stimme jammerte er über seine Antriebslosigkeit. „Ich sitze morgens im Büro und könnte mich auf meinem Schreibtisch schlafen legen. Ich habe acht Stunden geschlafen, gut gefrühstückt und fühle mich bereits vor 9 Uhr, als hätte jemand den Stecker gezogen. Das darf doch alles nicht wahr sein." Das Fatale: Für einen vermeintlich Energielosen hatte der Unternehmer allerdings noch jede Menge Kraft, ausdauernd auf sich und seine Situation einzudreschen. Dann geschah etwas Faszinierendes. Auf diesen Umstand angesprochen, veränderte sich augenblicklich die gesamte Erscheinung des drahtigen Mitvierzigers. Zum ersten Mal seit langer Zeit war ihm klar geworden, dass er trotz der von ihm empfundenen Antriebslosigkeit jede Menge kraftvolle Ressourcen in sich trug. Er erlebte, was jedem von uns bewusst sein sollte. Wir haben nicht ein Ich, wir besitzen tausende verschiedene Ichs, die sich in uns bündeln. Wer sich in einer als kritisch eingeschätzten Situation befindet, sollte sich fragen, welches Ich aktuell das Steuer des Erlebens übernommen hat. Ist es das Opfer-Ich (Ich schaffe es nicht), das Kritik-Ich (Ich bin zu blöd), das Stress-Ich (Ich muss es schaffen) oder welches auch immer? In meiner Entwicklungsarbeit ist es elementar, zu wissen, mit welchem Ich in einem Menschen ich gerade spreche. Es ist immer der Empfänger, der die Bedeutung einer Botschaft bestimmt, nicht der Sender. Was wird gehört von dem, was ich sage? Vor allem: Welches Ich in ihm hört es gerade? Das jeweilige zuhörende Ich verarbeitet die Botschaft entsprechend seiner Bewertungssysteme. Hypnose und Trance sind ein hervorragendes Mittel, um unseren Kopf und Bauch aus dem üblichen Dauerzwist heraus zur Zusammenarbeit zu bringen. Wie bereits erwähnt: Meist liegen beide im Clinch. Da der Bauch immer schneller ist, trägt er den Sieg davon. Da können wir unser Hirnschmalz noch so sehr bis zur Weißglut erhitzen. Um aus dieser Konfrontation zur Zusammenarbeit zu kommen, bieten Hypnose und Trance wirkungsvolle Wege, die verschiedenen Anteile unseres Ichs wieder zu einem Team zusammenzuschweißen. Die Erfahrung zeigt: Alle Fähigkeiten, die wir benötigen, sind längst vorhanden. Meist schlummern sie verdrängt oder vergessen in den Tiefen unseres Unterbewusstseins.

„Wir brauchen zum Fremdgehen noch nicht einmal das Haus verlassen.“

Wir seien alle multiple Persönlichkeiten meinte Gunther Schmidt einst bei einem Vortrag. Das habe gerade in einer Partnerschaft logistische, juristische und wirtschaftliche Vorteile. „Wir brauchen zum Fremdgehen noch nicht einmal das Haus verlassen.“[61] Es ist immer nur eine Seite von uns, die sich entsprechend fühlt, aufregt oder gestresst ist. Wer betroffen ist, empfindet ein Problem als übermächtig und ist blind für seine Kompetenzen. Wer sich nutzlos und depressiv vorkommt, ist sich nicht mehr bewusst, dass er erfolgreich Schule, Lehre, Universität absolviert und bereits mehrere Patente angemeldet hat. Wenn der Vorgesetzte tobt, fehlt der Abstand zu der Erkenntnis, dass dieser uns menschlich nicht das Wasser reichen kann. Eine Seite von uns leidet, eine andere von uns drischt noch oben drauf („Ich habe es schon wieder nicht geschafft, ich wusste es, ich Blödmann“) – das Phänomen verstärkt sich.

Da hilft es, Abstand zu gewinnen und die Situation aus der Sicht eines Beobachters zu betrachten. Als würden wir mit einer Drohne über uns schweben, gehen wir auf Distanz, auf eine Meta- und Steuerungsebene, können von dort die Dinge in ihrer Gesamtheit erfassen. Augenblicklich wirkt der gleiche Inhalt anders, wir reagieren anders. Schon die Erkenntnis, sagen zu können „eine Seite von mir hat ein Problem, Angst, empfindet Stress. Das bin aber nicht ich als ganzer Mensch“, bringt erste Erleichterung und Entlastung. Eben haben wir noch gebannt auf den Stecknadelkopf eines Problems gestarrt, mit einem Mal beginnen wir den Blick zu weiten.

Um etwas wirkungsvoll für uns verändern und entwickeln zu wollen, müssen wir aufhören, uns mit unserer leidenden Seite gleichzusetzen. Wer sich als Opfer fühlt, hat keinen Zugang zu seinen Kompetenzen und Fähigkeiten, auch wenn diese vorhanden sind. Wir blicken auf uns herab und fragen: Was braucht unser geplagtes Opfer-Ich in dieser Situation? Was können wir ihm Gutes, Liebevolles, Achtungsvolles tun? Daraus entwickelt sich Balsam für die Seele unseres Opfer-Ichs. Was immer auch geschah, eines war ihm stets gewiss. Das Kritiker-Ich holte bereits zum nächsten Schlag aus. Die Folge: Stress und Belastung stiegen weiter an. Das Gefühl der Ausweglosigkeit und des Ausgeliefertseins wuchsen sich in astronomische Höhen aus. Der Segen liegt darin, dieses Verhaltensmuster zu erkennen, um es zu durchbrechen. Schenken wir unserem Opfer-Ich achtungsvolle Zuwendung und liebevolle Wertschätzung. Akzeptieren wir seinen Zustand, reden wir mit ihm. In der Vergangenheit haben wir systematisch auf unser Opfer-Ich noch weiter Druck aufgebaut und dadurch das gefühlte Problem zunehmend verfestigt. Nichts hat sich selbst bei größter Kritik geändert.

Jetzt brechen wir dieses alte Muster auf. Stellen Sie sich vor, dass Sie Ihr Opfer-Ich auf einen Kaffee einladen, ihm dabei zuhören, es wertschätzen. Was könnte das Opfer-Ich brauchen oder sich wünschen? Wahrscheinlich exakt die Zuwendung, die es bei der gemeinsamen Tasse Kaffee bekommt. Damit wird ein Unterschied gebildet, der Bahnungen für neue Entwicklungen schafft. Dieser neue Umgang mit unserer schwachen Seite befähigt uns zu völlig neuen Entwicklungen.

Unterstützend können wir unsere Körperkoordination benutzen. Priming wird dieser Vorgang in der Forschung genannt. Er zeigt, wie sehr Körper und Geist sich gegenseitig beeinflussen. Wer die Regeln dieser Kooperation kennt, kann sie im eigenen Sinne nutzen. Es ergeben sich vielfältige Einsatzmöglichkeiten, da die Erkenntnisse des Priming faszinierende Ergebnisse präsentieren. Aus der Art und Weise, wie wir uns und unseren Körper halten, entwickelt sich die Haltung unseres Geistes. Wenn wir unsere Handinnenflächen nach außen halten, drückt dies Ablehnung aus. Wer „Stopp – bis hier hin und nicht weiter!“, sagt, streckt meist ohne es zu merken mindestens eine Hand mit ihrer Innenfläche nach außen. Dieser Vorgang vollzieht sich ideomotorisch, von innen heraus. Unser Körper reagiert unbewusst, ohne dass wir diesen Ablauf steuern könnten, geschweige denn darüber nachdenken müssen. Wie anders laufen die Dinge, wenn die Handinnenflächen auf uns zeigen. Mit einer typischen Einladungsgeste „Komm zu mir!“ winken wir etwas oder jemanden zu uns heran.

Diese Tatsache alleine scheint noch keine weltbewegenden Auswirkungen zu haben. Umso erstaunlicher waren die Ergebnisse einer Würzburger Studie.[62] Den Teilnehmern wurde ein üppiges Essen aufgetischt. Jeder musste so viel schmausen, bis buchstäblich nichts mehr reinging. Dann begann die Übung, verschiedene schriftliche Aufgaben mussten gelöst werden.[63] Die eine Hälfte der Teilnehmer musste dabei mit einer Handinnenfläche die Tischplatte von oben nach unten drücken, also eine ablehnende Geste ausführen. Bei der anderen Hälfte der Testpersonen mussten diese mit einer Hand die Tischplatte von unten nach oben drücken. Verwundert folgten alle den Anweisungen, begannen mit den Aufgaben und gaben diese ab. Was niemand ahnen konnte: Bei dem Test ging es überhaupt nicht um die Aufgaben. Entscheidend war die Frage, wie viel

Kekse gegessen wurden. Auf dem Tisch standen große Schalen mit leckeren Biskuitkeksen mit Orangenfüllung und Schokoladenüberzug. Obwohl alle Teilnehmer pappsatt in ihren Test gegangen waren, verschmauste eine Gruppe dreimal so viele Kekse wie die andere. Das war diejenige, welche die Tischplatte mit der Handfläche nach oben drücken musste. Mehrfach wurde der Test wiederholt, stets war das Ergebnis gleich. Die Gruppe mit der einladenden Handbewegung aß dreimal so viele Kekse im Vergleich zur Gruppe mit der abweisenden Handbewegung. Letztere können wir hervorragend einsetzen, um Störendes abzuwehren oder zumindest zu verzögern. Das zeigt auch, wie sehr unsere Körperhaltung Auswirkungen auf unser Verhalten hat.

Dazu zwei Beispiele: Wen eine Fressattacke überkommt, stelle sich fünf Minuten mit erhobenen Händen und nach außen gehaltenen Handinnenflächen vor seinen Kühlschrank. Dabei wiederhole er oder sie den folgenden Satz: „Ich bin Gestalter meines Lebens. Ich gestalte, was ich will." Nach fünf Minuten wird die Fressattacke wesentlich geringer ausfallen als zuvor, wenn sie überhaupt noch stattfindet. Wer sich von Kollegen, Vorgesetzten oder stressenden Umständen gejagt fühlt, kann das Gleiche während der Arbeit oder im Gespräch tun. Sie sagen: „Stopp! Das will ich nicht, das ist nicht in meinem Sinne, ich möchte nicht, dass so mit mir umgegangen wird." Probieren Sie es aus. Dadurch grenzen sie sich ab, sichern sich ihren Entfaltungsraum und zwingen die Gegenseite aus dieser Distanz heraus zu Respekt und Rücksicht. Eine Klientin berichtete mir, dass sie in kritischen Situationen nur noch die Hände zu heben braucht, damit die Kollegen umschalten. So etwas erfordert Mut.

Immer dann, wenn wir das Gefühl haben festzustecken, ist es höchste Zeit, unsere Körperhaltung zu verändern. So, wie wir gehen, so geht es uns. Mit welcher Spannung, welchem Bewusstsein wir dies tun; unser Körper hat direkten Einfluss auf unsere Gedanken. Wer Tai-Chi, Yoga, Oigong praktiziert oder sonstigen Sport treibt, wird dies wissen. Je eher wir erkennen und akzeptieren, wie gut wir in stressenden Situationen wieder zur Handlungsfähigkeit kommen können, desto besser. Wem der Überblick fehlt, der stelle sich vor, auf einem Leuchtturm zu stehen, um den Blick bis zum Horizont schweifen zu lassen. Wer sich wackelig auf den Beinen vorkommt, denke an eine mächtige Eiche, deren Wurzel tief in der Erde Halt und Fundament geben. Straffen Sie sich, gehen Sie aufrecht wie eine Königin oder ein Sieger. Trauen Sie sich, es wirkt.

Der US-Psychologe John A. Bargh gehört zu den Forscherpionieren, die dieses Verhalten und dessen Einflussmöglichkeiten erforschten. In seinem als „Florida-Effekt" bezeichneten Experiment mussten Versuchspersonen Sätze aus verschiedenen Wörtern zum Thema „Altern" bilden.[64] Danach wurde gemessen, in welcher Geschwindigkeit sie über einen langen Gang liefen. Im Vergleich zu Versuchspersonen, die sich nicht mit dem Thema Altern auseinandersetzen mussten, gingen sie deutlich langsamer. Die gleichen Versuchspersonen gingen schneller, sobald sie sich mit Themen wie Jugend, Handlung oder Dynamik beschäftigten.

Wir können also durch die Art und Weise, wie wir uns bewegen, großen Einfluss auf unser Erleben ausüben. Unser Geist folgt unserem Körper, der Körper folgt unserem Geist, beide sind eine untrennbare Einheit. Gehen wir kraftvoll mit raumgreifenden Schritten durchs Leben oder schlurfen wir mit hängenden Schultern schlaff durch unser Dasein? Der Volksmund sagt es treffend: Wie du gehst, so geht es dir. Das können wir nutzen. Die folgende Übung hat bei meinen Klienten durchschlagenden Erfolg. Wir stellen uns vor, Kompetenz, Glück, Zufriedenheit und Reichtum wären ein Teil von uns. Mit diesem Gefühl schreiten wir zehn Minuten über die langen Flure des Essener Ruhrturms, in dem mein Unternehmen wohnt. Natürlich sind die ersten Kommentare stets gleich: „Das ist doch Theaterspielerei, Psycho-Blödsinn." „Ja", entgegne ich meinem wiederstrebenden Gegenüber, „Noch! Auf geht's!" Nach der fünften Runde über die langen und breiten Flure kann ich sehen, wie sich die Gefühlslage meines Klienten mit jedem Schritt verbessert. Der kraftvolle Gang, das dynamische Auftreten wirken direkt und bewusstseinsbildend auf unser Gehirn ein. Wir gehen los und tun so als ob. Zehn Minuten später sind wir es. Unsere Körperkoordination kann der Magnet sein, der unsere Gefühlslage zum Positiven wendet. Wir spüren sie schneller und können sie mit unserem Willen steuern. Dazu ein Test. Lassen sie die Schultern hängen, schlurfen sie mit kraftlosem Gang und düsterem Blick umher und sprechen diese Sätze aus:

- Ich bin fertig.
- Nichts gelingt mir.
- Meine morgige Präsentation vor dem Vorstand geht voll in die Hose.
- Mann, habe ich Angst.

Dann schütteln Sie Arme und Beine aus und stellen sich aufrecht hin. Sie atmen kraftvoll ein, spüren, wie ihnen durch die Schuhsohlen Wurzeln in den Boden wachsen. Sie lächeln. Es ist ein Lächeln der Zuversicht. Dann schreiten sie voller Tatendrang voran und wiederholen die vier Sätze. Diese können nicht mehr die deprimierende Wirkung der ersten Runde haben. Die meisten Klienten fangen an zu lachen, bevor sie den vierten Satz aussprechen können. Ihr Körper strafft sich mit spürbarer Energie. Dann schreiten Sie mit Dynamik und den folgenden vier Sätzen los:

- Ich setze mir Ziele, die ich erreichen kann.
- Ich lerne jeden Tag. Fehler sind Etappen auf dem Weg zu meinen Zielen.
- Ich bin offen für Neues; auch wenn es vorrübergehend schwer sein sollte.
- Ich habe alle Kompetenzen und Fähigkeiten, um Schwieriges zu meistern.

Ich empfehle, diese Übung täglich mehr zu praktizieren. Sie ist ein wunderbares Training, um unsere Aufmerksamkeit in Richtung gewünschter Entwicklungen zu bahnen. Das braucht Zeit, das ist und bleibt schwer, das bleibt ein lebenslanger Prozess. Wieder ist die Wiederholung die Mutter aller Dinge. Hypnosystemische Arbeit zielt darauf, den Menschen zu fördern, stärkende Fähigkeiten für den Alltag zu finden, gerade dann, wenn die Dinge vorrübergehend noch nicht so gelingen wollen, wie geplant. Damit durchbrechen wir einen frustrierenden Ablauf, der in der Psychologie als Becksche kognitive Triade bezeichnet wird.[65] Der amerikanische Psychiater und Psychotherapeut Aaron Temkin Beck definierte diesen bedrückenden Dreiklang negativer Einschätzungen wie folgt:[66]

1. Es gibt ein negatives Selbstbild (Ich doch nicht. Dafür bin ich zu alt, jung. Ich als Mann …, ich als Frau …).
2. Erlebtes wird durchweg negativ ausgelegt. Der Betroffene schätzt sich wert-, nutzlos und unfähig ein (Wusste ich doch. Ich habe es wieder nicht geschafft).
3. Die Erwartungen der Zukunft sind düster (Das kann nicht klappen. Was da alles passieren kann …)

„Wir erleben kein Abbild von dem, was draußen ist. Wir erleben, was aus diesen Reizen erzeugt wird und bewundern diese Arbeitsleistung unseres Gehirns. Es entscheidet, was wir wahrnehmen."[67] Der Frankfurter Philosoph Thomas Metzinger bringt es auf den Punkt. „Wir fräsen uns einen Egotunnel in den Kosmos – das nennen wir unser Ich."[68] Aus dieser Gedankenkonstruktion heraus, glauben wir, zu wissen, wer wir seien. Vielleicht ist dies der größte Trugschluss, dem wir in unserem Dasein aufsitzen können. „Jeder Mensch erfindet sich früher oder später eine Geschichte, die er für sein Leben hält", beschrieb Max Frisch dieses Phänomen in seinem Roman „Mein Name sei Gantenbein.[69] Wenn wir uns schlecht, müde, depressiv und kraftlos fühlen, fließt der Fokus unserer Aufmerksamkeit genau auf dieses Ziel. Außer diesem scheint nichts zu existieren. All unsere Antennen sind auf die Signale dieses Senders ausgerichtet. Willkommen im Knast unserer Gedanken. So steckt der Geist in

Einzelhaft. Keine andere Botschaft ist in der Lage, zu uns durchzudringen. Wir sind abgeschottet und fokussiert. Wie in einem Strudel zieht uns der gefühlte Zustand mehr und mehr fort vom Rest unserer Wahrnehmung, verstärken sich die Wirkungsfaktoren weiter.[70] So spüren wir nicht, wie sich der Effekt des Phänomens weiter verstärkt.[71]

Wer Zahnschmerzen hat, für den bündeln sich das Erfassen und Vorhandensein der Welt auf einen Punkt. Für einen vom pochenden Schmerz Gepeinigten existiert nichts außer seiner Kümmernis. Doch das ist ein Trugschluss. Es gibt eine Welt jenseits des Zahnschmerzes, grenzwertiger Vorgesetzten, Kollegen und eigenerzeugten Problembewusstseins. Selbst wenn wir seelisch am Boden liegen, sind alle unsere Potentiale noch vorhanden. Wir haben lediglich den Bezug zu ihnen verloren. Höchste Zeit, Wege zu diesem inneren Eldorado unseres geistigen, körperlichen und seelischen Vermögens zu finden.

Eines sei an dieser Stelle besonders betont: Die vorgestellten hypnosystemischen Methoden nutze ich seit langem für die in der Persönlichkeits- und Unternehmensentwicklung nötigen Anforderungen, um Menschen und Unternehmen erfolgreich zu fördern. Ich arbeite nicht als Arzt, Psychologe oder Psychotherapeut. Meine Arbeit ist Entwicklung, einige nennen sie Coaching und Supervision, nicht Therapie oder Heilung; auch wenn es am Ende des Tages auf einen gleichen Effekt hinauslaufen kann. Obwohl die Grenzen zwischen Therapie, Entwicklung und Supervision fließend sind, sei genau beschrieben, was ich unter meiner Arbeit verstehe: Persönlichkeits- und Unternehmensentwickung „ist eine absichtsvoll herbeigeführte Beraterbeziehung, deren Qualität durch Freiwilligkeit, gegenseitige Akzeptanz, Vertrauen und Diskretion zwischen den beteiligten Personen bestimmt wird“[72]. Meine Arbeit ist „keine verdeckte Psychotherapie für Manager“ sie richtet sich „an ‚gesunde‘ Personen und widmet sich vorwiegend den Problemen, die aus der Berufsrolle heraus entstehen.“[73] Der Körper beeinflusst den Geist, das können wir gezielt für uns nutzen.

4.4 Worauf können wir bauen, wenn sich alles ändert?

Ein Blick auf die gegenwärtige Arbeitswelt zeigt: Die Dinge gestalten sich stetig schwieriger und anspruchsvoller. „Kann ich dem allen auch in Zukunft gerecht werden?“ Diese Frage dürfte jedem halbwegs vernünftigen Zeitgenossen immer wieder durch den Kopf gehen. Gegenwart und Zukunft sind zu unsicheren Zonen geworden. Was einst Orientierung gab, gilt heute mehr. „Wie sollen wir zu fernen Welten aufbrechen, wenn wir nicht wissen, was hinter dem Horizont liegt?“, so seufzte vor Jahren einer meiner Mandanten auf der weltgrößten Agrarmesse in Hannover.[74] So wie es ihm ging, so geht es uns in der globalisierten Welt immer öfter. Eben noch glauben wir, eine Situation zu beherrschen, schon ändern sich grundlegende Daten, die Planungen von gestern werden urplötzlich zum Altpapier von heute. An diesem Lauf der Welt können wir nichts ändern. Das ist so, das wird so bleiben, das wird sich weiter verstärken. Es wird immer unwahrscheinlicher, Entwicklungen voraussagen zu können. Obwohl die Wahlforscher dachten, das Verhalten der Wähler bis aufs Komma voraussagen zu können, war der Ausgang der US-Wahl für sie eine schallende Ohrfeige. Donald Trump machte das Rennen. Das bedeutet, dass sehr viele unserer als kalkulierbar geglaubten Gewissheiten Schnee von gestern sind. Mögen die Auswirkungen daraus vielen Führungskräften Kopfzerbrechen bereiten, unser Gehirn ist in der Lage, auch diese Hürden der Zukunft zu nehmen. Jetzt ist die Zeit, jetzt brechen neue Knospen auf am Strauch des frischen neuen Denkens!

„Management ist tot", mit diesem markanten Satz schlägt Business-Vordenker Niels Pfläging argumentative Pflöcke ein, die es in sich haben.[75] Obwohl es immer noch wie ein Untoter aus einem Horrorfilm in den Unternehmen herumgeistere, sei seine Zeit längst vorbei. Unter Management versteht Pfläging eine gewohnte Definition von Führen und Organisation nach alter Väter Sitte. Nämlich: Der Chef gibt die Richtung vor und das Team folgt als brav hinterhertrottender Tross. Diese Methode sei längst von der Wirklichkeit der globalisierten Welt überholt worden. „Man kann nicht intern steuern, wenn draußen der Markt regiert und uns ständig überrascht. Heute übt der Markt mit seiner Dynamik brutale Macht auf Organisationen aus."[76] Für seine markanten Statements wird Pfläging selten geliebt. Mächtig sägt er am Baum des Gewohnten, gilt in der Branche mittlerweile als „Management-Exorzist"[77] Das schmeckt nicht jedem, der die gewohnten Muster und Netzwerke in alter Form erhalten möchte. Wie schön war's doch, von oben herab zu delegieren, in der Gewissheit, den Niederungen des Alltags entschwebt zu sein. Diese Illusion ist geplatzt wie eine Seifenblase. Das war einmal. Pflägings Botschaft: Die klassische Oben-Unten-Hierarchie gehört der Vergangenheit an. Überlebensfähig sind dezentrale Einheiten mit einem Höchstmaß an Selbstbestimmung vor Ort und bei den Mitarbeitern. Darauf müssen allerdings sowohl das Team als auch seine Führungskräfte vorbereitet sein, um an einem Strang und in eine Richtung zu ziehen. Nur so haben die Führenden Folgende.

Bei diesen Sätzen wird es der einen oder anderen Führungskraft kalt den Rücken herunterlaufen. Die Mauern gewohnter Hierarchien wanken, zeigen Risse, stürzen ein. Das klingt schlimm, doch sind wir dafür gut gerüstet. Unser Hirn steht dafür in den Startlöchern, heiß darauf, neue Netzwerke zu bilden, frische Verbindungen, mit denen wir auch diesen Herausforderungen selbstbewusst entgegentreten können. Unser Hirn will es, doch was wollen wir? Sehen wir bei allen Gefahren die Möglichkeiten, oder stimmen wir wieder den gewohnten Klageton an? Eines ist sicher, auch dieses Mal werden wir nicht allen gerecht werden können. Vielleicht muss sich die Zahl unserer Fehler sogar sprunghaft erhöhen. Da niemand weiß, was kommt, bleiben uns nur zwei Alternativen. Sitzenbleiben wie das ängstliche Kaninchen vor der Schlage oder kraftvoll die sich bietenden Gelegenheiten beim Schopfe zu ergreifen.

„Die Komplexität der Gesellschaft wächst sogar noch schneller als die Rechenleistung der Supercomputer", betont der Soziophysiker Dirk Helbing[78] „Die Größe der Herausforderung übersteige die Wirkungsmöglichkeiten klassischer Lösungsansätze." Sein Credo: Wir brauchen eine von innen heraus gesteuerte, autopoietische, intelligente Selbstorganisation. Dazu sei eine optimale Balance von Konzentration, Flow, Spaß und Entspannung im Team nötig. Wenn der Strom zwischen Bewusstsein und Unterbewusstsein machtvoll fließen kann, sind dafür die besten Voraussetzungen vorhanden. Kopf und Bauch arbeiten im Team, laufen nicht Gefahr, sich wieder in alte Muster zu verlieren. Der Segen liegt in der Kombination und Kooperation von beiden. „Wir müssen möglichst gute Ideen mit an Bord nehmen, damit wir klügere Entscheidungen treffen können."[79] Helbing meint klügere, nicht richtige. Wie es wird, kann niemand sagen. Die Kunst des Kaffeesatzlesens hat sich auch im 21. Jahrhundert nur als eine sehr übersichtliche Methode der Zukunftsschau erwiesen. Heute in der Arbeitswelt bestehen zu können, bedeutet, lernfähig zu bleiben, bereit zu sein, dauerhafte Instabilität auszuhalten. Unwägbarkeiten werden den Blick der Zukunftsschau mehr und mehr eintrüben. Von wegen klare Sicht und volle Kraft voraus! Das war einmal. Das „Macht mal eben schnell", der organisatorische Schnellschuss werden zum Dauerzustand im Arbeitsalltag. Wie beim Wellenreiten geht es um fließende Prozesse und dauernde Rückkopplung mit den Wechselwirkungen des Umfelds. Neben einem „zu wissen, wie es geht" bekommt der Aspekt des „ich traue mich, es zu wagen" wesentliches Gewicht. So gesehen stechen wir täglich zu einer Odyssee in See, von der wir außer dem Ziel nicht viel kennen. Seien Sie versichert, dass es anders kommen wird, als geplant. Für dieses „anders kommen" sind wir mit unserem Gehirn bestens gerüstet, trotzdem werden die Wege anspruchsvoll sein. Die gesamte Arbeitswelt ist im Fluss, aber wir sind gerüstet.

Stabilität entsteht durch das Aushalten von Instabilität

Wer versucht, auf einem Surfbrett Stabilität zu erzeugen, den haut die Welle vom Brett. Wer erfolgreich surft und sich oben hält, schafft dies, weil er in der Lage ist, Instabilität auszuhalten. Jeder noch so kleine Impuls

aus Wind, Wellen und Wasser wird genutzt und gezielt in den Dienst des Wellenreitens gestellt. Welche Welle wann und mit welcher Energie heranrollt – niemand kann es voraussagen. Es geht stets um die im Moment zu lösende Herausforderung. Das ist wie beim Walzertanzen. In der Tanzschule oder im Club ist das noch relativ einfach. Doch wehe, Sie versuchen, die kunstreichen Figuren mit gleicher Raumbreite auf einem Presseball zu tanzen. Das wird nur schwer gelingen. Hier tanzen Zeitgenossen, die mehr aufrecht stehen als sich tanzend zu bewegen. Folglich muss der führende Herr stets vorausschauend und der Situation entsprechend denken: „Wo gibt es Engpässe, wo gibt es Platz?" Aus dieser Einstellung und Flexibilität muss er den Raum für die fließende Bewegung finden. Seien Sie versichert: Immer kommt ihnen jemand entgegen, steht im Weg, wie etwa eine Säule, oder Kameraleute werden Ihren Tanzweg kreuzen. Wer stur nach Schema F tanzt, rammt seine Dame garantiert vor irgendein Hindernis, um danach alleine auf dem Parkett über die Entwicklungsmöglichkeiten seiner tänzerischen Flexibilität nachdenken zu können. Keine Frau hat Lust, als Rammsporn in einen Pulk von Smokingträgern gedonnert zu werden. Was auf der Tanzfläche gilt, trifft in gleichem Maße auf unsere Berufswelt zu.

Der Report „The Future of Jobs" des World Economic-Forums aus dem Jahr 2016 bezeichnet das Lösen komplexer Probleme als die entscheidende Fähigkeit für die Arbeitswelt der Zukunft.[80] Hier gilt es, komplizierte Pirouetten zu drehen, im Takt zu bleiben, während wir gleichzeitig offen bleiben für Improvisation und zieldienlichen Freestyle. „Manchmal müssen sie halt einen Schuss ins Blaue riskieren", empfahl Dr. McCoy, Schiffsarzt des Rauschiffs Enterprise, seinem Kollegen Mr. Spock dereinst. Es ging um den Kurs für die Heimreise. Keiner kannte ihn, trotzdem wollten alle nach Hause. Wenn der Plan mit den Dienstanweisungen nach Vorschrift ins Altpapier gewandert ist, schlägt die Stunde des Neuen. Dafür braucht es zieldienliche Handlungsfähigkeit, brauchen wir ein harmonisches Zusammenspiel von Kopf und Bauch. Auch in den nächsten fünf Jahren, so die

Future-Studie, werde sich an den Lösungsherausforderungen für knifflige Aufgaben nichts ändern.

Wie nötig diese Fähigkeit der zieldienlichen Flexibilität ist, dafür reicht ein Blick auf das eigene Leben: Versetzungen, Pleiten, Fusionen, neue Arbeitsstellen, Trennungen oder der Drahtseilakt, den eigenen Beruf mit seiner Familie unter einen Hut zu bekommen, beweisen: Unser Leben ist so facettenreich, dass Vorhersagen unsichere Unterfange werden. Wer den Bund der Ehe eingeht, sollte sich darüber im Klaren sein, dass er oder sie nicht wissen, was sie tun; es gar nicht wissen können. Der Hase läuft nicht mehr wie früher, heute springt er im Quadrat. Eben noch wähnten wir uns glücklich verheiratet. Von jetzt auf gleich kündigt ihre bessere Hälfte die Ehe auf und sucht das Glück an der Seite einer bindungsscheuen Person, mit der es bereits vor einer gefühlten Ewigkeit schief ging, an der sie sich jahrelang vergeblich die Zähne ausgebissen hat. Da schleicht der Wahnsinn langsam um die Ecke und bietet uns das Du an. Ein Gegenmittel? Fehlanzeige! Was zählt, ist die Kunst, mit diesem Wellenschlag des Schicksals klarzukommen. Unsere Selbstbefähigung, in diesem Leben bestehen zu können, ist so, als würden wir mit unterschiedlich schnell fliegenden Objekten jonglieren, während uns plötzlich jemand die Augen zuhält.

Worauf unser Arbeits- und Berufsleben zusteuern, ist eine Mixtur aus Unwägbarkeiten. Wer Belegschaften weiterhin an ein Unternehmen binden will, muss Führung neu denken.[81] Peter Kruse hat sie bei seinem Vortrag „Kompetent, kollektiv oder katastrophal?“ 2013[82] umrissen. Er sieht drei zentrale Themenfelder, die uns herausfordernd im Weg stehen:

1. Komplexitätsfalle
2. Machtverlagerung
3. Kernschmelze des Identitätskerns

Sein Tenor: Vorsicht vor detaillierten Vorhersagen. Langfristige Prognosen hält er in Zukunft kaum noch für möglich, gleiches gelte für Planbarkeit. „Weltweit steigt die Vernetzungsdichte der Systeme. Niemand kann mehr sagen, wohin die Reise geht. Führung droht in eine Komplexitätsfalle zu laufen. Die Grundlage für unsere Entscheidungen wird immer vager und schwieriger.“[83] Im Aushalten von Komplexität sieht er das Thema unserer Zeit. „Nur dann hat unser Gehirn eine Chance, Muster zu erkennen.“[84] Das bedeute, Nichtverstehen und Intuition, das Fühlen und Horchen auf das Bauchgefühl, der „unscharfe Blick“ des Entscheiders müssen zugelassen werden. „Ohne den Umgang mit Komplexität kann sich Führung nicht mehr orientieren. Nicht der einzelne Vordenker ist in der Lage, Komplexität zu stemmen, dafür werden Netzwerke gebraucht, also die Vielen.“[85] Anpassungsfähigkeit und Problemlösungskompetenzen sind die Währungen der Zukunft. Wer noch glaubt, im Hamsterrad den Konzepten von gestern nachjagen zu müssen, verschwendet seine Kraft.

„Vom oben nach unten zum Miteinander"

Wenn sich weltweit immer mehr Menschen vernetzen, lasse sich immer weniger voraussagen, wie sich diese in bestimmten Situationen verhalten werden. Jeder Shitstorm im Internet zeige, welche lawinenartigen Auswirkungen dies nach sich ziehen könne. Erhöhe sich die Vernetzung, verschiebe sich die Macht im System. Ob etwas Bedeutung hat, entscheide der Empfänger, nicht der Sender. Dies stellt vor allem Führungskräfte vor ungeahnte Herausforderungen. Wer dem alten hierarchischen Denken weiter anhängt, den bläst der Wind des Wandels zügig über Bord. Vorgesetzte und Belegschaften müssen ihr Zusammenspiel vollkommen neu definieren.

„Märkte sind Gespräche – die Vernetzung erzwingt die Demokratisierung der Systeme. Leadership muss umschalten – von oben nach unten zum Miteinander."[86] Macht verlagere sich auf viele, Macht werde verteilt. Die Führungskraft wandle sich vom Kontrolleur und Vordenker zum Teilnehmer und Impulsgeber in Netzwerken. „Wer in Netzwerken Einfluss ausüben möchte, muss wissen, was dort resonanzfähig ist. Menschen wollen nicht in Strukturen tätig sein, sondern in Netzwerken."[87] Die Folge: Probleme und Aufgaben werden nicht mehr von Einzelnen, sondern im Team gelöst.

Die schwäbische Maxime „Einmal Daimler, immer Daimler" verliert an Gewicht. Heute wandele sich Arbeit als identitätsstiftender Faktor zum Weg des lebenslangen Hinzulernens. „Die Frage lautet: Ist das, Arbeitgeber, was mir angeboten wird, für meinen Lebensweg sinnvoll? Zusammenarbeit, ja, doch nicht zwangsläufig dauerhaft. Damit fällt die alte hierarchische Definition von Führung in sich zusammen, die sich so versteht, dass das Denken oben stattfindet und das Machen unten. Leadership wird von der sicherheitsstiftenden Autorität zum entwicklungsbegleitenden Coach."[88]

Das erzeugt Angst vor dem Unbekannten. Belegschaften, Führungskräfte und Unternehmer müssen lernen, für diese Arbeitswelt einen tragfähigen Mehrwert zu liefern: die Mitarbeit, das Einbringen, die Ideen, die Kritik der Mitarbeiter. Das ist das Salz in der Suppe zukünftiger Entwicklung zur Freiheit. Vorbei die goldenen Jahre, in denen das Denken und Führen nur bis zum Tellerrand der eigenen Abteilung ging. Eine Unternehmung, die ohne Kopf geführt wird, ist ebenso orientierungsfrei unterwegs wie eine Führungskraft, der die Beine und Arme der ausführenden Mitarbeiter fehlen. Die neuen Anforderungen im Berufsleben hebeln alte Führungsprinzipien aus.

5 Es gibt ein Leben vor dem Tod

Stell' dir vor, du hast die Macht und wendest sie für dich an

In diesem Kapitel erfahren Sie, welche Kräfte aus dem eigenen Unterbewusstsein für unsere Entwicklung im Guten wie im Schlechten genutzt werden können. Was ist zu tun, um dem eigenen Lebensweg eine erfolgsversprechende Perspektive zu geben? Sein Leben wieder zu rocken, darum geht es. Vielleicht sind wir längst dort, wo wir hinwollen, Auf jeden Fall können wir viel mehr, als wir uns bislang vorstellen konnten.

Mehr als 40 Jahre ist es her, dass der Liedermacher Wolf Biermann eine Platte mit diesem Titel herausbrachte „Es gibt ein Leben vor dem Tod". Er hat Recht: Da schlummert noch eine Menge Vitalität in uns, bevor wir irgendwann abtreten. Ein Dasein voller Saft und Kraft, das danach lechzt, sich in der prallen Schönheit seiner Möglichkeiten zu entfalten. Jede Menge Zeit, vielleicht Jahrzehnte, warten darauf, mit Inhalten gefüllt zu werden. Egal wie lang oder kurz der Weg bis zur Bahre ist, es lohnt sich, darüber nachzudenken, was wir damit anfangen. Unser Hirn existiert immer im Augenblick.[1] Tun wir dies auch? Leben wir im Jetzt oder wollen wir, wie viele, stets woanders hin; weg von dem Ort, an dem wir uns aktuell aufhalten? Zu diesem Gefühl tragen Werbung und Medien jeden Tag ein gerütteltes Maß bei. Dauernd laden sie uns ein zur Unzufriedenheit mit dem Bestehenden. Bis gerade waren wir noch zufrieden mit unserem Leben, aber plötzlich sehen wir, dass es jetzt schon ein neues Handy, Cabrio oder diesen oder jenen Schnickschnack gibt, der vermeintlich NOCH MEHR kann als das, was wir besitzen. Die Folge: Wir werden unzufrieden, plötzlich ist das, was wir haben, nicht mehr genug. In uns wächst der Wunsch, zu kaufen. Wie gerne nehmen wir dieses Angebot an? Die Jagd zu diesen Zielen wächst sich zu einer Hetze im Hamsterrad unserer täglichen Zwickmühlen aus. Zwar wissen wir, dass in diesem kreisenden Käfig durch Vorwärtslaufen nichts erreicht werden kann. Trotzdem verfallen wir immer wieder in alte Verhaltensmuster. Wir versuchen, das, was sich längst als erfolglos herausgestellt hat, durch größeren Einsatz zu erzwingen. Da dies nicht klappt, legen wir uns mit noch mehr Kraft ins Zeug. Zwar ist die Tür verschlossen, doch rütteln wir weiter an der Klinke – erfolglos. Am Ende wissen wir nicht mehr, ob wir vorwärts gehen oder einfach dem Ganzen davonlaufen wollen.

Wer flieht, flüchtet vor einem Gegner, dessen Eindruck übermächtig erscheint. Ein überstürzter Rückzug gehört zu den eingespielten Verhaltensweisen bei unseren täglichen Ausbruchsversuchen aus dem Arbeitsknast. Von außen prasselt eine stressende Breitseite nach der anderen auf uns ein: Kollegen, Vorgesetzte überquellende Schreibtische und E-Mail-Konten. Unsere Arbeit kreist in einer nicht enden wollenden Schleife. Wo wir uns an deren Ende wähnen, türmt sich bei jedem Ankommen neue Arbeit auf. „Muss nur noch kurz die Welt retten,... noch 148 Mails checken..." Der Song von Tim Bendzko trifft den Nagel hervorragend auf den Kopf. Das Hamsterrad der Zermürbung dreht sich rasend und konstant. Das Gefühl des Eingesperrtseins wächst sich zu einer mentalen Schraubzwinge aus. Schon ein Gedanke an das Füllhorn unserer Aufgaben reicht aus, um uns die Brust zu verengen, nimmt uns den Atem. Das Motto lautet: Bloß raus hier!

Wir glauben, dass der Stress allein von außen kommt. Diese Vorstellung ist grundfalsch. Neben den Herausforderungen, die täglich auf uns einprasseln, gehören innere Antreiber zu den wesentlichen Unruhestiftern. Das Fatale: Sie sind Teil unserer Persönlichkeit. Auch wenn es Ihnen über die Hutschnur geht. Dies ist die ungeschminkte Wahrheit.

So, wie wir unser Erleben augenblicklich neu erzeugen, tun wir dies mit unseren inneren Antreibern. Sie gehören zu uns, entsprechen einer tiefen Sehnsucht, dazuzugehören und, vielleicht endlich, den Dingen gerecht zu werden. Wir brennen darauf, wertgeschätzt zu werden. Wir wollen es gut machen, möchten dafür geliebt und anerkannt werden. So rasen wir dahin, rütteln an den Gittern unseres Arbeitsknastes, getrieben von der Hoffnung, dass wir irgendwann jenen ersehnten Zustand erreicht haben, an dem es genug ist. Im Traum sehen wir abgearbeitete Aufträge, leere Schreibtische, geleerte E-Mail-Postfächer und der Chef grinst zufrieden im Kreis. Diese Sehnsucht entspringt einem inneren Herzenswunsch nach Ruhe und Zufriedenheit. Das Fatale an dieser Vorstellung: Sie ist eine Illusion, die niemals eintreffen wird. Wir tun gut daran, den Glauben aufzugeben, jemals allem gerecht werden zu können. Das ist in unserer heutigen Zeit nicht mehr möglich. Wer es erkennt, ist klug. Sehen wir dem Phänomen in die Augen, dies ist nicht zu schaffen. Dies ist kein Aufruf zur Arbeitsverweigerung, sondern ein Appell an unsere Intelligenz und unser Selbstvertrauen.

Als vor Jahrzehnten das Eisenhower-Kreuz zum heiligen Gral der Zeitplanung und des Selbstmanagements ausgerufen wurde, dachten die Zeitmanager, dass durch konsequentes Aufteilen und Strukturieren dem Moloch Arbeit beizukommen sei. Welch ein Trugschluss. Heute hat jeder von uns fünfzig und mehr Themen auf der Agenda, die alle wichtig und dringend sind. Wir bräuchten 48 und mehr Stunden, um das zu bewältigen, was wir uns für einen einzigen Tag vornehmen. Planung und Planbarkeit scheinen sich in Wohlgefallen aufgelöst zu haben. Ein Klient von mir hat dies akzeptiert. In seinem Handwerksbetrieb mit zwölf Monteuren hat er jahrelang jeden Freitagnachmittag die kommende Woche durchgeplant. Das Frustrierende: „Bereits am Montagmittag konnte ich die gesamte Wochenplanung über den Haufen werden. Hier ein Kunde, dort ein Anruf. Planbarkeit, das war einmal." Bei aller Leidenschaft, allem Einsatz auf der Arbeit und im Beruf bleiben uns Bandbreiten, es bestmöglich schaffen zu wollen. Es zu vermögen, ist eine Illusion. Um Ruhe zu finden, müssen wir uns von dem Gedanken verabschieden, alles auf unserer Agenda perfekt abarbeiten zu können.

Für ein Leben vor dem Später, dem Vielleicht, dem Irgendwann

Wie teuflisch sich das im Alltag präsentiert, zeigt ein Blick auf den Virgin-Konzern. Dessen Chef Richard Branson propagiert offen, dass jeder aus seiner Belegschaft so oft Urlaub nehmen könne, wie er oder sie wolle.[2] Diese Entscheidungskompetenz habe jeder in seinem Virgin-Team. Allerdings steckt der Teufel im Detail. Eine Voraussetzung für den Urlaub, so Branson an seine Belegschaft: Nehmen Sie ihn nur, „wenn Sie sich 100 Prozent wohl damit fühlen und sicher sind, dass Sie und Ihr Team bei jedem Projekt im Zeitplan liegen und Ihre Abwesenheit in keiner Hinsicht das Unternehmen schädigt – und übrigens auch Ihre Karriere!" Damit jedoch führt sich das System ad absurdum. Schließlich ist die Arbeit nie getan, erledigt oder beendet. Heute arbeiten die Netzwerke, Rechner und Systeme rund um die Uhr an sieben Tagen in der Woche. Wie unsichtbare Tentakel und Greifarme durchsetzen sie unser gesamtes Leben. Handy und Laptop bleiben auch nach Feierabend an, werden mit in den Urlaub genommen. Beobachten Sie sich selbst, wie oft Sie immer wieder auf Ihr Handy schauen, Mails checken wollen, nachsehen möchten, was in der Welt gerade passiert. Aus der Angst, etwas zu verpassen, haben wir Handy, Tablet und Laptop zu den Herzschrittmachern unseres Lebens gemacht. Und ganz tief drinnen pocht das Unbehagen, dass sich die Welt ohne uns weiterdrehen könnte.

Der Bundesdrogenbeauftragte tritt dafür ein, Internetsucht als Krankheit zu definieren.[3] Die Zahl der Betroffenen soll mittlerweile in die Millionen gehen. Fühlen Sie sich sogar gefährdet? An diesem Punkt muss gehandelt werden. Setzen Sie eine Priorität, treffen Sie die einzig richtige Entscheidung. Entscheiden Sie sich für ein Leben vor dem Später, dem Vielleicht oder dem Irgendwann. Entscheiden Sie sich für ein Leben vor dem Tod, für ein Bestehen im Jetzt. Willkommen in der Welt des Unfertigen! Machen Sie Feierabend, obwohl nicht alles erledigt ist. Ziehen Sie den Stecker, drücken

Sie den Netzschalter – aus die Maus! Dann beobachten Sie an sich selbst, wie sehr unsere digitalen Helferlein, statt Freiheit zu vermitteln, zu Fesseln geworden sind. Wer glaubt, ohne ein dauernd eingeschaltetes Handy nicht mehr existieren zu können, präsentiert deutliche Anzeichen, die auf Suchtverhalten schließen lassen. Hier kann das Abschalten segensreich wirken. Wir können in diesen Zeiten nicht allem gerecht werden.

Wer glaubt, Zufriedenheit und Glück erst erleben zu dürfen, wenn alle Mails gecheckt und bearbeitet sind, die Welt gerettet ist und alle Kunden glücklich sind, sitzt einem Irrtum auf. Das ist nicht möglich. Die Gitterstäbe und Mauern dieses Arbeitsknastes wären unüberwindbar, ein Ausbruch unmöglich.

Zufriedenheit und Entwicklungsfreiheit können wir erlernen, indem wir das Gefühl der Unzufriedenheit als Ausholbewegung nutzen, um dadurch innere Ruhe zu finden. Wie auf dem Surfbrett lässt sich Stabilität nur durch das Aushalten ständiger Instabilität erzeugen. Gewöhnen wir uns an dieses Gefühl der Ungewissheit und die Einsicht, dass wir auch an diesem Tage mal wieder nicht allem gerecht werden können. Diese flexiblen Faktoren gehören zum Grundrauschen unseres Daseins. Das wird so bleiben und ist gleichzeitig eine Einladung zur Handlungsfähigkeit. Die fließende Bewegung, das ständige Rückkoppeln mit den Abläufen hält uns auf dem Surfbrett.

Den Augenblick zu ergreifen, darum geht's in Goethes Faust.[4] Daraus lassen sich Tatkraft und Zuversicht ableiten. Zwar ist der Zugriff im Moment ohne Garantie auf ein Gelingen, doch wird durch ihn das Fundament gelegt, auf dem kommende Entwicklung wachsen kann. Dieses Erkennen entscheidet, das Alte zu verlassen, um einen Schritt in Richtung neuer Wege zu riskieren. Darüber nachzudenken, ist der Beginn der eigenen Entwicklung. Eingesperrt im Job zu sein, mag auf den Moment zutreffen. Die Frage ist, ob es dabei bleiben muss. Der Ausbruch aus dem Arbeitsknast beginnt im eigenen Kopf. Wozu der in der Lage ist, was Bewusstsein und Unterbewusstsein vermögen, haben wir auf den Seiten zuvor kennengelernt. „Wer nach außen sieht, träumt. Wer nach innen sieht, erwacht", so sagte es der Psychoanalytiker und Freud-Schüler Carl Gustav Jung.[5] Daraus ergeben sich faszinierende Möglichkeiten, dem eigenen Leben neue Perspektiven zu geben. Stück für Stück haben wir eine Vorstellung unserer Talente und Potentiale kennengelernt. Doch das ist gar nichts gegen die Fähigkeiten, die noch in jedem von uns schlummern. Stell sie sich vor, sie haben die Macht und wenden sie für sich an. Wir müssen lernen, digitale Welten zu verlassen und uns auf das Hier und Jetzt zu konzentrieren.

Opium fürs Jetzt – ganz aus dem inneren Selbst erzeugt

Das Vertrösten auf ein besseres Leben einer unklaren Zukunft war ein historisches Kalkül, die Menschen trotz aufreibender Lebensumstände bei Laune zu halten. Lassen wir Seelenheil und Jenseits einmal außen vor. Jahrtausende sind die Menschen auf ein ungewisses Später vertröstet worden, um in den Sümpfen einer menschenverachtenden Gegenwart die Nase immer gerade über dem Schlamm halten zu können. Das Prinzip „Brot und Spiele" hat sich seit den Römern bis in heutige Fernsehformate hinübergerettet. Ablenkung durch Beschäftigung, das hatte bereits Goethe erkannt: „So dass die Menge staunend gaffen kann, da habt Ihr in der Breite gleich gewonnen."[6]

Karl Marx hat aus dieser Perspektive Religion als Opium fürs Volk bezeichnet. Dieser Standpunkt ist mehr als verständlich, führen wir uns die Lebensbedingungen der breiten Masse der Bevölkerung in den zurückliegenden Jahrtausenden vor Augen. Macht und Angst verhinderten lange ein Aufbegehren. Dieses Spiel haben die Herrschenden zusammen mit der heiligen Mutter Kirche in Jahrhunderten perfektioniert. Die Panik vor Kerker, Fegefeuer und Hölle machte die Menschen handzahm. Gegenwart, das war jener Ort der Mühsal, an dem man sich bis zur Erschöpfung abzuarbeiten hatte. Wir dürfen nie vergessen, dass dies bis heute der Alltag für einen Großteil der Menschheit ist. Worüber wir uns den (westlichen) Kopf zerbrechen, sind für viele Menschen auf der Welt Luxusprobleme.

„Menschen mit leeren Bäuchen verzweifeln nicht am Universum – ja, sie denken nicht einmal daran", sagte einst George Orwell.[7] Trotzdem ist der Hunger auf ein besseres Leben ein Antrieb, zu besseren Zeiten aufzubrechen. Aus der Mühe erwächst die Entwicklung unter Belastung. Entscheidend ist das Wollen. Wer das, was er tut, will, setzt gewaltige Kräfte frei. Heute wissen wir, dass unser Körper in der Lage ist, Glückshormone und körpereigene Stoffe auszuschütten, welche der beschwingenden Wirkung des Opiums so nahe kommen, dass ein Unterschied kaum noch zu merken ist.[8] Wenn unser Körper das vermag, dann lassen wir ihn doch machen. Opium fürs Jetzt, ganz aus dem inneren Selbst erzeugt. Das ist ein Trip, über den es nachzudenken lohnt.

Wer sich mit Leidenschaft in Aufgaben stützt, die einer Berufung nahekommen, kann diesen Effekt an Körper, Geist und Seele erleben. Durch das Aufgehen im Tun feuern wir uns von innen heraus immer wieder weiter an. Diese positiven Rückkopplungsschleifen werden „Flow"[9] oder „Runner's High" genannt. Im Jahr 2015 gelang der wissenschaftliche Beweis, dass unser Körper bei bestimmten Belastungen Cannabinoide ausschüttet, welche diesen Zustand der Euphorie auslösen.[10] Menschen beschreiben ihre Orgasmen als ähnlich anregend für die Lust auf noch viel mehr. Wer einmal aus dieser Quelle trank, kehrt gerne zu ihr zurück.

Hypnosystemische Entwicklung bedeutet systematisches Arbeiten mit unwillkürlichen Prozessen.[11] Nutzen wir die Abläufe unseres Unterbewusstseins, um sie gezielt für Beruf und Privatleben einzusetzen. Fjodor Michailowitsch Dostojewski schreibt in seinem Roman „Die Dämonen": „Alles ist gut. Der Mensch ist unglücklich, weil er nicht weiß, dass er glücklich ist. Nur deshalb, das ist alles. Wer das erkennt, der wird gleich glücklich sein. Sofort, im selben Augenblick."[12] Öffnen wir den Blick für das Eldorado unserer Fähigkeiten. Beginnen wir, darüber nachzudenken, wie diese Potentiale angewendet werden können. Stell dir vor, du bist der Schatz und fängst an, dies zu begreifen.

Was so banal klingt, lohnt einen tieferen Gedanken. Wir laufen Gefahr, uns in der täglichen Routinejagd der Sachzwänge aufzureiben und für Perspektiven zu erblinden. Mit einem „Weiter so" werden wir in unserem Marathonlauf eines „Schneller, höher, weiter" eher früher als später scheitern. Folglich stellt sich die Frage nach möglichen Alternativen. Unsere Existenz ist zu wertvoll und kurz, als dass wir sie im Gefängnis unseres Arbeitsknastes oder auf der Suche nach dem Kick in überdrehten Hobbyabenteuern aus den Blick verlieren dürfen.

Aus der Gestaltung der Gegenwart erwächst die Bedeutung, die wir unserer Vergangenheit sowie unserer Zukunft geben können.[13] Diese Gestaltung des Augenblicks ist immer möglich, mögen uns äußere Zwänge oder Befindlichkeiten noch so zusetzen. Wir erinnern uns: Das, was in uns jammert, tobt, sich quält, ist stets nur eine Seite von uns. Das sind wir nicht als ganzer Mensch – nie![14] Achten wir diese vielleicht klagende Seite, schätzen wir sie Wert, vielleicht wünscht sie sich Zuneigung und Anerkennung, die ihr bislang nie zu Teil wurde. Wieder ist dies ein erster Entwicklungsschritt. Werfen wir einen Blick auf jene Sprünge, zu denen wir außerdem in der Lage sind, ohne es zu wissen.

Das Leben wieder rocken

Das Zusammenspiel zwischen Geist und Körper ist bekannt. Warum es nicht für die Persönlichkeits- und Unternehmensentwicklung positiv nutzen? Wir erinnern uns: Dinge an sich haben keine Bedeutung, Bedeutung wird gegeben. Kein Vorgesetzter, Kollege, Lebensumstand ist blöd, gut, doof oder faszinierend. Wertungen dieser Art sind immer eine persönliche Schöpfung. „Alles, was du dir vorstellen kannst, ist real. Wenn es nur eine Wahrheit gäbe, könnte man nicht hundert Bilder über dasselbe Thema malen", sagte Pablo Picasso, einer der größten Künstler des 20. Jahrhunderts.[15] Jeder von uns konstruiert sich seine Welt selbst – im Guten wie im Schlechten. Paul Watzlawick: „Die Wirklichkeit wird von uns er-, nicht gefunden.“[16]

Lebenskrisen, Probleme, berufliche und private Herausforderungen erfordern heute viel Energie, wollen wir im Sturm unseres Alltags bestehen und auf Kurs bleiben. Ich begleite Menschen dabei, ihren Weg zu Entwicklung und Eigenverantwortung wiederzufinden. Sie tun dies, nicht ich. Die Fähigkeiten dazu hat jeder, leider ist die Verbindung zu ihnen bei vielen von uns unterbrochen. Egal, wie oft wir es versucht haben, die Leitung ist gekappt – kein Anschluss unter dieser Nummer. Meine Aufgabe ist es, Entwicklungseinladungen auszusprechen, geistige und seelische Mauern zu erkennen, damit der Betroffene diese Stück für Stück abtragen kann. Ohne ideologische Scheuklappen denke ich diesen Prozess konsequent vom Menschen her. Was brauchen er oder sie, um aus vielleicht jahrelangem Leid zurück zur Entwicklung zu kommen? Der Weg ist das Ziel. Welcher das ist, steht auf einem vollkommen anderen Blatt. Welche Wahrheit gelten mag, lasse ich außen vor. Für mich zählt „die Frage, wessen Technik Erfolge bringt. Es geht nicht um richtig oder falsch, sondern um wirksam oder unwirksam.“[17]

„Das Leben wieder rocken zu können“, so haben vor Jahren mehrere Klienten unabhängig voneinander das von ihnen empfundene Ergebnis meiner Arbeit bezeichnet. Rocken bedeutet umgangssprachlich, etwas hin- und her zubewegen. Das kann für jeden etwas vollkommen Persönliches und Anderes bedeuten. Es kann sich auf Musik oder das Schaukeln im gemütlichen Stuhl vor dem Kamin beziehen. Den Songtitel „Long live Rock'n'Roll“ der Rockband Rainbow sollten wir auf die Beweglichkeit für unser gesamtes Leben beziehen: Spaß, Freude, Hin & Her, lass' krachen!

Aus und mit diesem Durchschütteln können wir Funken schlagen für jene Flammen, die uns den Kurs zu neuen Wegen leuchten. Für diesen Aufbruch brauchen wir nichts Neues. Nötig sind der Wille und die Bereitschaft, als Pfadfinder in die Wildnis unserer unbeschrittenen Wege aufzubrechen. Wer das tut, weiß, dass er durch schweres Gelände muss. Unter dem Schlamm der Vergangenheit kommt es zu einem Rendezvous mit einer faszinierenden Persönlichkeit – das sind wir selber.

Oder anders ausgedrückt: Der Mist von gestern und heute ist der Dünger für das Wachstum vom morgen. Diese alte Gärtnerweisheit kann jeder Landwirt, der eine Fuhre Mist auf sein Feld fährt bestätigen. Worüber sollten wir also jammern? Was stinkt, düngt den Boden für kommende Ernten. Betrachten wir unser Leben einmal aus diesem Blickwinkel. Entwicklung bedeutet, dass die Fetzen fliegen können, uns der Gegenwind des Schicksals mächtig ins Gesicht blasen kann. Im wahren Leben geht's handfest zu.

Phönix ist jener legendäre Vogel, der, aus der eigenen Asche wachsend, sich wieder zu neuer Schönheit entfaltet. Die Redewendung „Wie Phönix aus der Asche" steht für etwas verloren Geglaubtes, das im neuen Glanze wieder frisch erstrahlt. Hier setzt die psychogene Entwicklung an. Diese Form der geistig-seelischen Hygiene steht meiner Meinung ebenso gerade erst am Anfang wie Gary Bruno Schmids systematische Untersuchungen zur Kraft und Wirkungsweise unserer Geisteskraft im Hinblick auf unsere Gesundheit und Entwicklung.[18, 19] „Der Mensch birgt in sich das geistig-seelische Potential, seine Vorstellungskraft als Heilmittel in Anspruch zu nehmen."[20] Darin sieht Schmid einen evolutionären Vorteil für unsere Spezies Mensch, den wir generationenübergreifend seit Jahrtausenden in uns trügen.[21] Wenn das so ist, lässt sich diese Fähigkeit gleichzeitig als Ausholbewegung, Start und Aufwärmrunde für eine Entwicklung zu neuen Horizonten nutzen. Je nachdem, wie es um uns seelisch, geistig und körperlich bestellt ist, dieser Zustand wirkt sich direkt auf unsere Vorhaben und unser Wohlbefinden aus.

Möglich werden psychogene Heilung und Entwicklung durch ein Zusammenspiel von Seele und Körper, in deren Grenzraum Fakultäten wie Anthropologie, Ethnologie, Medizin, Philosophie, Physik, Psychologie, Soziologie und Theologie mehr und mehr Licht bringen.[22] Auf diese Nutzungsmöglichkeiten gilt es zu setzen. Ein zentraler Schritt, so Schmid, sei, den betroffenen Menschen aus dem Gefühl des Eingesperrtseins heraus in einen Zustand der Freiheit und Gestaltungsmöglichkeit zu bringen.[23] Hier schlummert der springende Punkt zur Selbstbefähigung. Die von ihm identifizierten und für mich nachvollziehbaren sechs Faktoren dafür sind:[24]

Gesundheitsmythos
Wir definieren Umstände, die ein Erreichen von Genesung ermöglichen. Unterstützt wird dies durch Geschichten, Vorstellungen, Medikamente, Orte, Gegenstände. Dazu gehören das Hufeisen über der Tür, der Besuch eines Kraftortes, ein machvoller Heiler und vieles mehr. Was das sein kann, bestimmen wir selbst.

Heilsame Maßnahmen und Rituale
Wir akzeptieren das, was zur Heilung nötig ist und handeln danach. Dazu gehören die Autorität der Ärzte, das Einnehmen der Medikamente, das Aufsuchen von Orten, die uns Heilung und Wohlbefinden vermitteln. Ob dies eine Kirche, ein Krankenhaus oder ein Schamanenritual ist, entscheidet jeder für sich.

Heilungsbeginn
Wichtig ist eine positive Einstellung, dass die Heilung in diesem Moment beginnt und alles nach rituell festgelegten Regeln aufs Gleis gesetzt wurde.

Entspannung
Mit Beginn des Heilungsprozesses entwickelt der betroffene Mensch eine positive Erwartungshaltung, die sich in Entspannung und Gelassenheit ausdrückt.

Genesungsprozess
Für ein Gesundwerden braucht es einen festen Glauben an die Wirksamkeit von Umständen, Kräften und Abläufen. („Hier bin ich richtig. Hier wird mir geholfen, hier werde ich wieder gesund."). Glaube versetzt Berge.

Läuterungsprozess
Der betroffene Mensch hat eine klare Vorstellung, auf welchem Weg die Krankheit besiegt, der Körper wieder „gereinigt" werden kann. Wieder ist der Weg das Ziel. Die Läuterung läuft in individuell wirksamen Schritten ab. Dies kann der Satz „Sie sind wieder gesund" aus dem Munde eines Arztes sein oder der Segen eines Priesters „Dein Glaube hat dir geholfen".

Oft ist uns die Kraft dieser festgelegten Abläufe nicht bewusst, haben wir uns so an sie gewöhnt, dass sie sich unserem Verstand verschließt. Dabei sind wir täglich von ihnen umgeben. Ein depressiver Mensch sitzt anders in einem Vorstellungs- oder Reklamationsgespräch als jemand, der glücklich verliebt ist. Wie wir uns fühlen, wie es uns geht, so gehen wir, sprechen wir, handeln wir, denken wir. Alles hängt zusammen. Meilensteine wie Faustkeil, das Rad oder Flaschenzug wurden mit Sicherheit nicht von jemandem erfunden, der vorhatte, seinem Leben vorzeitig ein Ende zu setzen. Von Picasso wird gesagt, dass er seine Bilder aus der Vorstellung heraus erschuf, in seinem Bauch würde eine große, warme, goldene Sonne strahlen. Getragen von dieser inneren Strahlkraft, griff der Meister zum Pinsel und schuf bestechend schöne Kunstwerke. Nichts hätte ihn von seinem Schaffen abhalten können, keine Krise, kein Mangel, nichts. „Wenn ich mir keine Ölfarbe mehr leisten kann, kaufe ich Wasserfarben. Wenn für Wasserfarben kein Geld mehr bleibt, bitte ich um Bleistifte. Wenn die Bleistifte ausgehen, man mich ins Gefängnis wirft, spuck ich mir auf den Finger, bemale die Wand."[25] Für welche Idee oder Vorstellung würden wir auf die Finger spucken und damit notfalls die Wände bemalen? Da ist sie, die Macht, die wie ein Riese in uns schlummert. Wecken wir sie auf – let's rock!

Vier wesentliche Faktoren sieht Schmid als „unantastbare Versprechungen" im Zusammenhang mit Heilung, die sich ebenso auf Entwicklung übertragen lassen:[26]

- Mächtige Personen
- Heilung versprechende Ereignisse und Dinge
- Kraftorte oder Zeiten, die Hilfe und Hoffnung zur aktiven Bewältigung bedeuten
- Gefühlsbezogene Symbole und Bilder

Dieses Quartett sei untrennbar mit unserem Bewusstsein und Unterbewusstsein verbunden. So sehr, dass ein Mensch „schon allein an der Vorstellung genesen kann, eine dieser Bedingungen, die für eine Wiederherstellung oder den Erhalt seiner Gesundheit hinreichend ist, erfüllt zu haben."[27] Was in der Lage ist, Krankheiten zu heilen, können wir ebenso für eine erfolgreiche Entwicklung in unserem Leben einsetzen. Übertragen wir diese vier Faktoren auf den Weg unserer persönlichen Entfaltung.

Mächtige Personen

Was früher der Segen eines Zauberers, Schamanen oder Medizinmannes war, gilt heute in gleichem Maße für Personen, die Kraft ihrer Autorität Einfluss, Orientierung und Macht ausstrahlen. Meist sind uns diese Momente nicht bewusst. Die positive Diagnose eines Mediziners beflügelt uns zu neuem Leben. Wenn ein Halbgott in Weiß uns Gesundheit verkündet, fühlen wir uns dem Himmel näher. Der Satz eines Vorgesetzten: „Ich baue auf sie, traue es ihnen zu" setzt Kräfte frei. Hier schlummert eine Energiequelle für Motivation und Leistungsbereitschaft, die viel kraftvoller und langfristiger wirkt als der kurze Rausch einer Gehaltserhöhung.

Entwicklung versprechende Ereignisse und Dinge

Hand aufs Herz, welchen Glücksbringer oder Talisman tragen Sie bei sich? Die Schuppe eines Karpfens in der Geldbörse soll den Fluss der Fülle zum Fließen bringen. Oder ist es bei Ihnen ein vierblättriges Kleeblatt, das, getrocknet in Ihrem Tagesplaner, segensreich wirken soll? Ein besonders kraftvolles Objekt ist ein Pentakel. Bei diesem Zeichen ist ein Pentagramm von einem Kreis umschlossen, eine der fünf Spitzen zeigt nach oben. Voodoo? Magischer Zauber? Nein, dieses Zeichen findet sich in der Anzahl der Bundesstaaten auf der Flagge der Vereinigten Staaten von Amerika, auf jedem Flugzeug der US-Luftstreitkräfte, aber auch auf der Flagge der ehemaligen Sowjetunion. Der Kommunismus war bestimmt von jeglichen Anflügen von Magie gefeit.

Kraftorte

Der Kölner Dom steht auf römischen Ruinen. Ob die Römer wiederum ihr Bauwerk auf ein altes Heiligtum der Germanen oder Kelten gesetzt hatten, kann heute nicht mehr eindeutig nachgewiesen werden. Tatsache ist: Bei Kraftorten wie Kirchen und Tempeln galt und gilt seit Menschengedenken das Motto: Keine Experimente! Wir bauen einen neuen Tempel auf dem alten, schaffen ein neues Haus für eine vermeintlich bessere Religion. Damit sollte das Bewusstsein an den alten Glauben ausgelöscht werden. Die Kraftorte blieben dieselben. Wallfahrtsorte, Heimat, das Zuhause unserer Jugend bei den Eltern können eine fast magische Kraft auf uns entfalten. Wir erinnern uns an Geborgenheit, frühes Glück oder verbinden einen Ort mit der Heilung eines geliebten Menschen.

Gefühlsbezogene Symbole und Bilder

Es ist faszinierend, gerade bei vermeintlich verstandesgläubigen Menschen die Kraft der gefühlsbezogenen Symbole und Bilder wirken zu sehen. Eben noch hatte ein leitender Ingenieur mir das alles als esoterischen Blödsinn abgetan. Auf dem Schreibtisch lachten uns jede Menge Fotos seiner Frau und seiner beiden Kinder an. Das Beste aber war eine mehrteilige Fotoserie von seinem Zieleinlauf beim Köln-Marathon ein paar Jahre zuvor. „Immer dann, wenn's im Job knüppelhart kommt, erinnere ich mich an die letzten Kilometer dieses Laufs. Ich war völlig fertig, doch die letzten beiden Kilometer über die Hohe Straße waren göttlich. Dann kam das Ziel, und rechts, gewaltig aus Stein gemauert, der Kölner Dom. Das gibt bis heute Kraft für knifflige Momente."

Wie sehr wir von der Welt der Zeichen geprägt werden, wurde zuvor bereits erwähnt. Jetzt ist die Zeit genommen, den Blick für diese Wirksamkeiten weiter zu schärfen. Glaube versetzt nicht nur in der Religion Berge. Er tut es jeden Tag, in dem wir es ermöglichen. Es ist die Bedeutung, die wir den Dingen schenken, die ihnen segensreiche oder zerstörerische Kräfte gibt. Dazu ein paar Beispiele: Entnervt ärgern wir uns über einen uralten Kugelschreiber, dessen angerostetes Gehäuse zeigt, dass dieses Schreibgerät seine besten Tage längst hinter sich zu haben scheint. Vergeblich der Versuch, mit diesem Stift zu schreiben: Wir halten einen wertlosen alten Kuli in den Händen. In einem vollkommen anderen Licht erstrahlt die Angelegenheit, wenn wir von der Geschichte des Kugelschreibers erfahren. Mit jenem verrosteten Stück hat Rock'n'Roll-König Elvis Presley einst seinen ersten Plattenvertrag unterschrieben. Plötzlich steigt unser Blutdruck, Musik und Bilder laufen vor unserer geistigen Leinwand ab. Jeder Elvis-Fan wird bei dieser für ihn frohen Kunde feuchte Finger bekommen. Plötzlich ist dieser Metallgegenstand ein Einzelstück, für den Sammler erhebliche Summen zu zahlen bereit sind.

Gleiches gilt für Reliquien. Sollten sie heilende Wirkung auslösen, ist sie mit Sicherheit nicht auf die Berührung eines Knochen- oder Holzstückes zurückzuführen. Ausschlaggebend ist die Bedeutung, die diesem vom jeweiligen Betrachter gegeben wird. Sie setzt jene psychogenen Kräfte frei, die heilend, entwickelnd oder tödlich wirken können. In ihnen schlummern Wirkungsmöglichkeiten, deren Energie erst in der jüngeren Vergangenheit zu ergründen begonnen wurde. Wir sind nicht nur, was wir denken, essen oder tun. Wir sind, woran wir glauben.[28] Glaubenskraft ist zeitlos.

Die folgende Geschichte spitzt die Sache mit einem Schuss religionsübergreifenden Humor zu: Ein Muslim, ein Jude und ein Christ rudern über den See Genezareth. Plötzlich kommt ein Sturm auf, das Gewässer schlägt hohe Wellen, peitschend stürzt der Regen vom Himmel. Derartigen Naturgewalten ist das Gefährt nicht gewachsen. Jeden Augenblick schlägt der Kahn mehr und mehr leck. „Wir könnten wie Jesus damals übers Wasser an Land gehen", meint der Muslim zum Christen. Der Jude grinst, der Christ ist entsetzt: „Übers Wasser? Bist du wahnsinnig, ich kann nicht schwimmen. Ja, also mit Christus, das war doch was ganz Anderes..." Angstvoll klammert er sich an der Bordwand fest. Der Sturm tobt weiter, die Gebälke krachen. Kurz bevor das Boot untergeht, wandert der Muslim über das Wasser an Land. Der Jude folgt ihm. Ungläubig starrt der Christ auf das Geschehene, krallt sich fester an die Reste des Bootes, geht unter und ertrinkt. Vom Ufer schauen die beiden anderen zu. „Wir hätten ihm doch die Stelle mit den Steinen zeigen sollen", murmelt der Jude gedankenverloren. Der Muslim erwidert: „Steine? Was für Steine?" Dazu sagte einst der der griechische Stoiker und Philosoph Epiktet: „Es sind nicht die Dinge, die uns beunruhigen, sondern die Meinungen, die wir von den Dingen haben."[29]

Gerade in der Medizin kann die Vorstellungskraft Berge versetzen. Placebos sind Medikamente ohne medizinische Wirkstoffe, einfache Zuckerpillen, die vom wirksamen Mittel optisch nicht zu unterscheiden sind. Patienten nehmen diese in dem Glauben ein, hochwirksame Präparate erhalten zu haben. Placebo bedeutet auf Latein „Ich werde gefallen". Entsprechend positiv ist der Effekt. Das Kuriose: Auch ohne medizinische Wirkstoffe zeigen die Patienten deutliche Verbesserungen im Hinblick auf ihren Krankheitsverlauf. Was auf den ersten Blick widersinnig erscheint, ist ein machtvoller Beweis für die Wirkungskraft jener Abläufe, die aus Geist und Seele geboren werden. „Psychogen" nennen Fachleute diesen Vorgang. Wer an die Medikamente glaubt, dem helfen sie, selbst wenn sie ohne jeden medizinisch wirkenden Inhalt sind. „Der Placebo-Effekt ist auch eine Art psychogen wirksames Sinnkonstrukt. Der Sinn, den wir uns, unserer Kultur, einem Medikament oder einer Behandlung zuschreiben, ist maßgeblich an der Wirksamkeit des Mittels beteiligt. Die Substanz ist nur noch einer von vielen Faktoren, die die Wirksamkeit eines Medikamentes ausmachen. Mit anderen Worten: Unsere kollektive Vorstellung über die Wirksamkeit eines Medikamentes oder einer Behandlung beeinflusst die Wirksamkeit und damit auch unsere Gesundheit und Genesung und zwar in statistisch signifikantem Ausmaß."[30, 31] Was in der Medizin wirkt, können wir auf die Entwicklung unseres Lebens übertragen und damit unserer Gestaltungskraft entscheidende Impulse geben. Was mit dem Schlucken einer Zuckerpille gelingt, lässt sich vom Körper über die Seele zum Geist und zurück entwickeln.

Wir gehören viel weniger zu den logikorientierten und intelligenzgesteuerten Wesen, für die wir uns bisher gehalten haben. Folglich ist das entscheidend, was uns unbewusst von innen oder außen steuert. Suggestion ist in der Medizin eine tragende Säule der Heilung. Es kommt auf die Erwartung an. Der Duden versteht unter Suggestion die geistige und seelische Beeinflussung eines Menschen, um ihn zu einem bestimmten Verhalten zu bringen. Suggerere bedeutet auf Latein zuführen, unterschieben. Ich möchte den Begriff um die Bedeutung Vorschlag und Einladung erweitern. Was wir von etwas halten, ist der erfolgsentscheidende Faktor. Denken wir an die sich selbst erfüllende Prophezeiung. Ohne den Glauben an ein Gelingen wäre Kolumbus niemals losgesegelt, hätte Beethoven trotz seiner Taubheit nie seine 9. Symphonie komponiert, wären die Amerikaner nie zum Mond geflogen. Gary Bruno Schmid hat zehn Suggestions-Faktoren herausgefunden, die bei Medikamenten unabhängig vom Wirkstoff maßgeblichen Einfluss auf den Heilungseffekt haben.[32] Wenn wir uns diese zehn Aspekte näher ansehen, erkennen wir, wie gut sich diese für unsere Entwicklung einsetzen lassen.

- Menge und Größe
- Farbe
- Geschmack
- Form und Verpackung
- Namen, Bezeichnung, Etiketten
- Preis
- Aufbewahrung und Verpackung
- Neuigkeit und Innovation
- Vermittlung und Kontext
- Kultur

Menge und Größe

Entgegen dessen, was man annehmen könnte, glauben wir Menschen nicht, dass Pillen umso mehr Wirkstoff enthalten, je größer sie sind, nach dem Motto „Viel hilft viel". Stattdessen schätzen wir die Wirkstoffe umso kraftvoller ein, je kleiner die Pille ist.[33]

Farbe

Die Farbe einer Pille ist für ihre Wirkung von entscheidender Bedeutung. Grüne sind am erfolgreichsten im Kampf gegen Panik, gelbe helfen am besten gegen Depression.[34] Für Beruhigungsmittel eignen sich blaue, grüne und violette Pillen.[35] Das Kuriose: „Dasselbe Medikament kann sogar ein andere Wirkung haben, je nachdem, welche Farbe die Zubereitung hat."[36] Das Medikament Oxazepam wirkte als grüne Tablette am besten gegen Angst und lindert depressive Symptome am meisten, wenn die Tabletten gelb waren.[37]

Geschmack

„Mit der Schule ist es wie mit der Medizin. Sie muss bitter schmecken, sonst nützt sie nichts." Was der Lehrer Crey in der Filmlegende „Die Feuerzangenbowle" zum Besten gab, trifft den Nagel auf den Kopf. Bittere Pillen wirken viel besser als süße.[38, 39] Alkoholfreie Getränke, die nach Alkohol schmecken, können uns beschwipst machen.[40]

Form und Verpackung

Klappern gehört zum Handwerk, das gilt auch in der Medizin. Vielfarbige Kapseln ließen Dragees in ihrer Wirksamkeit weit hinter sich.[41] Noch effektiver ist es, wenn der Wirkstoff mit einer Spritze verabreicht wird.[42] Unsere Aufmerksamkeit für die Heilung richtet sich nach dem Getöse, das sich um uns im Krankenhaus oder in der Arztpraxis abspielt. Eine vorgetäuschte Operation, bei der außer einem Schnitt und einer Narkose nichts passiert ist, hatte in vielen Fällen den gleichen Effekt wie eine „echte Operation".[43] Patienten mit Knieproblemen wurden in zwei Gruppen aufgeteilt. Eine Gruppe wurde vollständig operiert, bei den Mitgliedern der anderen Gruppe wurde außer ein paar Schnitten in die Haut medizinisch nichts weiter getan. Das Kuriose: Die letzte Gruppe hatte teilweise einen besseren Heilungsverlauf in Richtung Beschwerdefreiheit als die erste. Je mehr, desto besser, triggert die Heilung an. Noch wirksamer als Operationen erwiesen sich inzwischen Laser-Geräte und andere Hightech-Maschinen.[44]

Namen, Bezeichnung, Etiketten

Nomen est Omen, so sagten es die alten Römer. Der Name ist ein Zeichen, heute sagen wir, frei übersetzt: Der Name ist Programm. Soll ein Medikament durchschlagende Wirkung haben, empfiehlt sich ein markanter Name in Verbindung mit machtverströmenden Buchstaben- und Zahlenkürzeln.[45] Mit dem Titel „K-Pax88“ hat ein Medikament durchschlagenden Erfolg im Vergleich zu Namen, die uns pseudoesoterisch vorkommen.[46] Besonders wirksam erwiesen sich Hightech-Maschinen, deren Namen an Videospiele erinnern.[47] Wann kommt ein Medikament mit dem Namen „Viren-Terminator“?

Preis
Je höher der Preis, desto wirksamer schätzen wir ein Medikament oder eine Behandlung ein.[48]

Aufbewahrung und Verpackung
Medikamente, die im Kühlschrank gelagert werden müssen, wirken stärker als diejenigen, die im Arzneikoffer oder Medizinschrank aufbewahrt werden.[49]

Neuigkeit und Innovation
Je moderner und innovativer ein Arzneimittel ist, umso größer schätzen wir seine Heilkraft gegenüber vergleichbaren Medikamenten ein, die schon lange auf dem Markt sind. Sobald etwas Neues auf dem Markt ist, verliert das alte Präparat an Wirksamkeit.[50]

Vermittlung und Kontext
Welche Person uns ein Medikament mit welcher Stimmung in welcher Umgebung verabreicht, hat durchschlagende Wirkung auf unseren Heilungsverlauf. Ein begeisterter Arzt ist mit demselben Medikament doppelt so erfolgreich wie ein skeptischer Kollege.[51, 52] „Ernstes Mitgefühl gepaart mit heiterer Treuherzigkeit“[53] belegt den Spitzenplatz. „Von Hand individuell für einen Patienten verordnete Rezepturen wirken viel besser als die Verschreibung eines Fertigproduktes. Der Placebo-Effekt ist in einem klinischen Setting allgemein wirksamer als im Labor.[54] Bekommen wir unser Medikament vom Doktor persönlich, reagieren wir positiver, als wenn wir das Präparat von einer Schwester bekommen. Hat der Mediziner dunkle Augen, einen Bart, weiße oder schwarze Haare, ist seine Erfolgsrate höher als bei einen glattrasierten blonden Kollegen, der blaue Augen hat. Je tiefer die Stimme, desto besser. Bass schlägt Tenor, Alt schlägt Sopran. Unsere Kompetenzvermutung steigt, mit einem überzeugenden Auftreten. Je älter und souveräner, desto vertrauenswürdiger. Der Silberrücken-Professor schlägt den Assistenzarzt, der noch grün hinter den Ohren erscheint. Außerdem schätzt jeder Erwachsene verschreibungspflichtige Medikamente wirksamer ein als freiverkäufliche. Das hat einen kuriosen Effekt.

Ein und dasselbe Medikament ist in den Ländern wirksamer, in denen es rezeptpflichtig ist.

Kultur
Welche Wirkung ein Medikament entfalten kann, hängt maßgeblich von der Kultur des jeweiligen Landes ab. Blaue Schlaftabletten wirken in Europa gut, bis auf Italien. Dort halten blaue Pillen die Männer eher wach, bei den italienischen Frauen haben die blauen Pillen die gleiche einschläfernde Wirkung wie in auf dem restlichen Kontinent.[55, 56] Schwarz und rot müssen die stärksten Kapseln in Texas sein, weiß die schwächsten.[57] Rektal verabreichte Medikamente wirken in Westeuropa besonders gut, außer in England. Englische Patientinnen wollen ihre Heilmittel lieber runterschlucken.[58] Unsere Erwartungen an ein Heilmittel beeinflussen dessen Wirksamkeit.

Wir sind unserer eigener Guru, Schamane oder Meister

Glauben Sie immer noch, dass sich uns die Welt vom Verstand her erschließt? Diese zehn Punkte zeigen, dass die Wirkung eines Placebos von dem jeweiligen Zusammenspiel von Geist, Biologie, sozialem und therapeutischen Umfeld abhängt. In klinischen Versuchen ist das wiederholt und bewiesen worden.[59] Glaube beeinflusst ein erwartetes Ergebnis, kann dieses sogar herbeiführen.[60] Welchen Sinn wir einer Behandlung zuschreiben, hat maßgeblichen Einfluss auf die Wirksamkeit dessen, was passiert. Wenn Gesundheit und Genesung „in statistisch signifikantem Ausmaß“[61, 62] davon beeinflusst werden, welch gewaltige Macht kann dieser Vorgang dann erst auf unsere Entwicklung für unser Wohlbefinden in Beruf und Privatleben herbeiführen? Dazu ein Gedankenexperiment: Stellen wir uns vor, dass es ein brandneues Medikament in Form von winzigen knallroten Pillen aus der Quantenmedizin gäbe. Winziger als der Durchmesser eines Reiskorns und doch randvoll mit der geballten Inhaltskraft aus den besten Forschungslaboren der Welt. Dieses wird von einem Schamanen und Heiler herstellt, der weltweit den Ruf eines Gurus seiner Branche besitzt.

Aus aller Herren Länder kommen die Zermürbten zu ihm, um wieder Kraft, Zuversicht und Energie für ihre Entwicklung zu bekommen. Vorstände und Industriekapitäne pilgern in Heerscharen zu diesem Champion seiner Branche, um wieder Perspektiven für die Anforderungen ihres beruflichen Alltags zu erlangen. Monate haben Sie auf eine Audienz beim Meister gewartet, sich seelisch auf dem Zahnfleisch gehend nach ihr verzehrt. Mehrere tausend Euro mussten für die Behandlung im Vorfeld überwiesen werden. Dann gab das Management des Meisters grünes Licht für ein Treffen. Heute ist der Tag gekommen, sie erhalten ihr persönlich zubereitetes Medikament aus seiner Hand. Magisch ist der Blick seiner schwarzbraunen Augen, sie verströmen Ruhe, Konzentration und Kraft. Mit jedem Satz seiner tiefen und sonoren Stimme spüren Sie das Erwachen Ihrer Lebensgeister. Silbern, fast weiß, leuchtet sein Haar, während er mit den folgenden Worten Ihnen seine roten Energiepillen aushändigt: „Mit jeder roten Pille wachsen deine Kraft und Ausdauer, während du dich gleichzeitig ganz auf deine innere Mitte konzentrierst. Jeden Tag bist du kraftvoller, ruhiger und ausgeglichener. Körper, Geist und Seele laben sich an den Wirkstoffen aus den roten Pillen, die mit jedem Einnehmen wirksamer und entwicklungsfördernder werden. Und je kraftvoller du wirst, desto größer wird deine Ausgeglichenheit."

Wie von einem energetischen Leitstrahl angezogen, folgen wir der hypnotischen Kraft seiner Worte. Was wir nicht merken, ist, dass wir es sind, die das ermöglichen. Dazu gibt es zwei Nachrichten: Die gute zeigt uns, dass es möglich ist, wir zu Quantensprüngen in unserer Evolution jederzeit in der Lage sind. Wie viel schöner ist jedoch der Inhalt der noch besseren Nachricht: Um all das zu ermöglichen, brauchen wir keinen Guru, Schamanen oder Meister. Die können vielleicht als Kulissen im nächsten Fantasy-Roman herhalten. All das, was nötig und möglich ist, können wir selbst erzeugen. Niemand kann das so gut wie wir selbst. Hier beginnt der Ausbruch aus dem Eingesperrtsein, unabhängig davon, in welchem Knast wir gesteckt haben. Hier schlägt das Herz für ein Leben vor dem Tod. Der Knacki, der mit schlotternden Knien und seinem Handgepäck soeben entlassen wurde, ist ebenso Gestalter, Schamane, Guru oder Meister seiner Entwicklung, wie wir es sind. Stellen wir uns vor, dass wir die Wirkstoffe der winzigen knallroten Wunderpille mit jedem Atemzug einatmen. Wir besitzen die göttliche Fähigkeit, deren Substanzen aus der Luft heraus aufzunehmen. „Mit jedem Atemzug atmen wir Kraft, Zuversicht und Entwicklung. Und je tiefer wir atmen, desto kraftvoller werden wir." Diese Suggestion wirkt vielleicht besser als eine inhaltsfreie Zuckerpille, die sich Placebo nennt.

Einfach mal machen: Wer nicht loslegt, kommt niemals an

Wir wissen jetzt, wie wir mit unseren fünf Sinnen die Welt in uns erzeugen, wie sehr diese uns mit ihren Eindrücken, Klängen, Farben, Gerüchen und Geschmäckern prägt. Handeln wir aus diesem Wissen heraus, das ist des Pudels Kern! Und es ist schwer. Wir halten uns für klug, glauben, die Dinge im Griff zu haben. Daraus entsteht die Illusion des rational aufgeklärten Menschen, der Mut hat, sich seines Verstandes zu bedienen. Immanuel Kant und seine kollegialen Geistesgrößen dachten natürlich in die richtige Richtung – für ihre Zeit und für den damaligen Stand der Wissenschaft.

Heute zeigt uns die moderne Hirnforschung neue, vielfältigere, bislang wenig beschrittene Wege.[63] Trotzdem laufen viele unserer Verhaltens- und Denkweisen immer noch auf alten kantschen Gleisen. Stets geradeaus, mit wenig Möglichkeiten, die Spur zu wechseln. Unerschütterlich glauben wir, die Dinge verstandesmäßig bis ins Letzte erklären zu können. Am Ende heißt es „Ich denke, also bin ich."

An diesem Trugbild arbeiten sich Heerscharen von Menschen bis zum heutigen Tage ab. Fühlen und die Schatzkammer unseres Unterbewusstseins haben in diesem Weltbild wenig Platz. So entstehen die Gefängnisse in unseren Köpfen, deren Mauern und Gitter nicht materiell vorhanden sind, die uns trotzdem in unserem Verhalten einsperren und hemmen. Bestehende Verhaltensmuster werden bis zur Erschöpfung auf gleichem Wege wiederholt, obwohl deren Wirkungslosigkeit längst spürbar geworden ist. Der winzige Zwerg unseres Bewusstseins versucht, sich die Welt mit dem Verstand allein zu erschließen, um diese auf viel zu schmalen Schultern tragen zu wollen. Kein Wunder, dass uns der mächtige Globus immer wieder vom Nacken rutscht. Atlas, der in der griechischen Mythologie die Welt auf seinen Schultern trug, war ein kraftstrotzender Hüne. Göttervater Zeus hatte ihn zu dieser Aufgabe verdammt. Nur einmal hatte der Weltenträger Gelegenheit zur kurzen Tragepause. Das war, als Herkules sich anbot, die Last der Welt vorübergehend als Stellvertreter zu stemmen. Der Recke mit dem Löwenhelm war bekanntlich noch stärker als Atlas. Von der gewaltigen Last befreit, wollte Altas das Erdenrund auf Herkules' Schultern belassen. So viel ungeahnte Freiheit und Entwicklungsmöglichkeiten hatte er sich kaum vorstellen können. Sein Wunsch ist verständlich. Leider war er trotz großer Kräfte weniger mit Geistesschärfe gesegnet. Herkules wiederum bediente sich einer List, um die schwere Last wieder an Atlas loszuwerden. Er wolle, so Herkules, nur noch mal eben sein Gewand richten, um danach die Weltkugel weiterzutragen. Atlas fiel auf den Trick herein und schleppt den Globus bis heute. In der List des Herkules steckt das nach wie vor aktuelle diabolische „Kannst du mal eben". Heute sagen wir „Dauert nur eine Minute" oder „Es geht ganz schnell". Ankündigungen wie diese offenbaren sich häufig als Ouvertüre lang andauernder Symphonien. Es bewahrheitet sich die alte Weisheit: Nichts ist so dauerhaft wie ein Provisorium.

Die Lasten und Herausforderungen der Gegenwart lassen sich umso besser stemmen, je mehr Körper, Geist und Seele zusammenarbeiten. Bis das der Fall ist, kann der Weg sich lang und länger ziehen. Was noch nicht geklappt hat, führen wir auf mangelnden Einsatz und Leistungsbereitschaft zurück. Folglich legen wir uns beim nächsten Versuch stärker in die Riemen, setzen mehr Hirnschmalz und Leidenschaft ein. Am Ende wachsen Frust und Enttäuschung. Es hat halt mal wieder nicht geklappt. Höchste Zeit für einen Prozessmuster- und Strategiewechsel. Wer Anforderungen erfüllen möchte, muss vor allem die passende Geisteshaltung mitbringen.

Lernen ist gleichzeitig Scheitern und Aufbruch zum Besseren

Ein anderes Fazit kommt der Wahrheit näher: Es konnte nicht klappen, nicht auf diesen Wegen, nicht mit diesen Mitteln. Aus einem „Das haben wir schon immer so gemacht", wird ein „Wir müssen es anders machen". Schon Odysseus vertraute auf die Götter, wohl ahnend, dass mit Hirnschmalz allein die Wege endlos und ohne Ziel sein würden. Er, dem an Geistesschärfe niemand nahekommen konnte, handelte aus einem inneren Fühlwissen heraus. Trotz vieler blitzschlauer Ideen ließ er die Dinge laufen, ganz im Vertrauen aufs Gelingen. Heute sagen wir: Einfach mal machen. Wer nicht loslegt, kommt niemals an.

Nach noch so salbungsvollen Ankündigungen kommt die Stunde der Wahrheit. Glasklar stellt sich die Frage aller Fragen: Tun oder lassen? Herkules erkannte, dass Atlas ihn reinlegen wollte, und sah zu, die Last der Welt schnellstmöglich wieder loszuwerden. Er handelte, wie wir das tun sollten. Schlagen wir die Pflöcke ein, hören wir auf, nur darüber zu reden. In der Politik ist das Prinzip der ziel- und inhaltsfreien Debatten an der Tagesordnung. „Wenn ich nicht mehr weiter weiß, gründe ich 'nen Arbeitskreis." So beißt sich die Schlange der Geisteskraft schließlich in den eigenen Schwanz und führt die Sache ad absurdum. Das große Ganze löst sich auf in Nebelschwaden wie der vergebliche Versuch, einen Pudding an die Wand nageln zu wollen. Handeln ist das Gebot der Stunde. Die Politik zeigt: So geht es nicht.

Ein spannendes Ziel verliert auch hinter dem Horizont nichts von seiner Magnetkraft. Natürlich verlor Odysseus seine Flotte, reihte er zwanzig Jahre lang ein Scheitern an das nächste. Sein großes Ziel verlor der König von Ithaka dabei nie aus den Augen. Er wollte stets nach Hause, daran konnten weder der Trojanische Krieg noch seine Irrfahrten, nicht der Gesang der Sirenen oder die Reize von Kirke und Kalypso etwas ändern. Was er tat und zielstrebig verfolgte, ist bis heute gültig: Lernen und Scheitern bedeuten Entwicklung, einen Aufbruch zum besseren Neubeginn. Dafür in See zu stechen, lohnt – heute vielleicht mehr denn je.

Es ist höchste Zeit für ein erfülltes Leben

Das Beste aus allen Welten mit minimalem Einsatz besitzen zu wollen, war stets eine Illusion wie das Schlaraffenland – schön, aber unmöglich. „Wasch mir den Pelz, aber mach mich nicht nass", aus diesem thematischen Spagat heraus sind keine großen Sprünge zu machen.

„Gestalten statt jammern" so sollte das Motto unserer Zeit lauten. Werden wir uns unserer geistigen und körperlichen Kräfte bewusst, um sie für unsere Gegenwart einzusetzen. Ob im Beruf oder frisch aus dem Knast entlassen – auf Freigang wieder das eigene Leben genießen zu können, ist ein großartiges Geschenk des Schicksals. Freiheit ist immer auch unser Anspruch, den wir an unser Jetzt und Morgen stellen. Wer einen Blick über die Gefängnismauern wirft, bekommt dafür erhellende Eindrücke. Wer weiß, dass die Knackis für einen Tagessatz von 1,23 Euro satt werden müssen, aufgeteilt auf drei Mahlzeiten? Bescheidenheit ist hier der Küchenmeister. Daraus etwas Genießbares zu zaubern, stellt die Küche vor herausfordernde Aufgaben. Und siehe da, es geht. T-Bone-Steaks gibt's zwar nur im Traum, trotzdem lässt sich selbst bei nur 1,23 Euro Tagesetat etwas Sättigendes zaubern. Nach einem Konzert in der JVA Castrop-Rauxel wurden mir eine leckere Suppe und belegte Brote von einem Knacki in weißen Stoffhandschuhen serviert. Die seien nun wirklich nicht nötig, war mein Kommentar. „Das glaube ich, doch die Direktion hat das vorgeschrieben", lautete seine Antwort. Jedes Mal, wenn ich in eine Stulle beiße, denke ich an diesen Augenblick. Im Knast mit weißen Handschuhen bedient zu werden, solche Geschichten kann nur das Leben schreiben. Denken wir beim nächsten Mal daran, wenn unser Wahn zur Selbstoptimierung mal wieder ins Kraut schießt.

Freiheit ist immer das, was wir aus ihr machen. Es ist höchste Zeit für ein erfülltes Leben. Was nützt ein im 19. Jahrhundert auf den Barrikaden erkämpftes Wahlrecht, wenn die Wahlbeteiligung katastrophal gering bleibt. Klar, sich mit den Möglichkeiten unserer Zeit auseinanderzusetzen, kann nerven. Wagen wir es, zugegebenermaßen mit viel Fracksausen. Sonst maulen wir weiter im Bestehenden, während uns der Sumpf ungeliebter Routinen mehr und mehr in die Tiefe zieht. So anstrengend haben wir uns das vielleicht nicht vorstellt. Doch Gewinn ohne Einsatz ist ebenso selten wie effektiver Sport ohne Muskelkater am Folgetag.

Was uns heute nervt und einsperrt, müssen wir heute ändern, damit es morgen besser wird. Entwicklung jetzt und sofort gibt es nur in Hollywood. Erfindungen, Durchbrüche und Quantensprünge brauchen Zeit, sind oft die Früchte jahrzehntelanger Ausdauer.

Das ist der Zustand, in dem unsere kleinen grauen Zellen arbeiten. Sicherheit war gestern, auch wenn wir sie sehnsuchtsvoll herbeiwünschen. Oft haben die Netze unseres Vollkasko-Denkens das Gegenteil vom ursprünglich Angestrebten bewirkt. Durch sie sind wir träge geworden, empfinden den stetigen Wandel außerhalb der Glasscheiben unseres trauten Heimes mehr und mehr als Bedrohung. Doch die Welt da draußen ist die einzige, die wir haben. Schon der alte Epikur wusste: „Glück ist schön, macht aber viel Arbeit." Eine Veränderung herbeizuführen, dauert lange und kostet viel Kraft, wir müssen langfristig am Ball bleiben.

Job, Beruf oder Berufung: Rock your life – solange es noch geht

„Job, Beruf oder Berufung?" In dieser Frage liegen Perspektive und Segen. Wann sie gestellt wird, hängt von den persönlichen Lebensumständen ab. Viele Menschen weichen dem aus, zu groß sind die Befindlichkeiten, welche ans Licht gelangen könnten. Folglich schlummern sie weiter, tief im Keller unserer Seele. Unsere stille Hoffnung: Mögen sie niemals geweckt werden. In der Folge stricken sich viele, was ihren Beruf betrifft, einen Kompromiss zusammen, der eher schlecht als recht passt. Hauptsache, der Rock ist warm, Gedanken über Zuschnitt und Aussehen werden selten zugelassen.

Trotzdem: Unser Leben ist keine Einbahnstraße. So wie der Zug unseres Daseins nicht ständig in Richtung Misslingen fährt, jagen die Wenigsten von uns dauernd auf einer Erfolgsspur in Richtung Glück und Erfüllung. Das Leben rockt. Es geht hin und her, auf und ab. Wir können die Richtung umso nachhaltiger ändern, je klarer unsere Vorstellungen des neuen Zieles sind. Wer nicht weiß, wo er hinwill, ist verloren auf dem Meer der Orientierungsvielfalt. Auf missliche Lebensumstände bezogen, bedeutet das: Wir bleiben weiter eingesperrt in jenem Jammertal, aus dem wir so gerne ausbrechen würden. Das Hamsterrad unserer Zwickmühlen ist zum Knast geworden. Da nützt kein Schreien oder Rütteln an Mauern und Gittern.

Die Dinge verfestigen sich, als steckten wir mit unseren Füßen in einem Bottich voll Beton, der langsam aushärtet. Dieser Vorgang vollzieht sich nicht von jetzt auf gleich. Je nach Material und Mischung kann es dauern. Solange der Beton noch nicht abgebunden ist, lassen sich die Füße problemlos herausziehen. Je länger wir warten, desto schwerer wird es. Ab einem bestimmten Zeitpunkt stecken wir fest. Dann bleiben nur noch die Resignation („Ich schaffe es eh nicht. Ich kann ja nicht, weil…“) oder der Presslufthammer.

Ich habe dieses Buch geschrieben, weil ich erlebe, dass mehr und mehr Menschen sich von ihren Lebensumständen wie von eben diesem Beton umschließen und einsperren lassen. Das Kuriose: Wir laden die graue Masse ein, das Gefängnis um und für uns zu bauen, rühren aktiv die Pampe zusammen, die uns schließlich einkerkert. Deswegen ist das Rocken so wichtig. Nein, es geht nicht nur um Musik. Die kann viel später dazu kommen. Es geht darum, durch Bewegung jene Panzer zu spüren, um sie durch wiederholten Einsatz aufzuknacken und abzusprengen – jetzt, solange der Beton noch weich ist. Vor einer ausgehärteten Wand können wir nur noch kapitulieren. Dann ist es zu spät.

Schritt 1: Bereitschaft und Mut, etwas ändern zu wollen

Der Ausbruch aus dem Knast widriger Lebensumstände ist möglich, und zwar dauerhaft. Es wird ein herkulischer Kraftakt, aber er ist machbar. Zwei Dinge sind dafür wichtig, ohne die es nicht gelingen kann. Wir brauchen zum einen die mutige Bereitschaft, etwas zu ändern. Die Einsicht, dass ein Kurswechsel jede Menge Staub aufwirbeln wird, vielleicht viele Steine unseres bisherigen Lebens nicht mehr aufeinander bleiben werden. Wer die Stellschrauben seines Daseins neu justiert, erlebt mit Sicherheit mächtige Widerstände des Bestehenden. „Wie soll ich das meinem Chef sagen? Da ziehen meine Kollegen nicht mit. Das hält mein Partner nicht aus.“ Diese Sorgen und Fragen sind berechtigt. Wer plötzlich auf neuen Wegen fährt, spürt das gewaltige Beharrungsvermögen der bestehenden Systeme – Kollegen, Freunde, Familienangehörige, Vorgesetzte. Diese empfinden neue Wege vielleicht als bedrohlichen Spiegel eigener Inkonsequenz. Und es gibt noch etwas, das bremsen kann: Neid. Er ist nicht nur eine der sieben Todsünden, Neid ist eine teuflische Triebfeder, anderen Menschen Knüppel zwischen die Beine auf dem Weg zu ihrer Entwicklung zu werfen. Typische Neidsätze klingen so: „Der ist in ein paar Tagen auch wieder normal. Wer glaubt der eigentlich, wer er ist? Das haben schon viele versucht.“ Je besser wir uns auf diese Auswirkungen vorbereiten, desto besser lässt sich dauerhaftes Gelingen erreichen.

Entwicklungsarbeit setzt genau hier an. Vom heutigen Tag geht der Blick in die Zukunft: „Wie wäre es, wenn? Wer in ihrem Beruf oder Privatleben würde darauf wie reagieren?“ Altmeister Milton Erickson nannte diese Technik Pseudoorientierung in der Zeit. Aus ihr hat sein Schüler Steve de Shazer später seine berühmte Wunderfrage abgeleitet. „Stellen sie sich vor, über Nacht ist ein Wunder geschehen, das von ihnen Gewünschte ist eingetroffen. Woran würden sie erkennen, dass es geschehen ist?“ Diese Technik besitzt Segensreiches. Sie weitet den Blick für die Umstände. Natürlich wünschen wir uns mit brennender Leidenschaft, dass sich viele Dinge in unserem Leben ändern mögen. Genauso interessant ist unsere Fähigkeit, zu erkennen, falls sich die Umstände bereits geändert hätten. Wie bei einem Feldstecher, der auf die jeweilige Entfernung eingestellt werden muss, können wir lernen, unsere Aufmerksamkeit durch die verschiedenen Ebenen der Tiefenschärfe auf das Gewünschte zu fokussieren. Wer weiß, vielleicht sind wir ja bereits dort, wo wir hinwollen?

Schritt 2: Professionelle Begleitung und der Blick von außen

Somit kommt der zweite Punkt ins Spiel. Alleine führt der Weg zu neuen Ufern durch so schweres Gelände, dass er fast unmöglich zu beschreiten ist. Nötig ist ein professioneller Begleiter, mit dem wir uns im Team den jeweiligen Herausforderungen stellen können. Es braucht den Blick von außen, die präzise Analyse. Die Wenigsten von uns sind jemals auf die Idee gekommen, sich selbst bei ihrer Jagd im Hamsterrad des „Das haben wir schon immer so gemacht“ zu beobachten. Wie eingangs erwähnt befindet sich mein Büro im 16. Stock des Essener Ruhrturms. Aus den Fenstern geht der Blick nach Westen, bei klarer Sicht 30 Kilometer bis über den Rhein. Zusammen mit den vielen sattgrünen Pflanzen in meinem Büro ergibt sich eine entwicklungsfreudige Atmosphäre – Weite, Horizont, Perspektive, Wachstum. Selbst die größten Skeptiker schauen sich minutenlang die Augen aus dem Kopf, trinken einen Tee, und plötzlich sind Körper, Geist und Seele aufnahmefähig.

Die Schau von einer anderen Ebene auf das eigene Leben lädt dazu ein, die Erkenntnisse der modernen Hirnforschung[64] für die eigene Entwicklung zu nutzen[65]: Wir erzeugen unsere Welt, unsere Probleme, die Bedeutungen, die wir Dingen geben, jeden Tag. Damit bekommt das Weltbild einer professionellen Opferrolle („Ich kann nicht, weil…“ Oder: „Ich würde ja gerne, aber…“) mächtige Risse. Im diesem Moment reift die Erkenntnis, dass, wer sich zum Opfer macht, auf gleichem Wege zum Gestalter des Lebens werden kann. Die Fähigkeit ist vorhanden. Welche Vorzeichen wir ihr geben, darauf kommt es an. Vorstellungskraft kann entwickeln („Ich bin, ich handle, ich erreiche.“), Vorstellungskraft kann blockieren

(„Das kann ich nicht. Das gelingt mir nicht. Dafür bin ich zu alt."). Wir haben alles an Bord, was wir für ein Gelingen im Leben benötigen. Heben wir endlich unsere eigenen Schätze! Wer lange genug auf einer mit Gold gefüllten Schatztruhe saß, hat vielleicht keine blasse Ahnung mehr vom edlen Metall unter dem Truhendeckel. Wie könnte er wissen, dass der Schatzbehälter gar nicht verschlossen ist und einfach nur aufgeklappt zu werden braucht. Für den ahnungslosen Truhensitzer ist der hölzerne Behälter ein Möbelstück, auf dem es sich trefflich sitzen lässt.

Menschen in diesen Situationen zu begleiten, ist Knochenarbeit. Viele meiner Klienten reagieren fast aggressiv, fühlen sich angegriffen, wenn ich mit ihnen über ihre Potentiale spreche. Auf diese Sicht der Dinge kommt der betroffene Mensch nur schwer von allein. Er ist Teil seines Lebenssystems und für diese Erkenntnis meist betriebsblind. Da flammt schon mal innere Wut auf ob der Tatsache, dass man nicht selber die Fülle der Möglichkeiten erkannt hat. Erst wenn wir uns von einem selbsterzeugten Problem gelöst haben, können wir Wege finden, um es zu lösen. Das letzte, das ein Goldfisch erkennt, ist die Existenz von Wasser. In dieser flüssigen Substanz ist er aufgewachsen, er kennt nichts anderes. Deswegen braucht es den Blick von außen.

Ich selbst arbeite mit vielen Profis, die mich dabei begleiten, Schritt für Schritt immer besser zu werden. Die Investitionen gehen jedes Jahr in die Tausende. Mein Themenspektrum ist weit gespannt: Lektorat, Stimmtraining, Organisationsentwicklung, Körpersprache, Vortragskunst, betriebliches Gesundheitsmanagement, Psychologie, Hypnose. Keinen dieser Profis liebe ich. Warum? Sie sagen mir die ungeschminkte Wahrheit, legen Finger in Wunden meiner möglichen Entwicklung, sagen mir, wo ich sein könnte, aber noch nicht bin. Je mehr ich dabei mit den Zähnen knirsche, desto weniger schmeckt mir die verkündete Wahrheit. Was sie mir sagen, stimmt, deswegen könnte ich manchmal toben. Ich habe mir meine Supervisoren und Persönlichkeitsentwickler ausgesucht, gerade weil diese auf ihrem jeweiligen Fachgebiet tausend Mal besser sind als ich. Sie sind die Steine, an denen ich meine – ab und an stumpfe – Klinge schärfe. Ja, das ist ermüdend, das nervt, manchmal könnte ich die Wände hochlaufen. Sätze wie „Schön, Herr Kerzel, das war doch schon ganz gut", machen mich wahnsinnig. Viel besser wäre es, mich für großartig zu erklären und von der Welt bejubeln zu lassen. Doch bis dahin ist es ein frustrierend harter und weiter Weg – Ankunft ungewiss! Trotzdem wage ich mich täglich selbst auf meine Heldenroute, kann andere umso besser verstehen, während ich sie begleite.

Ich bin unterwegs zu meinen Zielen, von denen mich nur ein einziger Mensch abhalten kann. Das wäre ich selber. Also kann mich nichts abhalten und zurückhalten. Für mich zählen Resultate, keine Rechtfertigungen.

Wenn mein Auto streikt, laufe ich zu Fuß weiter. Wenn meine Stimme versagt, rede ich mit Händen und Füßen weiter. Wenn mich meine Füße nicht mehr bis zum Ziel tragen wollen, krieche ich auf den Brustwarzen weiter – so lange, bis ich da bin. Ich habe in meinem Leben Pleiten, Pech, Pannen und Trennungen erlebt, die mir heute noch die Nackenhaare abstehen lassen. Und ich hatte stets Menschen, die mich in diesen Situationen begleitet haben, die Flinte nicht ins Korn der Frustration zu werfen. Bevor ich Menschen dabei begleite, sich zu entwickeln, tue ich das erst einmal für mich. Aus diesem Bewusstsein erarbeite ich mit anderen Unternehmern Wege für deren Zukunft. Sonst wäre ich einer, der nur darüber redet, aber von der Praxis keine Ahnung hat. Egal, wie schwer der Weg wird, der vor mir liegt, ich werde ihn gehen. Ja, ich wäre schon gerne da, wo ich hin will, und bin es noch nicht – willkommen im Club! In diesen Momenten entdecke ich die Demut wieder. Auch ich bin ein Mensch, der auf den gleichen zähen Riemen widriger Schicksalsumstände herumkaut wie die meisten von uns. Beim bloßen Nagen muss es nicht bleiben. Holen wir uns Fachleute ins Leben, mit deren Hilfe wir lernen, das Leder durchzubeißen oder es auszuspucken. So rocken wir nicht nur unser Leben, sondern zeigen dem Riemen gleichzeitig, wo der Hammer hängt. Wir werden, sind und bleiben Gestalter unseres Lebens. Schluss mit dem Gerede, raus aus dem Arbeitsknast.

Als dies kürzlich einer Klientin bewusst wurde, bekam sie fast einen Lachanfall. Schlagartig wurde ihr die eigene Vergeblichkeit bewusst, durch immer schnelleres Jagen im Hamsterrad vorwärts kommen zu können. Die Jagd nach dem Maximum, dem Besseren, dem Weiteren war gestern – die Gegenwart und Zukunft gehören den Klügeren. Bereits dieser Perspektivenwechsel kann große Erleichterung bewirken. Es ist eine segensreiche Entwicklungseinladung, unsere Bereitschaft mit unseren Fähigkeiten zu verbinden. Nicht um jeden Preis, sondern um den Schatz der eigenen Wertschätzung. Vielleicht zum ersten Mal seit langer Zeit kommen wir aus einer dauernden Selbstabwertung („Ich bin zu blöd. Ich als Frau. Ich als Mann. Ich doch nicht.") heraus. Einsichten wie diese sind Balsam für die geplagte Seele. Selbst der Teufel hämmert Fausts Schüler das Folgende ein „Vergebens, wenn ihr ringsum wissenschaftlich schweift. Ein jeder lernt nur, was er lernen kann. Doch der den Augenblick ergreift, das ist der rechte Mann."[66] Der Augenblick ist stets das Jetzt, in dem wir uns, Atemzug für Atemzug, neu erzeugen. In diesem Jetzt entsteht in jeder Sekunde die Zukunft. Was sich aus diesem Augenblick entwickelt, bleibt ungewiss. Doch die Zukunft, das sind wir. Wer glaubt, erst dann einen Gang zurückschalten zu dürfen, wenn er allem gerecht geworden ist, der ist verloren.

Danke, danke, danke

An dieser Stelle geht mein tiefer Dank an die vielen Ideengeber und Weggefährten, durch welche ich die Klinge meiner Entwicklung schärfen konnte: Meine Tochter Antonia Henriette Anna, mein Ziehsohn Marian Stefan Georg, meine wunderbaren Eltern Sigrid und Georg Kerzel, meine Großeltern Antonie und Paul Wilhelm Kerzel, Helene Bukowski und Johannes Lang, Schwester und Schwager Martina und Jürgen Weritz sowie meine Patentante Dorothea Bennewitz. Dr. Marianne Schlecht-Gensler, Reinhold Eberle und Markus Giss – mögen der Geist und die Neugier niemals enden. An Manuela Müller, Linda Wagner und Eleonore Urbanski – ihr gehört zu den Meilensteinen meines Weges. An meine Lehrer und Ausbilder Margarethe Andersson, Paul Hungerberg, Eckhard Lechermann und Gerd Simon. Danke an Johannes „Eisenhans" Kaldenhoff für seine Treue in schweren Stunden.

Der Autor

Stefan Kerzel studierte in Münster und Dortmund Journalistik mit den Schwerpunkten Wirtschaft und Marketing. Nach erfolgreicher Arbeit als internationaler Musik- und Wirtschaftsjournalist baute er seine Firma „kerzel – Unternehmen erfolgreich fördern“ auf. Die Welt am Sonntag erhob ihn in die Kategorie „Gründer des 21. Jahrhunderts“. Stefan Kerzel arbeitet als Unternehmensentwickler, Wirtschaftsmediator sowie als Vortragsredner.

In der Branche trägt er den Spitznamen „Der Fördermann“, der sich auf das Finden von Fördergeldern zur Unternehmensentwicklung spezialisiert hat. Stefan Kerzel weiß, wo die Unternehmerinnen, Unternehmer und Belegschaften der Schuh drückt und welche öffentliche Förderung helfen kann, diese Probleme zu lösen.

Täglich erlebt Stefan Kerzel, an welchen Hürden Menschen und Unternehmen immer wieder scheitern. Er weiß, was sie benötigen, um wieder Zugang zu ihren Kompetenzen zu bekommen. So entstand sein Geschäftsfeld „Hypnose für Kerle“, wo Entscheider und Wirtschaftslenker in Trance ihre Befindlichkeiten zur Ausholbewegung für Erfolgsentwicklung und Selbstmanagement nutzen können. Stefan Kerzel arbeitet als Dozent sowie für Bundes- und Landesministerien. Zu seinen Mandanten zählen DAX-Unternehmen, Konzerne und inhabergeführte Unternehmen.

Nähere Informationen:
Tel +49 (0) 201 79 69 90
Mail: info@stefankerzel.com
Web: www.stefankerzel.com

Über seinen Blog www.kerzel-blog.de informiert Stefan Kerzel Sie zu allen Themenfeldern seines Leistungsspektrums:

- Fördergelder – der Turbo für Ihren Unternehmenserfolg
- Unternehmensentwicklung
- Coaching, Supervision & Hypnose
- Mediation (Konfliktlösung)
- Kommunikation & Vertrieb

Folgen Sie Stefan Kerzel auf Facebook: www.facebook.com/kerzel.unternehmensentwicklung/
Vernetzen Sie sich mit ihm bei Xing: www.xing.com/profile/Stefan_Kerzel

Literaturverzeichnis

3sat: https://www.3sat.de/page/?source=/nano/cstuecke/107031/index.html, 29.03.2016, abgerufen 13.11.2016

Abgeordnetenwatch.de, 24.07.2014, abgerufen 15.10.2016

Amphetamin: https://de.wikipedia.org/wiki/Amphetamin, abgerufen 26.08.2016

Antidementivum: https://de.wikipedia.org/wiki/Antidementivum, abgerufen 26.08.2016

Antidepressivum: https://de.wikipedia.org/wiki/Antidepressivum, abgerufen 26.08.2016

Archimedes, The Works of Archimedes (Dover Books on Mathematics), 2003

ARD: http://www.ard.de/home/themenwoche/Guenter Scheich Positives_Denken_macht_ungluecklich_/409126/index.html, 01.10.2013, abgerufen 02.12.2016

Ärzteblatt: http://www.aerzteblatt.de/archiv/172961, 2015 112 (46), abgerufen 13.11.2016

Ärztezeitung online: http://www.aerztezeitung.de/medizin/krankheiten/neuro-psychiatrische_krankheiten/depressionen/article/889670/psychische-erkrankungen-haelfte-gesunden-lebenszeit-geht-verloren.html, 08.07.2015, abgerufen 25.07.2016

Augustinus, https://www.aphorismen.de/zitat/151332, abgerufen 29.09.2016

Bargh, J. A., Chen, M., & Burrows, L.: Automaticity of social behavior: Direct effects of trait construct and stereotype priming on action. In: Journal of Personality and Social Psychology. No. 71, 1996, S. 230–244.

Benson H., McCallie D.P., (1979) Angiina Pectoris and the Placebo Effect. N Engl J Med 300 (25): 1424-1429,

Bertelsmann-Stiftung: https://www.bertelsmann-stiftung.de/de/themen/aktuelle-meldungen/2016/juni/kein-kind-zuruecklassen-wirkt-und-lohnt-sich/, 02.06.2016, abgerufen 15.11.2016

Betablocker: https://de.wikipedia.org/wiki/Betablocker, abgerufen 26.08.2016

Bild online 02.11.2011 „Zwei wunderbare Menschen, wie es sie nur selten gibt“, abgerufen 02.12.2016

Blackwell B., Bloomfield S.S., Buncher C.R., 1972, Demonstration to Medical Students of Placebo Responses and Non-Drug Factors. Lancet 1 (763): 1279–1282

Bote, Hermann: Till Eulenspiegel. Alle 96 Geschichten aus seinem Leben, Berlin, 2015

Braithwaite A., Cooper P. (1981), Analgesic Effects of Branding a Treatment of Headaches. British Medical Journal (Clinical Research Edition) 282 (6276): 1576–1578

Bude, Heinz, Gesellschaft der Angst, Hamburg 2014

Bundestag-Online: https://www.bundestag.de/blob/189456/00aab1db13ea7fda086a19ad3641d4fa/lobbylisteamtlich-data.pdf, 16.05.2016, abgerufen 20.11.2016

Businessinsider: http://www.businessinsider.com/wall-street-for-junior-bankers-2015-10?IR=T 23.10.2015, abgerufen 02.10.2016

Camus, Albert, Der Mythos des Sisyphos, 6. Aufl., Hamburg, 2004

Cattaneo A.D., Lucchelli P.E., Filippuchi G., (1970) Sedative Effects of Placebo Treatment. European Journal of Clinical Pharmacology 3: 43-45

Chanel, Coco: http://natune.net/zitate/CocoChanel, abgerufen 01.12.2016

Colvin, Geoffrey, Talent Is Overrated: What Really Separates World-Class Performers from Everybody Else, 2008

Comaroff J., (1976) A bitter pill to swallow: placebo therapy in general practice. The Sociological review 24 (1): 79-96
Csíkszentmihályi, Mihály, Das Flow-Erlebnis. Jenseits von Angst und Langeweile: im Tun aufgehen. Stuttgart 2010

DAK-Gesundheitsreport: dak.de Gesundheitsreport 2009. Analyse der Arbeitsunfähigkeitsdaten. Schwerpunktthema Doping am Arbeitsplatz (Memento vom 26. Juni 2011 im Internet Archive) (PDF). abgerufen 19.07.2016
de Craen A.J., Moermann D.E., Heisterkamp S.H., Tytgat G.N., Tijssen J.G., Kleijnen J., 1999, Placebo Effect in the Treatment of Duodenal Ulcer. British Journal of Clinical Pharmacology 48 (6): 853–860
Der Westen online: http://www.derwesten.de/politik/wie-mandela-seinen-waerter-befreite-id8743773.html#plx207508833, 06.12.2013, abgerufen 22.08.2016
Deutsche Wirtschaftsnachrichten: http://deutsche-wirtschafts-nachrichten.de/was-ist-ein-schwarzer-schwan-in-der-wirtschaft,/ 09.10.2016, abgerufen 22.11.2016
Deutschlandradiokultur: http://www.deutschlandradiokultur.de/lebensqualitaet-innere-hindernisse-ueberwinden, 18.08.2015, abgerufen 02.12.2016
Die Presse Online: http://diepresse.com/home/wirtschaft/recht/3850870/Woran-scheitern-Fusionen-unter-Gleichen, 06.08.2014, abgerufen 03.09.2016
Doidge, Norman, Neustart im Kopf, Frankfurt 2014
Dostojewski, Fjodor Michailowitsch, Die Dämonen – Berlin, Weimar, 1985

Edelmann, G.M, und Tononi, G., A universe of consciousness: How matter becomes imagination. New York: Basic Books 2000,
Edison, Thomas Alva, Harpers Monthly, 1932
Einstein, Albert, http://einstein-zitate.com, abgerufen 23.09.2016
21 Punkte zu den Physikern, Punkt 8 (geschrieben 1962); Werkausgabe Bd. 7 Zürich 1998, S. 91
Ende, Michael, Die unendliche Geschichte, Stuttgart 1979
Erickson, M. H, 1954: Pseudoorientation in time as a hypnotherapeutic procedure. Journal of Clinical and Experimental Hypnosis 2: S. 261–283
Euripides: http://www.gutzitiert.de/zitate_sprueche-zufall.html, abgerufen 22.09.2016

Faria V., Fredrikson M., Furmark T., (2008) Imaging the placebo response: a neurofunctional review. Eur Neuropsychopharmacol, 18 (7): 473–485 Tabellen 1 und 2
Farr B.M., Gwaltney J.M., Jr. (1987) The problems of taste in placebo matching: an evaluation of zinc gluconate for the common cold. Journal of chronic diseases 40 (9): 875-879
FAZ Online: http://www.faz.net/aktuell/gesellschaft/drogen-jan-ullrichs-party-pillen-170606.html, 08.07.2002, abgerufen 13.07.2016
FAZ Online: http://www.faz.net/aktuell/wirtschaft/unternehmen/vw-affaere-prostituierte-fuer-hartz-beim-treffen-des-weltbetriebsrats-1250735.html, 30.09.2005, abgerufen 17.08.2016
FAZ Online: http://www.faz.net/aktuell/politik/kampf-gegen-den-terror/gfk-umfrage-die-rueckkehr-der-german-angst-13968859.html, 16.12.2015, abgerufen 17.10.2016
FAZ Online (27.03.2013). Arbeitgeber wollen Azubis mit Prämien locken, abgerufen 03.09.2016
Focus, Der Stern sinkt, 04.10.1993
Focus Online: http://www.focus.de/finanzen/geldanlage/sex-affaere-bei-vw_aid_99765.html, 29.09.2005, abgerufen, 22.08.2016

Focus Online: http://www.focus.de/gesundheit/ratgeber/psychologie/krankheitenstoerungen/erkrankungen-der-seele-millionen-deutsche-leiden-unter-psychischen-stoerungen_aid_847885.html, 28.10.2012, abgerufen 02.10.2016
Ford, Henry, http://zitate.net/henry-ford-zitat, abgerufen 30.09.2016
Frings, Joseph: www.gemeinden.erzbistum-koeln.de/stifts-chor-bonn/service/portraits/frings.de, abgerufen 01.09.2016
Frisch, Max, Mein Name sei Gantenbein, Berlin, 1975
Furman, Ben, Es ist nie zu spät, eine glückliche Kindheit zu haben, Dortmund, 1999
Fuss J., Steinle J., Bindila L., Auer M.K., Kirchherr, Lutz B., Gass P.,A Runner's high depends on cannabinoid receptors in mice. In: PNAS. 42, Nr. 112, 2015, S. 13105–13108.

Gaultier S., Taylor C., Remington B., (1992) A method for producing alcohol placebos. Br J Addict 87 (2): 303-308
Gefangenenstatistik:http://de.statista.com/statistik/daten/studie/158317/umfrage/gefangene-und-verwahrte-in-deutschland-nach-art-des-vollzugs/Stand, 30.11.2015, abgerufen 21.08.2016
Ginolas, Michael, Mein Gehirn braucht auch mal eine Belohnung: „Offtime http://www.ginolas.de/michael/offtime/", 04.01.2015, abgerufen 02.12.2016
Gladwell, Malcolm, Überflieger: Warum manche Menschen erfolgreich sind – und andere nicht, Frankfurt 2009
Goethe, Johann Wolfgang von, Faust 1, München 2002
Goethe: http://www.zgedichte.de/gedichte/johann-wolfgang-von-goethe/sein-und-werden.html, abgerufen 22.12.2016
Grawe, Klaus, Neuropsychotherapie, Göttingen 2004

Hamburger Abendblatt Online: http://www.abendblatt.de/wirtschaft/article108543058/Der-gefaehrliche-Trend-zum-Bulimie-Lernen.html 29.07.2010, abgerufen 13.11.2016
Handelsblatt Online: http://www.handelsblatt.com/unternehmen/industrie/zehn-jahre-vw-affaere-gebauer-wo-bleiben-die-weiber/11972752.html 15.06.2015, abgerufen 23.07.2016
Handelsblatt Online: Goldmann-Deutschland-Chef: „Banken müssen nicht das Gemeinwohl fördern", 14.01.2010, abgerufen 26.07.2016
Handelsblatt Online: http://www.handelsblatt.com/unternehmen/management/consulting-warum-viele-fusionen-scheitern/3752186.html, 31.12.2010, abgerufen 22.09.2016
Handelsblatt Online: http://www.handelsblatt.com/unternehmen/it-medien/valley-voice/valley-voice-die-macho-maschinen/19295104.html 24.01.2017, abgerufen 25.01.2017
Heise Online: https://www.heise.de/tp/features/Goldfische-haben-bereits-eine-laengere-Aufmerksamkeitsspanne-als-Menschen-3232224.html,15.05.2015, abgerufen 22.02.2017
Herles, Bernd, Die kaputte Elite, München 2015
Herzog Roman, Aufbruch ins 21. Jahrhundert – Rede 26.04.1997 Hotel Adlon
Hirschhausen, E. v., Osten, Manfred, Zum Glück: Hirschhausen, Berlin 2010
Höhler, Gertrud, Wirtschaftsvortrag Sparkasse Essen, 05.12.2005
Hofer, Gérald, Odysseus, München 1994
Hoffmann, Jens, Auffällig viele Psychopathen werden Chef. Die Zeit, 26.05.2014
Homer, Odyssee 11. Gesang, 593–600. Übersetzung Wolfgang Schadewald, 2008
Horx, Matthias, Das Megatrend-Prinzip, München 2011, S. 200 f.
Hüther, Gerald, Gelassenheit hilft: Anregungen für Gehirnbenutzer, Vortrag auf

den Kongress Wirtschaft und Demographie – Zukunft wird jetzt gemacht, Köln, 23.09.2009
Hüther, Gerald, Die Macht der inneren Bilder, Göttingen, 2004
Hüther, Gerald, Vortrag Positive Psychologie und Potentialentfaltung, Vortrag Hamburg, Auditorium Netzwerk 02.07.2016
Huna-Lehre: https://de.wikipedia.org/wiki/Huna, abgerufen 30.09.2016
Hussain M.Z., Ahad A. (1970) Tablet Colour in Anxiety States. Brit. Med. J 3 (720): 466

Ikemi Y. Nakagawa S., Nakagawa T., Sugita M., Psychosomatic Consideration on Cancer Patients Who Made A Narrow Escape from Death. Dynamic Psychiatry 8: S. 77–91, 1975
Iken, Katja: Krankenakte Kennedy: Sex, Lügen und Osteoporose, spiegel.de, 07.01.2011, abgerufen 16.09.2016

Jung, Carl Gustav, www.bleep.de/index.php?id=80, abgerufen 22.09.2016

Kennedy, John F.: https://de.wikipedia.org/wiki/John_F._Kennedy, abgerufen 08.09.2016
Kennedy John F.: http://www.zitate-online.de/literaturzitate, abgerufen 30.09.2016
Kerzel, Stefan, Mitarbeiter finden und binden, Kompendium zum Thema Führung, München 2017
Kerzel, Stefan, Interview mit Reinhold Messner, Leadership musst du dir nehmen, Rhein-Ruhr-Magazin Essen, 03/2001
Knast.net: https://www.knast.net/search.html?word=folgen+des+strafvollzugs&top=0&action=search, abgerufen 18.09.2016
Kölner Stadtanzeiger Online: http://www.ksta.de/ratgeber/gesundheit/experte-im-interview-ab-wann-gilt-man-als-internetsuechtig--24701254, Kölner Stadtanzeiger 06.09.2016
Kongress „Mentale Stärken“ Anmeldung 02.–05.11.2017, Heidelberg https://cx-services.com/htx12/mst17.php?page=congress_info, abgerufen 02.11.2016
Kreuz, Peter, http://www.foerster-kreuz.com/, abgerufen 02.09.2016
Kruse, Peter, next practice – Erfolgreiches Management von Instabilität, Offenbach 2004
Kruse, Peter, Navigation in der Unsicherheit, in: Die Erfolgsmacher II, Frankfurt 2005
Kruse, Peter, Kompetent, kollektiv oder katastrophal, Vortrag Messe Zukunft Personal, 18.09.2013 Köln, https://www.youtube.com/watch?v=gLa4ropqcuY. Zugegriffen 20.04.2016
Kurscheidt, Georg: Friedrich Schiller. Werke und Briefe, Bd. 1. Deutscher Klassiker Verlag: 1992, S. 417–420

Laotse: https://www.aphorismen.de/zitat/14091, abgerufen 22.09.2016
Lascaux: http://de.france.fr/de/sehenswert/grotte-von-lascaux, abgerufen 17.10.2016
Lascaux: https://de.wikipedia.org/wiki/Höhle_von_Lascaux, abgerufen 17.10.2016
Lebach-Urteil: https://de.wikipedia.org/wiki/Lebach-Urteil, abgerufen 02.09.2016
Lehman, H.C., Age and achievement. Princeton: Princeton University Press 1953; K.D. Simonton: „Does creativity decline in the later years? Definition, date, and theory.“ In M. Permutter (Hrsg.): Late life potential. Washington D.C: Gerontological Society of America 1990
Lexikon Psychologie: http://www.spektrum.de/lexikon/psychologie/priming-effekt/11826, Spektrum Akademischer Verlag, Heidelberg, abgerufen 09.10.2016
Lucchelli P.E., Cattaneo A.D., Zattoni (1978) Effect of Capsule Colour and Order of

Administration of Hypnotic Treatments. European Journal of Clinical Pharmacology 13 (2): 153–155

MacLean, P.D., The triune brain in evolution, New York 1990
Mandela Nelson: http://www.poeteus.de/autor/Nelson-Mandela/29, abgerufen 23.08.2016
Mann, Heinrich, Der Untertan, Frankfurt 2001
Maturana, Humberto, Erkennen: Die Organisation und Verkörperung von Wirklichkeit, Braunschweig 1982
McKinsey-Publikationen (22.05.2012), War of Talents, Wettbewerbsfaktor Fachkräfte – Strategien für Deutschlands Unternehmen
Mehrabian, Albert, https://de.wikipedia.org/wiki/Albert_Mehrabian, abgerufen 12.09.2016
Methylphenidat: https://de.wikipedia.org/wiki/Methylphenidat, abgerufen 17.07.2016
Metzinger, Thomas, Der Ego-Tunnel: Eine neue Philosophie des Selbst: Von der Hirnforschung zur Bewusstseinsethik, Berlin, 2009
Milton Erickson-Gesellschaft München, http://www.meg-hypnose.de
Mischel, Walter, Der Marshmallow-Effekt: Wie Willensstärke unsere Persönlichkeit prägt, München 2015
Modafinil: https://de.wikipedia.org/wiki/Modafinil, abgerufen 26.08.2016
Moermann D. E., Meaning, Medicine and the Placebo Effect, Cambridge University Press, Cambridge, 2004
Moermann D.E., Jonas W.B., Toward a research agenda on placebo. Adv Mind Body Med 16 (1): 33–46, 2002

National Geographic HD, Koks an der Wall Street (The Real Wolves of Wall Street) (Großbritannien, 2015)
Nokia-Werk Bochum, https://de.wikipedia.org/wiki/Nokia-Werk_Bochum, abgerufen 26.07.2016

Online-Enzyklopädie für Psychologie und Pädagogik; http://lexikon.stangl.eu/1378/priming/ Online-Enzyklopädie für Psychologie und Pädagogik, abgerufen 09.10.2016
O'Brien, Michael: John F. Kennedy's Women: The Story of a Sexual Obsession. Now and Then, 2011, S. 60 ff.

Pfläging, Niels, Management ist tot, Interview mit Sven Pauleweit, Human Resources Manager Juni/Juli 2015
Pharmazeutische Zeitung: http://www.pharmazeutische-zeitung.de/index.php?id=49802, Tablettenkonsum steigt deutlich, 48/2013, abgerufen 13.11.2016
Pharmazeutische Zeitung online: Burnout: Als Krankheit nicht anerkannt www.pharmazeutische-zeitung.de/index.php?id=52440 27.05.2014, abgerufen 13.11.2016
Picasso, Pablo: http://gutezitate.com/autor/pablo-picasso, abgerufen 22.11.2016
Pilcher, Helen, 13.05.2009: „The science of voodoo: When mind attacks body", http://www.newscientist.com/article/mg20227081.100)"
Planet Wissen: http://www.planet-wissen.de/gesellschaft/verbrechen/gefaengnis_leben_hinter_gittern/pwieresozialisierungvomstraftaeterzumnachbarn100.html, abgerufen 15.07.2016
Plautus, Titus Maccius: https://de.wikipedia.org/wiki/Homo_homini_lupus, Komödie Asinaria (Eseleien) des römischen Komödiendichters Titus Maccius Plautus (ca. 254–184 v. Chr.).

Pöhm, Matthias, http://www.rhetorik-seminar-online.com/rhetorik-tipps/praesentation-ohne-powerpoint, abgerufen 22.08.2016
Priddat, Birger P., Das Defizit der Wirtschaftslehre: Eine Frage der Haltung, Die Welt, 22.10.2008

Rauen, Christopher, Handbuch Coaching, Göttingen, 2002
Rheinische Post Online: http://www.rp-online.de/wirtschaft/unternehmen/das-nokia-lehrstueck-aid-1.2318315, 30.09.2011, abgerufen 27.08.2016
Ritalin: http://www.firstthings.com/blogs/firstthoughts/2010/08/taming-tom-sawyer-with-a-spoonful-of-ritalin, abgerufen 18.07.2016
Roth, Gerhard, Fühlen, Denken, Handeln. Wie das Gehirn unser Verhalten steuert, Frankfurt, 2001
Roth, Gerhard, Stüber, Nicole, Wie das Gehirn die Seele macht, Stuttgart 2017

Sallis R.E., Buckalew L.W., (1984) Relation of Capsule Colour and Perceived Potency. Perceptual and Motor Skills 58 (3): 897–898
Sattelberger, Thomas, Interview, Managerausbildung: Die großen Business Schools sind lebende Leichen. Spiegel Online, 09.02.2012, abgerufen 30.07.2016
Schapira K., McClelland H.A., Griffiths N.R., Newell D.J., (1970) Study on the Effects of Tablet Colour in the Treatment of Anxiety States. Brit. Med. J1 (707): 446–449
Scheich, Günther, Vortrag Positiv Denken macht krank, Zürich, 13./14.11. 1998
Schermuly, Carsten: http://www.wirtschaftspsychologie-aktuell.de/lernen/lernen-20131213-carsten-c-schermuly-empowerment.html, abgerufen 02.11.2016
Schirrmacher, F., in Carr, Nicolas, Wer bin ich, wenn ich online bin… München 2010,
Schmid, Gary Bruno, Selbstheilung durch Vorstellungskraft, Wien 2010
Schmidt, Gunther, Wie hypnotisieren wir uns erfolgreich im Alltag – Einführung in hypnosystemisches Empowerment. Workshop „Mentale Stärken“, Heidelberg Oktober 2010, Auditorium Netzwerk, Müllheim
Schmidt, Gunther, Einführung in die hypnosystemische Therapie, Heidelberg 2008
Schmidt, Gunther, Nutzung von Stressfaktoren als „hypnosystemische Lösungswecker“. Vortrag 11. September 2011, Berlin, Auditorium Netzwerk, Müllheim
Schmidt, Gunther, Vortrag Heidelberg: Mentale Stärken 30.10.2014.
Schmidt, Gunther, Mindsight und Embodiment, Vortrag, Berlin 15.10.2016
Schmidt, Gunther, Liebesaffären zwischen Problem und Lösung, Heidelberg 2017,
Shapiro A.K., Shapiro E., The Powerful Placebo: From Ancient Priest to Modern Physician, The Johns Hopkins University Press, Baltimore-London, 1997
Spektrum: http://www.spektrum.de/frage/kann-das-gehirn-voll-sein/1353096 10.07.2015
Spiegel, Der: Schock für die Aktionäre, Nr. 31, 1995, S. 28–29
Spiegel, Die Sehnsuchenden, 22.10.2016
Spiegel Online: http://www.spiegel.de/einestages/nelson-mandela-auf-robben-island-a-947040.html, 06.12.2013, abgerufen 23.08.2016
Spiegel Online: http://www.spiegel.de/kultur/literatur/gesellschaft-der-angst-heinz-budes-befund-zu-arbeit-und-leben-a-993314.html, 25.09.2014, abgerufen 22.07.2016
Spiegel Online: http://www.spiegel.de/forum/kultur/gesellschaft-der-angst-der-mensch-steht-kurz-vor-der-abwicklung-thread-157480-2.html, 25.09.2014, abgerufen 02.11.2016
Spiegel Online: Flüchtlingspolitik: Bund zahlt McKinsey Millionenhonorar für Abschiebetipps, 05.08.2016, abgerufen 30.09.2016
Spiegel Online: http://www.spiegel.de/gesundheit/diagnose/doping-im-job-millionen-

arbeitnehmer-schlucken-medikamente-a-1023921.html 17.03.2015, abgerufen 01.09.2016
Spiegel Online: http://www.spiegel.de/gesundheit/diagnose/doping-im-job-millionen-arbeitnehmer-schlucken-medikamente-a-1023921.html, 17.03.2015, abgerufen 26.08.2016
Spiegel Online: http://www.spiegel.de/politik/deutschland/nebenverdienste-im-bundestag-kritik-an-top-verdiener-gauweiler-a-983193.html, 28.07.2014, abgerufen 22.10.2016
Spiegel Online: http://www.spiegel.de/einestages/10-jahre-lewinsky-affaere-a-947750.html, 15.08.2008
Spiegel Online: http://www.spiegel.de/gesundheit/diagnose/pharma-industrie-an-diese-aerzte-zahlten-pharmafirmen-geld-a-1102854.html, 14.07.2016, abgerufen 20.10.2016
Spiegel Online: Ich will den Präsidenten, sofort. http://www.spiegel.de/spiegel/print/d-10127005.html, 08.03.1999, abgerufen 20.09.2016
Spiegel Online: http://www.spiegel.de/politik/deutschland/allensbach-studie-deutschland-hat-angst-a-1111132.html, 07.09.2016, abgerufen 22.10.2016
Spiegel Online: http://www.spiegel.de/karriere/diagnose-burnout-betroffene-berichten-von-ihren-erfahrungen-a-842844.html, 28.05.2011, abgerufen 02.10.2016
Spiegel Online: http://www.spiegel.de/politik/deutschland/lobbyismus-im-bundestag-diese-gruppen-haben-zutritt-a-1059647.html, 26.10.2015, abgerufen 20.09.2016
Spiegel Online: http://www.spiegel.de/gesundheit/diagnose/pollen-allergie-immer-mehr-menschen-leiden-unter-heuschnupfen-a-830187.html, 14.06.2012, abgerufen 13.11.2016
Spiegel Online: http://www.spiegel.de/sport/sonst/interview-baumann-marathon-ist-eben-doch-was-anderes-a-192881.html, 21.04.2002, abgerufen 02.12.2016
Spiegel Online: http://www.spiegel.de/panorama/justiz/stockholm-syndrom-wenn-das-gute-zum-boesen-wird-a-433388.html, 24.08.2006, abgerufen 01.08.2016
Sprenger, Reinhard, K., Radikal führen, Frankfurt 2012
Statista: https://de.statista.com/statistik/daten/studie/2913/umfrage/fernsehkonsum-der-deutschen-in-minuten-nach-altersgruppen/, 21.12.2016, abgerufen 02.11.2016
Stockholm-Syndrom: https://de.wikipedia.org/wiki/Stockholm-Syndrom, abgerufen 22.08.2016
Storch, Maja, Die Macht des Körpers, Psychologie Heute compact http://majastorch.de/download/110110_DieMachtdesKoerpersPH.pdf, abgerufen 02.12.2016
Storch, Maja, Cantieni, Benita, Hüther, Gerald, Tschacher, Wolfgang, Embodiment. Wechselwirkung von Körper und Psyche verstehen und nutzen, Göttingen 2006
Süddeutsche Zeitung Online: http://www.sz-online.de/nachrichten/gebauer-wo-bleiben-die-weiber-3130193.html, 19.06.2015, abgerufen 22.08.2016
Süddeutsche Zeitung Online: Hochzeiten ohne Liebe Gescheiterte Fusionen des Daimler-Konzerns, 19. Mai 2010, abgerufen 25.07.2016
Süddeutsche Online: http://www.sueddeutsche.de/karriere/bildungsstudie-warum-viele-arbeiterkinder-aufstiegsangst-haben-1.1463913, 10.09.2012, abgerufen 17.09.2016
Süddeutsche Zeitung Online: http://www.sueddeutsche.de/panorama/erpressung-der-quandt-erbin-klatten-mitleid-sex-und-videos-1.536464, 17.05.2010, abgerufen 01.10.2016
Süddeutsche Zeitung Online: http://www.sueddeutsche.de/sport/-euro-strafe-fuer-marco-reus-im-leben-falsch-abgebogen-1.2273673, 19.12.2014, abgerufen 02.11.2016
Süddeutsche Zeitung Online: http://www.sz-online.de/nachrichten/gebauer-wo-bleiben-die-weiber-3130193.html, 19.06.2015, abgerufen 27.08.2016

Süddeutsche Zeitung Online: http://www.sueddeutsche.de/digital/onlinesucht-verloren-in-zeit-und-raum-1.178928, 17.05.2010, abgerufen 22.11.2016
Südwestpresse: http://www.swp.de/ulm/sport/fussball/ueberregional/Fuehrerschein-Fuehrerscheinpruefung;art1222900,3969030, 17.08.2016, abgerufen 02.11.2016
Sutter, Matthias, Die Entdeckung der Geduld: Ausdauer schlägt Talent, Wettenberg 2014

Tagesspiegel Online: http://www.tagesspiegel.de/politik/bundestag-lammert-will-weniger-lobbyisten-im-parlament/12959522.html, 13.02.2016, abgerufen 22.10.2016
Taleb, Nassim Nicholas, Der Schwarze Schwan: Die Macht höchst unwahrscheinlicher Ereignisse, München 2015
The Wolf of Wall Street, 2013 Paramount Pictures, Red Granite Pictures
Thielemann, Ulrich, Interview Deutschland Radio, 05.04.2012
Tracy, Brian, No Excuses! The Power of Self-Discipline, 2011
Truffaut, Francois: http://www.zitateundsprueche.com, abgerufen 30.09.2016
Tucholsky, Kurz, http://www.bk-luebeck.eu/zitate-tucholsky.html, abgerufen 13.09.2016
Twain, Mark: http://welt-der-zitate.de/mark-twain-mit-dem-rauchen-aufhoeren, abgerufen 30.09.2016

Unestahl, Lars Eric, Integrated Mental Training, 2011, Eskilstuna, Sweden,

Vaillant, G.E., Aging well: Surprising guideposts to a happier life from the landmark Harvard study of adult development, Boston: Little, Brown, & Co. 2002
Valentin, Karl: http://www.karl-valentin.de/zitate/zitate.htm, abgerufen 25.11.2016
Van Halen, Eddie https://www.youtube.com/watch?v=iaymP_06caE Eddie Van Halen Accepts Spike TV's „Guitar God" Award /2009, abgerufen am 30.09.2016
Vance, Erik, Heilkraft des Glaubens – Die Macht der Gedanken, National Geographic, aus dem Englischen von Karin Rausch, Hamburg, Dezember 2016
Verhaltenswissenschaft: http://www.verhaltenswissenschaft.de/Psychologie/Psychische_Storungen/Affektive_Stoerungen/Depression/Ursachen_Depression/ursachen_depression.htm#kognitiv, abgerufen 02.11.2016

Wall Street: Geld schläft nicht, 2010, Regie: Oliver Stone, Twentieth Century Fox Film Corporation
Ware, Bronnie, The Top Five Regrets of the Dying: A Life Transformed by the Dearly Departing, 2011
Wassersportlexikon: Wassersportlexikon.de, abgerufen 22.09.2016
Watzlawick, Paul, Wenn die Lösung das Problem ist, Vortrag aus dem Evangelischen Bildungswerk Hospitalhof Stuttgart, 07.07. 1987
Watzlawick, Paul, Es gibt keine Wahrheit, Spiegel-Interview 25.07.1994
Watzlawick, Paul, Wie wirklich ist die Wirklichkeit, Radiosendung 1983, CD auditorium netzwerk (2007)
Watzlawick, Paul, Anleitung zum Unglücklichsein, München 2015
Weilbacher, J. C., Kompliziert oder komplex? Human Resources Manager April/Mai 2016
Weinelt, Hannes, Chronos und Kairos – Die zwei Gesichter der Zeit, Abenteuer Philosophie 04/2005
Welt Online: http://www.welt.de/wirtschaft/article157189669/Das-Leben-in-Deutschland-ist-beinahe-perfekt.html, 21.07.2016, abgerufen 26.08.2016

Welt Online: http://www.welt.de/debatte/kommentare/article135389487/Die-Deutschen-fuerchten-sich-zu-Tode.html, 17.12.2014, abgerufen 27.08.2016
Welt Online: https://www.welt.de/wirtschaft/karriere/leadership/article12878747/Warum-grosse-Firmenfusionen-immer-wieder-scheitern.html, 03.10.2015, abgerufen 22.09.2016
Welt Online: http://www.welt.de/welt_print/article3620252/10000-Stunden-und-ein-wenig-Glueck.html, abgerufen 04.12.2016
Welt Online: https://www.welt.de/wissenschaft/article13077154/Lernen-laesst-das-Gehirn-extrem-schnell-wachsen.html, 05.04.2011, abgerufen 23.11.2016
Welt Online: http://www.welt.de/wissenschaft/article4505535/Denken-benoetigt-weniger-Energie-als-gedacht.html, 10.09.2009, abgerufen 02.12.2016
Welt Online: http://www.welt.de/debatte/kolumnen/made-in-germany/article156875574/Die-Jungs-von-heute-koennen-einfach-nicht-mehr-flirten.html, 07.07.2016, abgerufen 20.09.2016
Welt Online: http://www.welt.de/wirtschaft/article1554427/Nokia-kuendigt-2000-Beschaeftigten-in-Bochum.html, 15.01.2008, abgerufen 27.08.2016
Welt Online: http://www.welt.de/print/welt_kompakt/print_sport/article106651485/Ich-kann-dein-Leben-kaufen.html, 22.06.2012, abgerufen 22.11.2016
Wirtschaftspsychologie-aktuell: http://www.wirtschaftspsychologie-aktuell.de/lernen/lernen-20140711-brook-macnamara-langjaehrige-uebung-wird-ueberschaetzt.html 11.07.2014, abgerufen 07.01.2017
Wirtschaftswoche online: http://www.wiwo.de/erfolg/management/chefs-ohne-fuehrungstalent-fuenf-millionen-deutsche-haben-innerlich-gekuendigt/11482592.html10.03.2015, abgerufen 26.07.2016
Wirtschaftswoche Online: http://www.wiwo.de/archiv/consulting-warum-viele-fusionen-scheitern/5145386.html, 08.12.2010, abgerufen 02.09.2016
Wunderfrage: http://nlpportal.org/nlpedia/wiki/Wunderfrage, abgerufen 30.09.2016

Zeit Online: http://www.zeit.de/wirtschaft/2016-07/laenderranking-lebensqualitaet-deutschland-studie-vergleich, 21.07.2016, abgerufen 24.08.2016
Zeit Online: http://www.zeit.de/wirtschaft/2017-02/sexismus-silicon-valley-uber-frauen-diskriminierung, 24.02.2017, abgerufen 25.02.2017
Zeit Online: Raus aus dem Tindergarten, ze.tt, 07.07.2016, abgerufen 02.10.2016
Zeit Online: http://www.zeit.de/2002/16/Lacherfolg, 11.04.2002, abgerufen 01.09.2016
Zeit Online: http://www.zeit.de/2016/20/familienunternehmen-deutschland-aldi-mueller-selbstbeschaedigung, 19.05.2016, abgerufen 22.09.2016
Zeit Online: http://www.zeit.de/wissen/gesundheit/2015-05/drogenbericht-dhs-drogenkonsum-deutschland, 13.05.2015, abgerufen 23.11.2016
Zeit Online: http://www.zeit.de/2012/33/C-Beziehung-Frauen-Maenner, 09.08.2012, abgerufen 02.11.2016
Zeit Online: http://www.zeit.de/2012/33/C-Beziehung-Frauen-Maenner, 09.08.2012, abgerufen 02.11.2016
Zeit Online: http://www.zeit.de/2001/25/Die_Diktatur_der_Optimisten 13.06.2001, abgerufen 06.11.2016
Zeit Online: http://www.zeit.de/zeit-wissen/2015/02/marshmallow-experiment-psychologie-walter-mischel, 16.03.2015, abgerufen 20.12.2016
Zepf, Siegfried (Hrsg.), Wer sich nicht bewegt, der spürt auch seine Fesseln nicht, Gießen 2000

Anmerkungen zu Kapitel 1: „Eingesperrt im Job!"

1 http://www.spiegel.de/einestages/nelson-mandela-auf-robben-island-a-947040.html, 06.12.2013
2 Ebd.
3 http://www.poeteus.de/autor/Nelson-Mandela/29
4 http://www.derwesten.de/politik/wie-mandela-seinen-waerter-befreite-id8743773.html plx207508833, 06.12.2013
5 Ebd.
6 https://de.wikipedia.org/wiki/Homo_homini_lupus, Komödie Asinaria (Eseleien) des römischen Komödiendichters Titus Maccius Plautus (ca. 254–184 v. Chr.).
7 http://de.statista.com/statistik/daten/studie/158317/umfrage/gefangene-und-verwahrte-in-deutschland-nach-art-des-vollzugs/Stand, 30.11.2015
8 http://www.welt.de/wirtschaft/article157189669/Das-Leben-in-Deutschland-ist-beinahe-perfekt.html, 21.07.2016
9 http://www.zeit.de/wirtschaft/2016-07/laenderranking-lebensqualitaet-deutschland-studie-vergleich, 21.07.2016
10 Ebd.
11 http://www.welt.de/debatte/kommentare/article135389487/Die-Deutschen-fuerchten-sich-zu-Tode.html, 17.12.2014
12 https://de.wikipedia.org/wiki/German_Angst
13 Bude, Heinz, Gesellschaft der Angst, Hamburg 2014
14 http://www.spiegel.de/kultur/literatur/gesellschaft-der-angst-heinz-budes-befund-zu-arbeit-und-leben-a-993314.html, 25.09.2014
15 Bude, ebd.
16 http://www.aerztezeitung.de/medizin/krankheiten/neuro-psychiatrische_krankheiten/depressionen/article/889670/psychische-erkrankungen-haelfte-gesunden-lebenszeit-geht-verloren.html, 08.07.2015
17 http://www.wiwo.de/erfolg/management/chefs-ohne-fuehrungstalent-fuenf-millionen-deutsche-haben-innerlich-gekuendigt/11482592.html, 10.03.2015
18 Ebd.
19 Homer, Odyssee 11. Gesang, 593–600. Übersetzung Wolfgang Schadewaldt, 2008
20 Camus, Albert, Der Mythos des Sisyphos: 6. Aufl., Hamburg, 2004. S. 159 f.
21 https://de.wikipedia.org/wiki/Albert_Mehrabian
22 Ebd.
23 Pöhm, Matthias, http://www.rhetorik-seminar-online.com/rhetorik-tipps/praesentation-ohne-powerpoint
24 http://www.spiegel.de/gesundheit/diagnose/doping-im-job-millionen-arbeitnehmer-schlucken-medikamente-a-1023921.html 17.03.2015
25 Ebd.
26 Ebd.
27 Ebd.
28 https://de.wikipedia.org/wiki/Methylphenidat
29 http://www.firstthings.com/blogs/firstthoughts/2010/08/taming-tom-sawyer-with-a-spoonful-of-ritalin
30 dak.de Gesundheitsreport 2009. Analyse der Arbeitsunfähigkeitsdaten. Schwerpunktthema Doping am Arbeitsplatz (Memento vom 26. Juni 2011 im Internet Archive) (PDF).
31 https://de.wikipedia.org/wiki/Modafinil
32 Ebd.

33 Ebd.
34 https://de.wikipedia.org/wiki/Betablocker
35 http://www.spiegel.de/gesundheit/diagnose/doping-im-job-millionen-arbeitnehmer-schlucken-medikamente-a-1023921.html, 17.03.2015
36 https://de.wikipedia.org/wiki/Antidepressivum
37 https://de.wikipedia.org/wiki/Antidementivum
38 Ebd.
39 https://de.wikipedia.org/wiki/Amphetamin
40 http://www.spiegel.de, ebd.
41 http://www.faz.net/aktuell/gesellschaft/drogen-jan-ullrichs-party-pillen-170606.html, 08.07.2002
42 https://de.wikipedia.org/wiki/Stockholm-Syndrom
43 http://www.spiegel.de/panorama/justiz/stockholm-syndrom-wenn-das-gute-zum-boesen-wird-a-433388.html, 24.08.2006
44 Ebd.
45 http://www.sz-online.de/nachrichten/gebauer-wo-bleiben-die-weiber-3130193.html, 19.06.2015
46 Ebd.
47 http://www.handelsblatt.com/unternehmen/industrie/zehn-jahre-vw-affaere-gebauer-wo-bleiben-die-weiber/11972752.html 15.06.2015
48 http://www.sz-online.de/nachrichten/gebauer-wo-bleiben-die-weiber-3130193.html, 19.06.2015
49 http://www.focus.de/finanzen/geldanlage/sex-affaere-bei-vw_aid_99765.html, 29.09.2005
50 http://www.faz.net/aktuell/wirtschaft/unternehmen/vw-affaere-prostituierte-fuer-hartz-beim-treffen-des-weltbetriebsrats-1250735.html, 30.09.2005
51 Ebd.
52 Hoffmann, Jens, Auffällig viele Psychopathen werden Chef, Die Zeit, 26.05.2014
53 Der Stern sinkt, Focus, 04.10.1993
54 Schock für die Aktionäre, Der Spiegel. Nr. 31, 1995, S. 28–29 (online)
55 Süddeutsche Zeitung online 19. Mai 2010, Hochzeiten ohne Liebe. Gescheiterte Fusionen des Daimler-Konzerns
56 Ebd.
57 Ebd.
58 Gespräch mit dem Autor 30.04.2001
59 Herles, Bernd, Die kaputte Elite, München 2015
60 Ebd., S. 149
61 Ebd., S. 75
62 Goldmann-Deutschland-Chef: „Banken müssen nicht das Gemeinwohl fördern“ Handelsblatt Online, 14.01.2010
63 Priddat, Birger P.: Das Defizit der Wirtschaftslehre: Eine Frage der Haltung, Die Welt, 22.10.2008
64 Interview mit Ulrich Thielemann: Deutschland Radio, 05.04.2012
65 Interview mit Thomas Sattelberger: Managerausbildung: Die großen Business Schools sind lebende Leichen, Spiegel Online, 09.02.2012
66 Ebd.
67 Herles, Bernd, Die kaputte Elite, München 2015, S. 36
68 Spiegel Online, Flüchtlingspolitik: Bund zahlt McKinsey Millionenhonorar für Abschiebetipps, 05.08.2016

69 http://www.sueddeutsche.de/panorama/erpressung-der-quandt-erbin-klatten-mitleid-sex-und-videos-1.536464, 17.05.2010
70 Ebd.
71 https://de.wikipedia.org/wiki/Nokia-Werk_Bochum
72 http://www.rp-online.de/wirtschaft/unternehmen/das-nokia-lehrstueck-aid-1.2318315, 30.09.2011
73 http://www.welt.de/wirtschaft/article1554427/Nokia-kuendigt-2000-Beschaeftigten-in-Bochum.html, 15.01.2008
74 Ebd.
75 Höhler, Gertrud, Wirtschaftsvortrag Sparkasse Essen, 05.12.2005
76 Herles, Bernd, Die kaputte Elite, München 2015, S. 60
77 Ebd., S. 74
78 https://www.bundestag.de/blob/189456/00aab1db13ea7fda086a19ad3641d4fa/lobbylisteamtlich-data.pdf, 16.05.2016
79 http://www.tagesspiegel.de/politik/bundestag-lammert-will-weniger-lobbyisten-im-parlament/12959522.html, 13.02.2016
80 http://www.spiegel.de/politik/deutschland/lobbyismus-im-bundestag-diese-gruppen-haben-zutritt-a-1059647.html, 26.10.2015
81 Abgeordnetenwatch.de, 24.07.2014
82 http://www.spiegel.de/politik/deutschland/nebenverdienste-im-bundestag-kritik-an-top-verdiener-gauweiler-a-983193.html, 28.07.2014
83 Ebd.
84 http://www.spiegel.de/gesundheit/diagnose/pharma-industrie-an-diese-aerzte-zahlten-pharmafirmen-geld-a-1102854.html, 14.07.2016
85 Ebd.
86 Koks an der Wall Street (The Real Wolves of Wall Street) (Großbritannien, 2015) National Geographic HD
87 The Wolf of Wall Street, 2013 Paramount Pictures, Red Granite Pictures
88 Wall Street: Geld schläft nicht, 2010, Regie: Oliver Stone, Twentieth Century Fox Film Corporation
89 Ebd.
90 http://www.businessinsider.com/wall-street-for-junior-bankers-2015-10?IR=T, 23.10.2015
91 Ebd.
92 http://www.handelsblatt.com/unternehmen/it-medien/valley-voice/valley-voice-die-macho-maschinen/19295104.html 24.01.2017
93 http://www.zeit.de/wirtschaft/2017-02/sexismus-silicon-valley-uber-frauen-diskriminierung, 24.02.2017
94 http://www.spiegel.de/einestages/10-jahre-lewinsky-affaere-a-947750.html, 15.08.2008
95 http://www.spiegel.de/spiegel/print/d-10127005.html, 08.03.1999
96 O'Brien, Michael: John F. Kennedy's Women: The Story of a Sexual Obsession. Now and Then, 2011, S. 60 ff.
97 Ebd.
98 Ebd.
99 Iken, Katja: Krankenakte Kennedy: Sex, Lügen und Osteoporose, spiegel.de, 07.01.2011
100 https://de.wikipedia.org/wiki/John_F._Kennedy
101 Ebd.
102 Herles, Benedikt, Die kaputte Elite, S. 69

103 Mann, Heinrich, Der Untertan, Frankfurt 2001
104 http://www.foerster-kreuz.com/
105 http://www.wiwo.de/archiv/consulting-warum-viele-fusionen-scheitern/5145386.html, 08.12.2010
106 Ebd.
107 http://diepresse.com/home/wirtschaft/recht/3850870/Woran-scheitern-Fusionen-unter-Gleichen, 06.08.2014
108 http://www.bk-luebeck.eu/zitate-tucholsky.html
109 Kerzel, Stefan, Mitarbeiter finden und binden, Kompendium zum Thema Führung, München 2017
110 Herles, Bernd, Die kaputte Elite, München 2015, S. 18
111 https://de.wikipedia.org/wiki/Lebach-Urteil
112 Ebd.
113 McKinsey-Publikationen (22.05.2012). War of Talents, Wettbewerbsfaktor Fachkräfte -Strategien für Deutschlands Unternehmen
114 FAZ-Net (27.03.2013). Arbeitgeber wollen Azubis mit Prämien locken
115 http://www.planet-wissen.de/gesellschaft/verbrechen/ gefaengnis_leben_hinter_gittern/pwieresozialisierungvomstraftaeterzumnachbarn100.html
116 Ebd.
117 Ebd.
118 Sprenger, Reinhard K., Radikal führen, Frankfurt 2012

Anmerkungen zu Kapitel 2: „Dauerhaft in Freiheit"

1 http://www.handelsblatt.com/unternehmen/management/consulting-warum-viele-fusionen-scheitern/3752186.html, 31.12.2010
2 https://www.welt.de/wirtschaft/karriere/leadership/article12878747/Warum-grosse-Firmenfusionen-immer-wieder-scheitern.html, 03.10.2015
3 Aufbruch ins 21. Jahrhundert — Rede Roman Herzog 26.04.1997 Hotel Adlon
4 http://www.zeit.de/2002/16/Lacherfolg, 11.04.2002
5 http://einstein-zitate.com
6 http://www.spiegel.de/politik/deutschland/allensbach-studie-deutschland-hat-angst-a-1111132.html, 07.09.2016
7 http://www.faz.net/aktuell/politik/kampf-gegen-den-terror/gfk-umfrage-die-rueckkehr-der-german-angst-13968859.html, 16.12.2015
8 Kohl, Helmut, Regierungserklärung 21. Oktober 1993
9 www.gemeinden.erzbistum-koeln.de/stifts-chor-bonn/service/portraits/frings.de
10 Kerzel, Stefan, Interview mit Reinhold Messner, Leadership musst du dir nehmen, Rhein-Ruhr-Magazin Essen, 03/2001
11 www.bleep.de/index.php?id=80
12 Ende, Michael, Die unendliche Geschichte, Stuttgart 1979
13 https://www.aphorismen.de/zitat/151332
14 http://www.zitateundsprueche.com
15 http://www.zitate-online.de/literaturzitate
16 http://zitate.net/henry-ford-zitat
17 Schmidt, Gunther, Vortrag Heidelberg: Mentale Stärken 30.10.2014
18 http://welt-der-zitate.de/mark-twain-mit-dem-rauchen-aufhoeren/
19 Schmidt, Gunther, ebd.
20 https://de.wikipedia.org/wiki/Huna
21 Schmidt, Gunther, ebd.

22 http://nlpportal.org/nlpedia/wiki/Wunderfrage
23 Erickson, M. H., 1954: Pseudoorientation in time as a hypnotherapeutic procedure, Journal of Clinical and Experimental Hypnosis 2: S. 261–283
24 http://www.gutzitiert.de/zitate_sprueche-zufall.html
25 Goethe, Johann Wolfgang von, Faust 1, München 2002, Vers 2015 f.
26 Rollen ist die Rotation um die Längsachse des Schiffs, Quelle: Wassersportlexikon.de
27 Der Autor im Gespräch mit Wolf Perdelwitz, ehemaliger Stern-Redakteur, Essen, 16.04.2001
28 MacLean, P.D., The triune brain in evolution, New York, 1990
29 Schmidt, Gunther, Liebesaffären zwischen Problem und Lösung, Heidelberg 2017, 47 f.
30 Ebd.
31 Ebd.
32 http://www.zeit.de/2016/20/familienunternehmen-deutschland-aldi-mueller-selbstbeschaedigung, 19.05.2016
33 Schmidt, G, Nutzung von Stressfaktoren als „hypnosystemische Lösungswecker", Vortrag 11. September 2011, Berlin, Auditorium Netzwerk, Müllheim
34 Schmidt, G., Wie hypnotisieren wir uns erfolgreich im Alltag – Einführung in hypnosystemisches Empowerment. Workshop „Mentale Stärken", Heidelberg Oktober 2010, Auditorium Netzwerk, Müllheim
35 http://www.sueddeutsche.de/karriere/bildungsstudie-warum-viele-arbeiterkinder-aufstiegsangst-haben-1.1463913, 10.09.2012
36 Ebd.
37 Ebd.
38 http://www.wirtschaftspsychologie-aktuell.de/lernen/lernen-20140711-brook-macnamara-langjaehrige-uebung-wird-ueberschaetzt.html, 11.07.2014
39 Gladwell, Malcolm, Überflieger: Warum manche Menschen erfolgreich sind – und andere nicht, Frankfurt 2009
40 http://www.welt.de/welt_print/article3620252/10000-Stunden-und-ein-wenig-Glueck.html
41 Gladwell, ebd.
42 Doidge, Norman, Neustart im Kopf, Frankfurt 2014, S. 255
43 Sutter, Matthias, Die Entdeckung der Geduld: Ausdauer schlägt Talent, Wettenberg 2014
44 Colvin, Geoffrey, Talent Is Overrated: What Really Separates World-Class Performers from Everybody Else, 2008
45 http://www.zeit.de/zeit-wissen/2015/02/marshmallow-experiment-psychologie-walter-mischel, 16.03.2015
46 Mischel, Walter, Der Marshmallow-Effekt: Wie Willensstärke unsere Persönlichkeit prägt, München 2015
47 http://www.deutschlandradiokultur.de/lebensqualitaet-innere-hindernisse-ueberwinden, 18.08.2015
48 Ebd.
49 Furman, Ben, Es ist nie zu spät, eine glückliche Kindheit zu haben, Dortmund 1999
50 Ebd.
51 Archimedes, The Works of Archimedes (Dover Books on Mathematics), 2003
52 Sprenger, Reinhard K., Radikal führen, Frankfurt, 2012
53 http://www.ksta.de/ratgeber/gesundheit/experte-im-interview-ab-wann-gilt-man-als-internetsuechtig--24701254, Kölner Stadtanzeiger 06.09.2016

54 http://www.spektrum.de/frage/kann-das-gehirn-voll-sein/1353096, 10.07.2015
55 https://www.heise.de/tp/features/Goldfische-haben-bereits-eine-laengere-Aufmerksamkeitsspanne-als-Menschen-3232224.html, 15.05.2015
56 Horx, Matthias, Das Megatrend-Prinzip, München 2011, S. 200 f.
57 http://www.ginolas.de/michael/offtime/
58 Horx, ebd.
59 Ebd.
60 Schirrmacher, Frank, in Carr, Nicholas, Wer bin ich, wenn ich online bin... München 2010, S. 12
61 Ebd., S. 13
62 http://www.welt.de/wissenschaft/article4505535/Denken-benoetigt-weniger-Energie-als-gedacht.html, 10.09.2009
63 Colvin, Geoff, Talent Is Overrated, 2008
64 http://natune.net/zitate/CocoChanel
65 Edison, Thomas Alva, Harpers Monthly, 1932
66 Bild online, „Zwei wunderbare Menschen, wie es sie nur selten gibt“, 02.11.2011
67 Hirschhausen, E. v., Osten, Manfred, Zum Glück: Hirschhausen, Berlin 2010
68 https://www.bertelsmann-stiftung.de/de/themen/aktuelle-meldungen/2016/juni/kein-kind-zuruecklassen-wirkt-und-lohnt-sich/, 02.06.2016
69 Hüther, Gerald, Vortrag Positive Psychologie und Potentialentfaltung, Vortrag Auditorium Netzwerk 2016
70 https://www.welt.de/wissenschaft/article13077154/Lernen-laesst-das-Gehirn-extrem-schnell-wachsen.html, 05.04.2011
71 http://www.karl-valentin.de/zitate/zitate.htm
72 Hüther, Gerald, Vortrag Positive Psychologie und Potentialentfaltung, Vortrag Auditorium Netzwerk 2016
73 Tracy, Brian, No Excuses! The Power of Self-Discipline, 2011
74 Sutter, Matthias, Die Entdeckung der Geduld: Ausdauer schlägt Talent, Wettenberg 2014

Anmerkungen zu Kapitel 3: „Absitzen, Ausbruch, Freigang“

1 http://www.zgedichte.de/gedichte/johann-wolfgang-von-goethe/sein-und-werden.html
2 Zepf, Siegfried (Hrsg.), Wer sich nicht bewegt, der spürt auch seine Fesseln nicht, Gießen 2000
3 Taleb, Nassim Nicholas, Der Schwarze Schwan: Die Macht höchst unwahrscheinlicher Ereignisse, München 2015
4 http://deutsche-wirtschafts-nachrichten.de/was-ist-ein-schwarzer-schwan-in-der-wirtschaft/, 09.10.2016
5 Ebd.
6 http://www.spiegel.de/forum/kultur/gesellschaft-der-angst-der-mensch-steht-kurz-vor-der-abwicklung-thread-157480-2.html, 25.09.2014
7 Ebd.
8 http://www.sueddeutsche.de/digital/onlinesucht-verloren-in-zeit-und-raum-1.178928, 17.05.2010
9 http://www.welt.de/debatte/kolumnen/made-in-germany/article156875574/Die-Jungs-von-heute-koennen-einfach-nicht-mehr-flirten.html, 07.07.2016
10 Ebd.

11 Dürrenmatt, Friedrich, 21 Punkte zu den Physikern, Punkt 8 (geschrieben 1962); Werkausgabe Bd. 7 (1998, S. 91, Diogenes Verlag)
12 Raus aus dem Tindergarten, ze.tt, 07.07.2016
13 http://www.zeit.de/2012/33/C-Beziehung-Frauen-Maenner, 09.08.2012
14 Der Spiegel, Die Sehnsuchenden, 22.10.2016
15 Kurscheidt, Georg: Friedrich Schiller. Werke und Briefe, Bd. 1. Deutscher Klassiker Verlag: 1992, S. 417–420
16 Goethe, Johann Wolfgang von, Faust 1, München 2002, Vers 2015 f.
17 Weinelt, Hannes, Chronos und Kairos – Die zwei Gesichter der Zeit, Abenteuer Philosophie 04/2005
18 Ebd.
19 Ebd.
20 http://www.sueddeutsche.de/sport/-euro-strafe-fuer-marco-reus-im-leben-falsch-abgebogen-1.2273673, 19.12.2014
21 Ebd.
22 http://www.swp.de/ulm/sport/fussball/ueberregional/Fuehrerschein-Fuehrerschein-pruefung;art1222900,3969030, 17.08.2016
23 http://www.welt.de/print/welt_kompakt/print_sport/article106651485/Ich-kann-dein-Leben-kaufen.html, 22.06.2012
24 Ebd.
25 Bote, Hermann, Till Eulenspiegel. Alle 96 Geschichten aus seinem Leben, Berlin, 2015
26 http://de.france.fr/de/sehenswert/grotte-von-lascaux
27 https://de.wikipedia.org/wiki/Höhle_von_Lascaux
28 http://www.zeit.de/2001/25/Die_Diktatur_der_Optimisten, 13.06.2001
29 Ebd.
30 Vortrag Günter Scheich, Positiv Denken macht krank, Zürich, 13./14.11.1998
31 http://www.ard.de/home/themenwoche/Guenter Scheich Positives_Denken_macht_ungluecklich_/409126/index.html, 01.10.2013
32 Van Halen, Eddie, https://www.youtube.com/watch?v=iaymP_06caE, Eddie Van Halen Accepts Spike TV's „Guitar God“ Award /2009, Abgerufen am 30.09.2016
33 https://www.knast.net/search.html?word=folgen+des+strafvollzugs&top=0&action=search
34 http://lexikon.stangl.eu/1378/priming/ Online-Enzyklopädie für Psychologie und Pädagogik
35 http://www.spektrum.de/lexikon/psychologie/priming-effekt/11826, Spektrum Akademischer Verlag, Heidelberg
36 http://www.spiegel.de/karriere/diagnose-burnout-betroffene-berichten-von-ihren-erfahrungen-a-842844.html, 28.05.2011
37 http://www.focus.de/gesundheit/ratgeber/psychologie/krankheitenstoerungen/erkrankungen-der-seele-millionen-deutsche-leiden-unter-psychischen-stoerungen_aid_847885.html, 28.10.2012
38 Statistisches Bundesamt 2011
39 Ebd.
40 http://www.spiegel.de/gesundheit/diagnose/pollen-allergie-immer-mehr-menschen-leiden-unter-heuschnupfen-a-830187.html, 14.06.2012
41 http://www.aerzteblatt.de/archiv/172961, 2015 112 (46)
42 http://www.zeit.de/wissen/gesundheit/2015-05/drogenbericht-dhs-drogen-konsum-deutschland, 13.05.2015
43 Ebd.

44 https://www.3sat.de/page/?source=/nano/cstuecke/107031/index.html, 29.03.2016
45 http://www.pharmazeutische-zeitung.de/index.php?id=49802, Tablettenkonsum steigt deutlich, 48/2013
46 https://de.statista.com/statistik/daten/studie/2913/umfrage/fernsehkonsum-der-deutschen-in-minuten-nach-altersgruppen/, 21.12.2016
47 Ebd.
48 Gespräch mit dem Autor 15.09.2001
49 Ware, Bronnie, The Top Five Regrets of the Dying: A Life Transformed by the Dearly Departing 2012
50 Ebd.
51 Ebd.
52 Ebd.
53 Ebd.
54 https://www.aphorismen.de/zitat/14091
55 http://www.spiegel.de/sport/sonst/interview-baumann-marathon-ist-eben-doch-was-anderes-a-192881.html, 21.04.2002
56 Csíkszentmihályi, Mihály, Das Flow-Erlebnis. Jenseits von Angst und Langeweile: im Tun aufgehen, Stuttgart 2010
57 Kruse, Peter, Navigation in der Unsicherheit, in: Die Erfolgsmacher II, Frankfurt 2005 S. 137

Anmerkungen zu Kapitel 4: „Der Geschmack der grenzenlosen Freiheit“

1 Doidge, Norman, Neustart im Kopf, Frankfurt 2014, S. 218
2 Ebd., S. 214
3 Doidge, Norman, ebd. S. 254
4 Doidge, ebd., S. 287
5 Edelmann, G.M., und Tononi, G., A universe of consciousness: How matter becomes imagination, New York: Basic Books 2000, S. 38
6 Doidge, Norman, ebd. S. 287
7 Ebd., S. 254
8 Vaillant, G.E., Aging well: Surprising guideposts to a happier life from the landmark Harvard study of adult development, Boston: Little, Brown, & Co. 2002
9 Doidge, Norman, ebd., S. 254
10 Doidge, ebd.
11 Ebd.
12 Lehman, H.C., Age and achievement. Princeton: Princeton University Press 1953; K.D. Simonton: „Does creativity decline in the later years? Definition, date, and theory.“ In M. Permutter (Hrsg.): Late life potential. Washington D.C: Gerontological Society of America 1990, S. 83–112
13 Hüther, Gerald, Gelassenheit hilft: Anregungen für Gehirnbenutzer, Vortrag auf den Kongress Wirtschaft und Demographie – Zukunft wird jetzt gemacht, Köln, 23.09.2009
14 Ebd.
15 Ebd.
16 Ebd.
17 Doidge, Norman, Neustart im Kopf, Frankfurt 2014, S. 209
18 Ebd., S. 199
19 Ebd., S. 210
20 Ebd.

21 Ebd.
22 Kruse, Peter, next practice – Erfolgreiches Management von Instabilität, Offenbach 2004, S. 18
23 Ebd., S. 20
24 Pharmazeutische Zeitung online: Burnout: Als Krankheit nicht anerkannt, www.pharmazeutische-zeitung.de/index.php?id=52440 27.05.2014
25 Persönliches Gespräch mit den Autor, Heidelberg, 31.10.2014
26 Kruse, Peter, next practice – Erfolgreiches Management von Instabilität, Offenbach 2004, S. 13
27 Csíkszentmihályi, Mihály, Das Flow-Erlebnis. Jenseits von Angst und Langeweile: im Tun aufgehen, 2010 Stuttgart
28 Kruse, Peter, next practice – Erfolgreiches Management von Instabilität, Offenbach 2004, S. 21
29 http://www.abendblatt.de/wirtschaft/article108543058/Der-gefaehrliche-Trend-zum-Bulimie-Lernen.html, 29.07.2010
30 Unestahl, Lars Eric, Integrated Mental Training, 2011, Eskilstuna, Sweden, S. 55 f.
31 Doidge, Norman, Neustart im Kopf, Frankfurt 2014, S. 212 f.
32 Schmidt, Gunther, Einführung in die hypnosystemische Therapie, Heidelberg 2008, S. 18
33 Schmidt, Gunther, Nutzung von Stressfaktoren als „hypnosystemische Lösungswecker", Vortrag Berlin 11.09. 2011
34 Schmidt, Gunther, Einführung in die hypnosystemische Therapie und Beratung, Heidelberg 2008, S. 93 f.
35 Ebd., S. 59
36 Schmidt, Gunther, Einführung in die hypnosystemische Therapie und Beratung, Heidelberg 2008, S. 93 f.
37 Hofer, Gérald, Odysseus, München 1994
38 Watzlawick, Paul, Wenn die Lösung das Problem ist, Vortrag aus dem Evangelischen Bildungswerk Hospitalhof Stuttgart, 07.07.1987
39 Schmidt, Gunther, Einführung in die hypnosystemische Therapie und Beratung, Heidelberg 2008, S. 55
40 Ebd., S. 52
41 Anmeldung zum Kongress „Mentale Stärken" 02.–05.11.2017, Heidelberg, https://cx-services.com/htx12/mst17.php?page=congress_info
42 Ebd.
43 Schmidt, Gunther, Liebesaffären zwischen Problem und Lösung, Heidelberg 2017, S. 15 f.
44 http://www.wirtschaftspsychologie-aktuell.de/lernen/lernen-20131213-carsten-c-schermuly-empowerment.html
45 Schmidt, Gunther, Nutzung von Stressfaktoren als „hypnosystemische Lösungswecker", Vortrag Berlin 11.09.2011
46 Ebd., S. 9 und 15
47 Maturana, Humberto, Erkennen: Die Organisation und Verkörperung von Wirklichkeit, Braunschweig 1982
48 Schmidt, Gunther, Nutzung von Stressfaktoren als „hypnosystemische Lösungswecker", Vortrag Berlin 11.09.2011
49 Schmidt, ebd.
50 Schmidt, Gunther, Einführung in die hypnosystemische Therapie, Heidelberg 2008, S. 13
51 Ebd.

52 http://www.meg-hypnose.de
53 Watzlawick, Paul, Wenn die Lösung das Problem ist, Vortrag aus dem Evangelischen Bildungswerk Hospitalhof Stuttgart, 7. Juli 1987
54 Ebd.
55 Ebd.
56 Ebd.
57 Watzlawick, Paul, Anleitung zum Unglücklichsein, München 2015, S. 53 f.
58 Watzlawick, Paul, Wenn die Lösung das Problem ist, Vortrag aus dem Evangelischen Bildungswerk Hospitalhof Stuttgart, 7. Juli 1987
59 Ebd.
60 Schmidt, Gunther, Einführung in die hypnosystemische Therapie, Heidelberg 2008, S. 70
61 Schmidt, Gunther, Nutzung von Stressfaktoren als „hypnosystemische Lösungswecker", Vortrag Berlin 11.09.2011
62 Storch, Maja, Die Macht des Körpers, Psychologie Heute compact, http://majastorch.de/download/110110_DieMachtdesKoerpersPH.pdf,
63 Storch, Maja, Cantieni, Benita, Hüther, Gerald, Tschacher, Wolfgang, Embodiment. Die Wechselwirkung von Körper und Psyche verstehen und nutzen, Göttingen 2006
64 Bargh, J. A., Chen, M., & Burrows, L., Automaticity of social behavior: Direct effects of trait construct and stereotype priming on action, in: Journal of Personality and Social Psychology. No. 71, 1996, S. 230–244.
65 Schmidt, Gunther, Mindsight und Embodiment, Vortrag, Berlin 15.10.2016
66 http://www.verhaltenswissenschaft.de/Psychologie/Psychische_Storungen/Affektive_Stoerungen/Depression/Ursachen_Depression/ursachen_depression.htm kognitiv
67 Ebd.
68 Metzinger, Thomas, Der Ego-Tunnel: Eine neue Philosophie des Selbst: Von der Hirnforschung zur Bewusstseinsethik, Berlin 2009
69 Frisch, Max, Mein Name sei Gantenbein, Berlin 1975
70 Roth, Gerhard, Fühlen, Denken, Handeln. Wie das Gehirn unser Verhalten steuert, Frankfurt 2001
71 Grawe, Klaus, Neuropsychotherapie, Göttingen 2004
72 Rauen, Christopher, Handbuch Coaching, Göttingen 2002
73 Ebd.
74 Kim, Yong H., Vorstandsvorsitzender TYM-Traktorenwerke Korea, im Gespräch mit dem Autor auf der Agritechnica-Messe Hannover 13.11. 2013
75 Pfläging, Niels, Management ist tot, Interview mit Sven Pauleweit, Human Resources Manager Juni/Juli 2015, S. 42 f.
76 Ebd.
77 Weilbacher, J. C., Kompliziert oder komplex? Human Resources Manager April/Mai 2016, S. 42
78 Ebd.
79 Ebd.
80 Ebd.
81 Kerzel, Stefan, Mitarbeiter finden und binden, Kompendium zum Thema Führen, Wien, New York 2017
82 Kruse, Peter, Kompetent, kollektiv oder katastrophal, Vortrag Messe Zukunft Personal, Köln 18.09.2013, https://www.youtube.com/watch?v=gLa4ropqcuY
83 Ebd.
84 Ebd.

85 Ebd.
86 Ebd.
87 Ebd.
88 Ebd.

Anmerkungen zu Kapitel 5: „Es gibt ein Leben vor dem Tod“

1 Schmidt, Gunther, Nutzung von Stressfaktoren als „hypnosystemische Lösungswecker“, Vortrag Berlin 11.09. 2011
2 Richard Branson schafft Urlaubsanträge ab, Interview Spiegel-Online, 26.09.2014
3 https://www.heise.de/newsticker/meldung/Drogenbeauftragte-Internetsucht-als-Krankheit-anerkennen-2921166.html, 13.11.2015
4 Goethe, Johann Wolfgang von, Faust 1, München 2002, Vers 2017f.
5 http://www.bleep.de/index.php?id=80
6 Goethe, ebd., Vers 93
7 Zitiert nach Watzlawick, Paul, Es gibt keine Wahrheit, Spiegel-Interview 25.07.1994
8 Fuss J., Steinle J., Bindila L., Auer M.K., Kirchherr, Lutz B., Gass P., A Runner's high depends on cannabinoid receptors in mice, in: PNAS 42, Nr. 112, 2015, S. 13105–13108
9 Csíkszentmihályi, Mihaly, Das Flow-Erlebnis. Jenseits von Angst und Langeweile im Tun aufgehen, Stuttgart 2000
10 Ebd. Fuss J., Steinle J., Bindila L., Auer M.K., Kirchherr, Lutz B., Gass P., A Runner's high depends on cannabinoid receptors in mice, PNAS 42, Nr. 112, 2015, S. 13105–13108.
11 Schmidt, Gunther, Nutzung von Stressfaktoren als „hypnosystemische Lösungswecker“, Vortrag Berlin 11.09.2011
12 Dostojewski, Fjodor Michailowitsch, Die Dämonen, Berlin, Weimar, 1985
13 Schmidt, ebd.
14 Ebd.
15 http://gutezitate.com/autor/pablo-picasso
16 Watzlawick, Paul, Wie wirklich ist die Wirklichkeit, Radiosendung 1983, CD auditorium netzwerk (2007)
17 Watzlawick, Paul, Es gibt keine Wahrheit, Spiegel-Interview 25.07.1994
18 Schmid, Gary Bruno, Selbstheilung durch Vorstellungskraft, Wien 2010
19 Ikemi Y. Nakagawa S., Nakagawa T., Sugita M., Psychosomatic Consideration on Cancer Patients Who Made A Narrow Escape from Death, Dynamic Psychiatry 8: S. 77–91, 1975
20 Schmid, Selbstheilung durch Vorstellungskraft, Wien 2010, S. 9
21 Ebd., S. 11
22 Ebd., S. 17f.
23 Ebd.
24 Ebd.
25 http://gutezitate.com/autor/pablo-picasso
26 Schmid, Gary Bruno, Selbstheilung durch Vorstellungskraft, Wien 2010, S. 11
27 Ebd.
28 Vance, Erik, Heilkraft des Glaubens – Die Macht der Gedanken, National Geographic, aus dem Englischen von Karin Rausch, Hamburg, Dezember 2016, S. 48f.
29 Zitiert nach Watzlawick, Paul, Es gibt keine Wahrheit, Spiegel-Interview 25.07.1994

30 Moermann D. E., Meaning, Medicine and the Placebo Effect, Cambridge University Press, Cambridge, 2004
31 Shapiro A.K., Shapiro E., The Powerful Placebo: From Ancient Priest do Modern Physician, The Johns Hopkins University Press, Baltimore, 1997
32 Schmid, Gary, Bruno, Selbstheilung durch Vorstellungskraft, Wien 2010, S. 98 f.
33 de Craen A.J., Moermann D.E., Heisterkamp S.H., Tytgat G.N., Tijssen J.G., Kleijnen J., 1999, Placebo Effect in the Treatment of Duodenal Ulcer, British Journal of Clinical Pharmacology 48 (6): S. 853–860
34 Blackwell B., Bloomfield S.S., Buncher C.R., 1972, Demonstration to Medical Students of Placebo Responses and Non-Drug Factors, Lancet 1 (763), S. 1279–1282
35 Hussain M.Z., Ahad A. (1970), Tablet Colour in Anxiety States. Brit. Med. J 3 (720): S. 466
36 Schmid, ebd., S. 98 f.
37 Schapira K., McClelland H.A., Griffiths N.R., Newell D.J. (1970), Study on the Effects of Tablet Colour in the Treatment of Anxiety States. Brit. Med. J1 (707), S. 446–449
38 Comaroff J., (1976) A bitter pill to swallow: placebo therapy in general practice, The Sociological review 24 (1): S. 79–96
39 Farr B.M., Gwaltney J.M. Jr. (1987), The problems of taste in placebo matching: an evaluation of zinc gluconate for the common cold, Journal of chronic diseases 40 (9), S. 875–879
40 Gaultier S., Taylor C., Remington B., (1992), A method for producing alcohol placebos. Br J Addict 87 (2): 303–308
41 Hussain und Ahad, ebd.
42 De Craen et al., ebd.
43 Schmid, ebd., S. 99
44 Moermann D.E, (2004) Meaning, Medicine and the Placebo Effect. Cambridge University Press, S. 66
45 Schmid, ebd., S. 99
46 Braithwaite A., Cooper P. (1981), Analgesic Effects of Branding a Treatment of Headaches. British Medical Journal (Clinical Research Edition) 282 (6276): S. 1576–1578
47 Moermann, ebd., S. 66
48 Schmid, ebd., S. 99
49 Moermann, ebd., S. 53
50 Moermann D.E., Jonas W.B., (2000), Toward a research agenda on placebo. Adv Mind Body Med 16 (1): 33-46
51 Benson H., McCallie D.P. (1979), Angiina Pectoris and the Placebo Effect. N Engl J Med 300 (25): 1424–1429,
52 Moermann, ebd., 2004, S. 32–46
53 Schmid, ebd., S. 100
54 Pilcher, Helen, 13.05.2009, The science of voodoo: When mind attacks body, http://www.newscientist.com/article/mg20227081.100)
55 Cattaneo A.D., Lucchelli P.E., Filippuchi G., (1970) Sedative Effects of Placebo Treatment, European Journal of Clinical Pharmacology 3: 43–45
56 Lucchelli P.E., Cattaneo A.D., Zattoni (1978) Effect of Capsule Colour and Order of Administration of Hypnotic Treatments. European Journal of Clinical Pharmacology 13 (2): 153–155
57 Sallis R.E., Buckalew L.W. (1984), Relation of Capsule Colour and Perceived Potency, Perceptual and Motor Skills 58 (3): S. 897–898
58 Moermann, ebd., S. 67–85

59 Faria V., Fredrikson M., Furmark T. (2008), Imaging the placebo response: a neurofunctional review, Eur Neuropsychopharmacol, 18 (7): S. 473–485 Tabellen 1 und 2
60 Schmid, ebd., S. 101
61 Moermann, ebd., S. 67–85
62 Shapiro A.K., Shapiro E., The Powerful Placebo: From Ancient Priest to Modern Physician, The Johns Hopkins University Press, Baltimore 1997
63 Hüther, Gerald, Positive Psychologie und Potentialentfaltung, Vortrag Hamburg 02.07.2016
64 Hüther, Gerald, Die Macht der inneren Bilder, Göttingen 2004
65 Roth, Gerhard, Stüber, Nicole, Wie das Gehirn die Seele macht, Stuttgart 2017
66 Goethe, Johann Wolfgang von, Faust 1, München 2002, Vers 2015 f.